基于水土交融的土木、水利与海洋工程专业系列丛书

土木、水利与海洋工程概论

林凯荣　戴北冰　刘建坤　涂新军　等◎编

·广州·

图书在版编目（CIP）数据

土木、水利与海洋工程概论/林凯荣，戴北冰，刘建坤，涂新军等编．—广州：中山大学出版社，2021.12
（基于水土交融的土木、水利与海洋工程专业系列丛书）
ISBN978－7－306－07388－4

Ⅰ．①土…　Ⅱ．①林…②戴…③刘…④涂…　Ⅲ．①土木工程—概论②水利工程—概论③海洋工程—概论　Ⅳ．①TU②TV③P75

中国版本图书馆CIP数据核字（2021）第257746号

出 版 人：王天琪
策划编辑：陈　慧　李海东
责任编辑：李海东
封面设计：曾　斌
责任校对：梁嘉璐
责任技编：靳晓虹
出版发行：中山大学出版社
电　　话：编辑部 020－84110283，84113349，84111997，84110779，84110776
　　　　　发行部 020－84111998，84111981，84111160
地　　址：广州市新港西路135号
邮　　编：510275　　　　传　真：020－84036565
网　　址：http://www.zsup.com.cn　　E-mail：zdcbs@mail.sysu.edu.cn
印 刷 者：广州市友盛彩印有限公司
规　　格：787mm×1092mm　1/16　17.5印张　480千字
版次印次：2021年12月第1版　2024年7月第2次印刷
定　　价：58.00元

如发现本书因印装质量影响阅读，请与出版社发行部联系调换

《土木、水利与海洋工程概论》编写组

第一章：刘建坤　林凯荣　戴北冰

第二章：赵计辉

第三章：戴北冰　常　丹

第四章：林存刚　马保松

第五章：黄　维　黎学优

第六章：林凯荣　孙晓燕

第七章：涂新军

第八章：刘智勇　蔡华阳

第九章：马会环

第十章：林凯荣　戴北冰

文稿编辑：颜萍　吴嘉

目　录

第1章　绪　　论

改革开放40多年来，一批批国家重大基础设施建设催生了一个又一个超级工程，让世界见证了中国建造的规模、技术与速度。土木、水利与海洋工程专业涉及国家经济社会发展和人们生产生活的各个领域，与材料、信息、海洋、环境等相关学科的交叉融合，使得传统专业焕发新的生机与活力。

1.1　土木、水利与海洋工程概述

1.1.1　什么是土木、水利与海洋工程

土木、水利与海洋工程是各种工程设施建设的科学技术总称。它不但包括所使用的材料、设备和所进行的勘测、设计、施工、保养维修等技术活动，还包括工程建设的对象，即建在地面或地下、陆地或水中，直接或间接为人类生活、生产、军事和科学服务的各种工程设施，如房屋、公路、铁路、运输管道、隧道、桥梁、运河、水坝、港口、给排水和防护工程等。

土木、水利与海洋工程是人类赖以生存的基础产业，它伴随人类文明的起源、社会的发展而产生和发展。该学科体系产生于18世纪的英、法等国，现在已发展成为现代科学技术的一个独立分支。中国土木工程教育开始于19世纪（1895年），在新中国成立后取得了巨大的进展。由于历史的原因，在相当长的时间内，中国高等教育学科专业设置过于狭窄。在过去，土木工程分为桥梁与隧道工程、铁路工程、公路与城市道路工程、水利水电建设工程、港湾建设工程、工业与民用建筑工程、环境工程等10多个狭义专业。1998年教育部颁布了新的《普通高等学校本科专业目录》，使中国高等教育的专业设置更有利于人才的培养和社会发展的需要。[1] 土木、水利与海洋工程是教育部2018年新设普通高等学校本科专业（代码081009T），清华大学2019年招收第一届该专业本科生，中山大学和山东大学2020年招收第一届该专业本科生。土木、水利与海洋工程可算作大土木的范畴。

1.1.2　土木、水利与海洋工程的性质和特点

土木、水利与海洋工程为国民经济的发展和人民生活的改善提供了重要的物质技术基础，在国民经济中发挥着重要作用。土木、水利与海洋工程的发展水平能够充分反映

一个国家国民经济的综合实力和现代化水平，人民生活也离不开土木、水利与海洋工程。为了改善人们的生活条件，国家每年在建造住宅方面的投资是非常巨大的。1995年城市人均居住面积为7.6 m^2；到1997年，人均居住面积已达8.8 m^2。根据住房和城乡建设部的规划目标，到2020年，城镇人均居住面积将达到35 m^2，城镇最低收入家庭人均住房面积大于20 m^2。同时，铁路、公路、水运、航空等的发展也都离不开土木、水利与海洋工程。

土木、水利与海洋工程有下列五个基本性质：

（1）综合性。土木、水利与海洋工程涵盖建造在地上或地下、陆上或水中，直接或间接为人类生活、生产和国家安全保障服务的各种工程设施。例如，房屋、道路、铁路、机场、管道、桥梁、隧道、运河、堤坝、港口、电站、海洋平台、给水排水及国防工程设施等，涉及数学、物理、化学、力学、测绘、材料、机械、信息、经济、环境、文化、艺术等多学科知识。因此，土木、水利与海洋工程是一门范围广泛的综合性学科。

（2）社会性。土木、水利与海洋工程是伴随着人类社会的进步发展起来的，它所建造的工程设施反映出各个历史时期社会、经济、文化、科学、技术发展的面貌和水平。土木、水利与海洋工程也因而成为社会历史发展的见证之一。

（3）实践性。土木、水利与海洋工程是一门具有很强实践性的学科。影响土木、水利和海洋工程的因素众多且复杂，这使得土木、水利和海洋工程高度依赖实践。此外，只有进行新的工程实践，才能发现新的问题。例如，在建造高层建筑和大跨度桥梁时，抗风和抗震问题尤为突出，因此，这方面的理论和技术得到了持续发展和进步。

（4）工程周期长。土木、水利与海洋工程（产品）实体庞大，个体性强，社会劳动消耗大，影响因素多（由于工程一般在开放的环境中进行，受冬季、雨季、台风、高温等各种气候条件的制约），同时，涉及工程规划、勘察、设计、建造、运维、消纳全寿命周期，具有工程周期长的特点。

（5）系统性。人们力求最经济地建造一项工程设施，用于满足使用者的预期要求，同时还要考虑工程技术要求、艺术审美要求、环境保护和生态平衡。任何一项土木、水利与海洋工程都要系统地考虑这几方面的问题。土木、水利与海洋工程项目决策的优良与否完全取决于对这几项因素的综合平衡和有机结合的程度。因此，土木、水利与海洋工程必然是每个历史时期技术、经济、艺术统一的见证。土木、水利与海洋工程受这些因素制约的性质充分地体现了土木、水利与海洋工程的系统性。

1.2 土木、水利与海洋工程的发展历史

1.2.1 古代土木工程的发展历史简述

古代土木工程的时间跨度大致从旧石器时代（约公元前5000年）到17世纪中叶。古代土木工程使用的材料最早是当地的自然材料，如土壤、石头、树枝、竹子、茅草、

芦苇等，后来开发出土坯、石材、木材、砖、瓦、青铜、铁、铅，以及混合材料如草筋泥、混合土等。古代土木工程所用的工具，最早只是石斧、石刀等简单工具，后来开发出斧、凿、锤、钻、铲等青铜和铁制工具，以及打桩机、桅杆起重机等简单施工机械。古代土木工程的建造主要依靠实际生产经验，缺乏设计理论的指导。尽管如此，古代还是留下了许多伟大的土木工程，记载着灿烂的古代文明。

（1）万里长城。万里长城是世界上修建时间最长、工程量最大的工程之一，也是世界七大奇迹之一。长城从公元前7世纪开始修建，秦统一六国后，其规模西起临洮，东至辽东，蜿蜒1万余里，于是有了“万里长城”的称号。明朝对长城又进行了大规模的整修和扩建，东起鸭绿江，西至嘉峪关，全长有7000 km以上，设置“九边重镇”，驻防兵力达100万人。“上下两千年，纵横十万里”，万里长城不愧为人类历史上伟大的军事防御工程。万里长城的结构形式主要为砖石结构，有些地段采用夯土结构，在沙漠中则采用红柳、芦苇与沙粒层层铺筑的结构。[1]

（2）都江堰和京杭大运河。都江堰和京杭大运河是中国古代水利工程的两大杰出代表。都江堰位于四川都江堰市的岷江上，建于公元前3世纪，由战国时期秦蜀郡太守李冰父子率众修建，是现存最古老且目前仍用于灌溉的伟大水利工程。都江堰无坝引水，由鱼嘴、飞沙堰和宝瓶口组成。鱼嘴是位于岷江中心的分水堤坝，将岷江分为外江和内江，外江排洪，内江灌溉；飞沙堰起着泄洪、排沙和调节水量的作用；宝瓶口控制进水流量。都江堰工程设计的合理与巧妙，令国内外许多水利工程专家都赞叹不已。[1]

京杭大运河是世界上最古老、最长的人工开挖河流。京杭大运河开凿于春秋战国时期，于隋朝大业六年（610）建成。迄今为止，它已有2400多年的历史。京杭大运河从北京到杭州，流经河北、山东、江苏和浙江四省，连接海河、黄河、长江、淮河和钱塘江五大水系，全长1794 km。至今该运河的江苏段和浙江段仍是重要的水运通道。[2]

（3）中国古代桥梁。我们的祖先在桥梁建设史上写下了许多辉煌的篇章。据史料记载，大约3000年前，已在渭河上建起过浮桥。吊桥在中国有着悠久的历史。早期的缆索由藤条或竹子制成，后来被铁链取代。在中国古代，冶炼技术领先于世界。据《水经注》记载，早在前秦时代（约公元前200年）就已经有了铁制的桥墩。汉明帝时（公元60年前后）就有了铁链悬索桥。至今保留下来的古代吊桥有四川省泸定县的大渡河铁索桥。其建成于1706年，桥跨100 m，桥宽约2.8 m。[2]

中国早在秦汉时期就已广泛修建石梁桥。福建泉州的万安桥于1059年建成，共有58孔，长达540 m（有的记载长800 m）。漳州虎渡桥于1240年建成，总长约335 m，一直保存至今；其最大的石梁长达23.7 m，重200多t，这样大的石梁，其运输、安装都需要很高的技术。河北赵州桥（又称安济桥）是中国古代石拱桥的杰出代表。该桥为隋朝工匠李春所建，其特点是跨度大（37.47 m）、矢跨比小，主跨带小拱，轻巧美观，又利于排洪。作为一座石拱桥，它的跨度是当时世界上最大的。[2]

（4）古代建筑。国外留下来的宏伟建筑（或建筑遗址）大多是砖石结构的。如埃及的金字塔，建于公元前2700年至前2600年间，其中最大的一座是胡夫金字塔。该塔基底为正方形，每边长230.5 m，高约140 m，用约230万块巨石砌成。又如希腊的帕特农神庙、古罗马的斗兽场等，都是非常优秀的古代石结构建筑。

中国古代建筑大多为木结构加砖墙建成。1056 年建成的山西应县木塔（佛宫寺释伽塔），塔高 67.31 m，共 9 层，横截面呈八角形，底层直径达 30.27 m。该塔经历了多次大地震，历时近千年仍完好耸立，足以证明我国古代木结构建筑的精湛技术。另外，如北京故宫、天坛，天津蓟州区的独乐寺、观音阁等均为具有漫长历史的优秀木结构建筑。[1]

1.2.2 近代土木工程的发展历史简述

一般认为，近代土木工程的时间跨度为 17 世纪中叶到第二次世界大战前后，历时 300 多年。在这一时期，土木工程有了革命性的发展，逐步形成为一门独立学科。这个时期的土木工程的发展有以下几个特点：

（1）奠定了土木工程的设计理论。在这一时期，土木工程的实践及其他学科的发展为系统的设计理论奠定了基础。1683 年，意大利学者伽利略首次用公式表达了梁的设计理论。1687 年，英国物理学家牛顿总结出力学三大定律，为土木工程奠定了力学分析的基础。1744 年，瑞士数学家欧拉建立了柱的压屈理论，给出了柱的临界压力的计算公式。随后，在材料力学、弹性力学和材料强度理论的基础上，法国力学家纳维于 1825 年建立了土木工程中结构设计的容许应力法。此后，土木工程结构设计有了更为系统的理论指导。1906 年的美国旧金山地震和 1923 年的日本关东地震促进了土木工程结构工程抗震和抗震性能的研究。此后，出现了较为系统的土木工程结构设计理论。

（2）出现了新的土木工程材料。在材料方面，1824 年波特兰水泥（即硅酸盐水泥）的发明和 1867 年钢筋混凝土的应用是现代土木工程发展史上的重大事件。1859 年转炉炼钢工艺的成功实现了钢铁的大规模生产并应用于房屋、桥梁等建筑。随着混凝土和钢材的普及和应用，土木工程师可以使用这些材料建造更复杂的工程设施。在近现代建筑中，大多数高层、大跨度、巨型和复杂的工程结构都采用钢结构或钢筋混凝土。

（3）出现了新的施工机械及其施工技术。在这一时期，工业革命促进了工业和交通运输业的发展，对土木工程设施提出了更高的要求，也为土木工程的建设提供了新的施工机械和施工方法。打桩机、压路机、挖掘机、掘进机、起重机和提升机相继出现，为土木工程设施的快速高效施工提供了有力手段。

（4）土木工程发展到成熟阶段，其建设规模前所未有。在交通运输方面，由于车辆在陆地运输中的快速、灵活的特点，道路工程的地位越来越重要。沥青和混凝土开始用于铺设高等级道路。1931—1942 年，德国首先修建了 3860 km 的公路网，随后是美国和其他欧洲国家。飞机出现于 20 世纪初，机场工程发展迅速。随着钢材质量和产量的提高，大跨度桥梁的建设已成为现实。1918 年，加拿大魁北克悬臂桥建成，跨度 548.6 m；1937 年，美国旧金山金门悬索桥建成，跨度 1280 m，全长 2825 m，是公路桥梁的代表性工程；1932 年，澳大利亚悉尼港大桥建成，为双铰钢拱结构，跨度 503 m。随着工业的发展和城市人口的集中，工业厂房向大跨度发展，民用建筑向高层建筑发展，越来越多的电影院、体育馆和飞机库要求使用大跨度结构。1925—1933 年，法国、苏联和美国分别建成了跨度达 60 m 的圆壳、扁壳和圆形悬索屋盖。中世纪的石砌拱结构终于被近代的壳体结构和悬索结构所取代。1931年，纽约帝国大厦竣工，共102层，高378 m，有效面积16万m^2，结构用钢约5万t，内置电梯67部和各种复杂的管网系统，可谓集当时技术成就之大成。它保持了40年的世界房屋最高纪录。

清朝实行闭关锁国政策，近代土木工程进展缓慢，直到清末推行洋务运动，一些西方技术才被引进。1909年，由中国著名工程师詹天佑主持的京张铁路建成，全长约200 km，达到当时世界先进水平。全程有4条隧道，其中八达岭隧道长1091 m。到1911年辛亥革命时，中国铁路的总里程为9100 km。滦河大桥于1894年采用气压沉箱法修建；松花江桁架桥于1901年修建，全长1027 m；郑州黄河大桥于1905年修建，全长3015 m。中国近代市政工程始于19世纪下半叶。1865年，上海开始供应煤气。1879年，旅顺建立了近代给水工程。此后不久，上海也开始供应自来水和电力。1889年，唐山建立水泥厂，1910年开始生产机制砖。中国近代土木工程教育始于成立于1895年的天津北洋西学学堂（后来成为北洋大学，现天津大学）和成立于1896年的北洋铁路官学（后来成为唐山交通大学，现西南交通大学）。中国近代建筑的代表是建于1929年的南京中山陵和建于1931年的广州中山纪念堂（跨度30 m）。1934年，上海建成了24层钢结构的国际饭店、21层的百老汇大厦（现上海大厦）和12层钢筋混凝土结构的大新公司。到1936年，我国公路总里程已达11万km，并由中国工程师设计并建造了浙赣铁路、粤汉铁路的株洲至韶关段以及陇海铁路西段等。1937年建成了公路铁路两用钢桁架的钱塘江大桥，长1453 m，采用沉箱基础。1912年，中华工程师学会成立，詹天佑任第一任会长。20世纪30年代，中国土木工程师学会成立。[3]

1.2.3 现代土木工程的发展历史简述

现代土木工程以社会生产力的现代发展为动力，以现代科学技术为背景，以现代工程材料为基础，以现代技术和机具为手段高速发展。第二次世界大战结束后，社会生产力发生了新的飞跃。随着现代科学技术的飞速发展，土木工程进入了一个新的时代，其与水利、交通、材料、信息、海洋、环境等相关学科的交叉融合，使得传统学科焕发新的生机与活力。从世界范围来看，现代土木工程为了适应社会经济发展的需求，需要具有以下一些特征。

1. 功能要求多样化

现代科学技术的高度发展使得土木工程结构及其设施的使用功能必须适应社会的现代化水平。土木工程结构的多样化功能要求不但体现了社会的生产力发展水平，而且对土木工程的生产要求也越来越高，从而使得学科间的交叉和渗透越来越强烈，生产过程越来越复杂。

由于科学技术的高度发展，现代土木工程中装配式工程结构构件的生产和安装尺寸精度要求越来越高。有的特种工程结构，如核工业的发展带来了新的工程类型，如核电站、加速器工程等，要求具有很好的抗辐射功能；又如电子工业和精密仪器工业要求结构能防微振。现代公用建筑和住宅建筑不再仅仅是传统意义上徒具四壁的房屋，而要求结构有良好的采光、通风、保温、隔音减噪、防火、抗震等功能。20世纪末，随着科学技术的发展和人们生活水平的提高，人们对居住环境要求生态化，于是建筑的生态功能越来越为人们所重视。随着电子技术和信息化技术的高度发展，建筑结构的智能化功能也越来越为人们所重视。[1]

现代土木工程的使用功能多样化程度不仅反映了现代社会的科学技术水平，也折射出土木工程学科的发展水平。

2. 城市立体化

随着经济的发展和人口的增长，城市土地更加紧张，交通更加拥挤，迫使住宅建设和道路交通工程向高空和地下发展。与此同时，城市化也带来了城市内涝等诸多问题，“海绵城市”建设理念应运而生。

高层建筑已成为现代城市的象征。1974年，芝加哥建造了高433 m的西尔斯大厦，超过了1931年纽约帝国大厦的高度。由于设计理论的进步和材料的改进，现代高层建筑中出现了新的结构体系，如剪力墙、筒中筒结构等。台北101大楼是位于中国台湾台北市信义区的一幢摩天大楼，2004年建成，楼高508 m，地上101层，地下5层。马来西亚首都吉隆坡的双塔建筑于1996年完工，由两座88层高的塔楼组成，塔高451.9 m。上海金茂大厦位于陆家嘴金融贸易区，建于1998年，由芝加哥SOM建筑公司设计；建筑高度421 m，总建筑面积29万m^2，占地2.3万m^2，地上88层，地下3层；总投资5.4亿美元，是杨浦大桥、南浦大桥、东方明珠塔总造价的1.5倍。上海环球金融中心位于浦东陆家嘴，2008年建成，是以日本的森大厦株式会社为中心，联合日本、美国等40多家企业投资兴建的；占地面积30000 m^2，总建筑面积38.16万m^2，紧邻金茂大厦；地上101层，地下3层，建筑主体结构高达492 m。中国城市化政策的实施使城市规模不断扩大。此外，中国的汽车工业迅速发展，小汽车进入家庭的速度加快，城市交通严重紧张的状况由几个大都市紧张向其他大城市普遍紧张发展，城市交通堵塞由局部地区和局部时间段向大部分地区和较长时间段上发展，给人们正常出行带来了极大的不便。大力发展城市轨道交通是解决城市交通拥挤问题最好的办法和出路，这已成为政府和人们普遍的认识。据不完全统计，我国有20多个城市正在规划、筹建和建设城市轨道交通，规划的城市轨道交通网络总里程已达3500多km，已建成和在建轨道交通长度约1000 km。城市轨道交通发展前景广阔，建设市场广阔。此外，城市高密度发展以及极端天气问题给市政排水系统带来巨大压力。因此，通过建立雨水径流调节和储排设施来改善城市洪涝排水系统的“海绵城市”理念诞生了。这一城市建设理念追求城市“人水和谐”，逐渐成为世界各国城市建设的重要选择。

3. 交通高速化

高速公路虽然1934年就已在德国出现，但在第二次世界大战后才在全世界大规模修建。1983年，世界高速公路总里程达到11万km。到2004年底，我国高速公路里程已超过3.4万km，继续位居世界第二，高速公路在很大程度上取代了铁路的功能。高速公路里程已成为衡量一个国家现代化程度的标准之一。铁路也出现了电气化和高速化的趋势。在发展铁路电气化方面，先后建成陇海铁路郑州至兰州段、太焦铁路长治至月山段，以及贵昆、成渝、川黔、襄渝、京秦、丰沙大和石太等电气化铁路，共 4700 km 以上；京哈、京沪、京广、胶济等部分提速干线路段的速度可达 250 km/h。日本的新干线铁路运行速度超过 210 km/h，法国巴黎至里昂的高速铁路运行速度为 260 km/ h。中国上海的磁悬浮列车于 2004 年 1 月 1 日正式投入商业运营，全长 29. 873 km，西起上海地铁 2 号线龙阳路站，东起浦东国际机场，设计最高运行速度为 430 km/h，单向运行时间为 7 分 20 秒。现代航空业发展迅速，航空港遍布世界各地。航海业也取得了巨大进步。世界上有 2000 多个国际贸易港口，大型集装箱码头已经出现。中国的天津塘沽、上海、浙江北仑、广州、湛江等港口也逐步实现现代化，并建成了一些集装箱码头泊位。港珠澳大桥是中国境内一座连接香港、珠海和澳门的桥隧工程。它位于中国广东省珠江口伶仃洋海域，是珠江三角洲环城高速公路的南环段。港珠澳大桥东起香港国际机场附近的香港口岸人工岛，向西横跨南海伶仃洋水域接珠海和澳门人工岛，止于珠海洪湾立交；桥隧全长 55 km，其中主桥 29. 6 km，香港口岸至珠澳口岸 41. 6 km；桥面为双向六车道，设计速度为 100 km/h。港珠澳大桥于 2009 年 12 月 15 日动工建设，于 2018 年 10 月 24 日上午 9 时开通运营。港珠澳大桥因其超大的建筑规模、空前的施工难度和顶尖的建造技术而闻名世界。

4. 材料轻质化、高强化

现代土木工程的材料进一步轻质化和高强化，工程用钢的发展趋势是采用低合金钢。中国从 20 世纪 60 年代起普遍推广了锰硅系列和其他系列的低合金钢，大大节约了钢材数量，提高了结构性能。高强度钢丝、钢绞线和粗钢筋的大量生产促进了桥梁、房屋等工程中预应力混凝土结构的发展。强度等级为 500 ～ 600 的水泥在工程中得到了广泛的应用。近年来，轻骨料混凝土和加气混凝土在高层建筑中得到了广泛的应用。例如，美国休斯敦的贝壳广场大楼，用普通混凝土只能建 35 层，采用陶粒混凝土后，自重大大降低，在同等造价下可建造 52 层。大跨度、高层、结构复杂的工程又反过来要求混凝土进一步轻质化、高强化。高强钢与高强混凝土的结合极大地发展了预应力结构。预应力混凝土结构在我国桥梁工程和住宅工程中应用广泛，如重庆长江大桥的预应力刚构桥，跨度达 174 m；先张法和后张法的预应力混凝土屋架、吊车梁和空心板在工业建筑和民用建筑中得到广泛使用。铝合金、镀膜玻璃、石膏板、建筑塑料、玻璃钢等工程材料发展迅速。新材料的出现与传统材料的改进是以现代科学技术的进步为背景的，只有现代科学技术不断进步，才能使土木工程材料更快更好地发展。

5. 施工过程工业化

大规模的现代化建设使中国、苏联和东欧的建筑标准化达到了一个较高的水平。人们努力实施工业化生产模式，在工厂批量生产房屋和桥梁的各种部件、配件和组件。20 世纪 50 年代以后，预制和装配的趋势席卷了以建筑工程为代表的许多土木工程领域。这一标准化对我国社会主义建设起到了积极作用。中国的建设规模在绝对数字上是巨大的。在过去的 30 年里，城市工业和民用建筑面积已达到 23 亿 m^2 以上，其中住宅建筑

10 亿 m^2。如果没有广泛的标准化，就很难完成。在中国，装配不仅是建造房屋的重要手段，而且在桥梁建设中也非常重要。应用装配化技术已建造出装配式轻型拱桥，并从 20 世纪 60 年代开始采用与推广，对解决农村交通问题起到一定的作用。

在标准化向纵深发展的同时，多种现场机械化施工方法在 20 世纪 70 年代后迅速发展。同步液压千斤顶滑模在高层建筑中应用广泛。例如，加拿大多伦多的电视塔建于 1975 年，高达 553 m。施工采用滑模，天线安装采用直升机。现场机械化施工的另一个典型例子是用一组小卷扬机同步提升大面积平板的吊板结构施工方法。在过去的 10 年里，中国已经用这种方式建造了大约 300 万 m^2 的房屋。此外，大型钢模板、大型吊装设备与混凝土自动搅拌站、混凝土搅拌车、输送泵相结合，形成了一套现场机械化施工技术，为传统的现场混凝土浇筑方法注入了新的活力，在高层、多层房屋和桥梁建设中部分地取代了装配化，成为一种发展很快的方法。现代技术使许多复杂的工程成为可能。例如，中国宝成铁路有 80% 的线路穿越山岭地带，桥隧相连，成昆铁路桥隧长度占总长度的 40%；日本山阳线新大阪至博多段的隧道长度占总长度的 50%；苏联在靠近北极圈的寒冷地带建造了第二条西伯利亚大铁路；中国的青藏铁路直通世界屋脊。由于采用了现代化的盾构设备，隧道施工加快，精度也提高了。土石方工程中广泛采用定向爆破的方法，解决了大量土石方的施工难题。

6. 理论研究精密化

现代科学信息的传播速度大大加快。随着计算机的普及，一些新的理论和方法，如计算力学、结构动力学、动态规划方法、网络理论、随机过程理论、滤波理论等，已经渗透到土木工程领域。结构动力学得到了很好的发展。荷载不再是静态和确定的，而是被视为随时间变化的随机过程。美国和日本利用计算机控制的强震仪台网系统提供了大量原始地震记录。日益完善的反应谱法和直接动力法在工程抗震中发挥着重要作用。我国在地震理论、地震测量、振动台模拟试验和结构抗震技术等方面取得了重大进展。在结构设计计算中，静态的、确定的、线性的、单个的分析，逐步被动态的、随机的、非线性的、系统与空间的分析所代替。电子计算机的应用使得高次超静定的分析成为可能。例如，高层建筑中框架 - 剪力墙体系和筒中筒体系的空间工作，只有用电算技术才能计算。电算技术也促进了大跨度桥梁的实现。例如，1980 年，英国建成亨伯悬索桥，单跨达 1410 m；1983 年，西班牙建成卢纳预应力混凝土斜张桥，跨度达 440 m；中国于 1975 年在云阳建成第一座跨度为 145.66 m 的斜张桥后，又相继建成跨度为 220 m 的济南黄河斜张桥及跨度达 260 m 的天津永和桥。[3]

大跨度建筑的形式层出不穷，薄壳、悬索、网架和充气结构覆盖大片面积，以满足各种大型社会和公共活动的需要。1959 年在巴黎建造的多波双曲薄壳跨度 210 m；1976 年在新奥尔良建造的网壳弯曲顶部直径为 207.3 m；1975 年，美国密歇根州庞蒂亚克体育场的充气塑料薄膜覆盖面积约 35000 m^2，可容纳 80000 名观众。中国也建成了许多大空间结构，如上海体育馆圆形网架直径为 110 m，北京工人体育馆悬索屋面净跨为 94 m。大跨度建筑的设计也是理论水平的一个标志。[4]

从材料性能、结构分析、结构抗力计算到极限状态理论，在土木工程的各个分支中都得到了充分的发展。20世纪50年代，美国和苏联开始将可靠性理论引入土木工程领域。土木工程的可靠性理论是基于作用效应和结构抗力的概率分析。工程地质、土力学和岩体力学的发展为地基基础研究和地下工程、水下工程的发展创造了条件。计算机不仅可以辅助设计，而且可以作为一种优化手段。它不仅用于结构分析，而且还扩展到建筑、规划等领域。随着理论研究的深入，现代土木工程取得了许多质的进步，工程实践离不开理论的指导。此外，现代土木工程与环境的关系更为密切。在考虑工程造福人类的使用功能的同时，还应注意其与环境的协调。现代生产生活中经常排放大量的废水、废气、废渣和产生噪声，污染环境。环境工程，如废水处理工程，为土木工程增加了新的内容。随着核电站和海洋工程的快速发展，出现了新的备受关注的环境问题。现代土木工程规模日益扩大。例如，世界水利工程中，库容300亿 m^3 以上的水库有28座，高于200 m的大坝有25座；乌干达欧文瀑布水库库容达2040亿 m^3；塔吉克斯坦罗贡土石坝高335 m；中国葛洲坝截断了世界最大河流之一的长江；巴基斯坦引印度河水的西水东调工程规模很大；中国在1983年完成了引滦入津工程，南水北调中线工程也已完成。这些大水坝的建设和水系调整也会对自然环境产生影响，即干扰自然和生态平衡；土木工程规模愈大，它对自然环境的影响也愈大。因此，大规模现代土木工程的建设带来了一个保持自然界生态平衡的课题，有待综合研究解决。[2]

三峡水电站是世界上规模最大的水电站，也是中国有史以来建设的最大型的工程项目。而由它所引发的移民搬迁、环境破坏等诸多问题，使它从开始筹建的那一刻起，便与巨大的争议相伴。三峡水电站的功能有十多种，包括航运、发电、种植等。三峡水电站于1992年获得全国人民代表大会批准建设，1994年正式动工兴建，2003年6月1日下午开始蓄水发电，于2009年全部完工。三峡水电站大坝高程185 m，正常蓄水高程175 m，大坝长2335 m，静态投资1352.66亿元，安装32台单机容量70万 kW的水电机组。三峡水电站最后一台水电机组于2012年7月4日投入运行，这意味着装机容量为2240万 kW的三峡水电站成为世界最大的水电站和清洁能源生产基地。2018年12月21日8时25分21秒，三峡水电站在充分发挥防洪、航运和水资源利用等巨大综合效益的前提下，累计生产了1000亿 kWh绿色电能。

1.3 土木、水利与海洋工程的学习建议

1.3.1 土木、水利与海洋工程专业培养对知识、能力和素质的要求

土木、水利与海洋工程专业的培养目标为：面向国家基础设施可持续发展、新型城镇化、海洋强国、交通强国、生态文明建设和粤港澳大湾区建设等重大战略需求，将土木、水利、交通、海洋等相关学科融合发展，培养具备良好思想品德、人文素养、科学精神和强烈社会责任感，接受严格科学思维和良好专业技能训练，掌握基础设施运维、地下空间工程、海洋土木工程、城市水务、水资源水生态、河海动力过程等方面扎实的专业基础理论和技能，具有国际视野和创新意识，具备科学研究、组织管理和实践应用

能力，能够在市政、交通、房地产、水务、环保、城建、能源、海洋等行业和高等院校、科研机构等部门从事设计、施工、管理、科研等的高素质复合型大土木专业人才。

以下就土木、水利与海洋工程对知识、能力方面的要求作具体介绍：

专业基础理论课主要包括高等数学、物理和化学，应用理论课包括工程力学（理论力学和材料力学）、结构力学、流体力学（水力学）、水文学原理、土力学、岩石力学等。

本专业学生需要学习的专业知识科目包括工程结构（钢结构、木结构、混凝土结构、砌体结构等）的设计理论和方法、土木工程施工技术与组织管理、工程经济、土木工程材料、基础工程和抗震设计、水资源开发利用、工程测量与水文测验、工程水文与水利、城市水务工程、海绵城市原理与设计、水文地质与工程地质、河海动力学、海洋工程结构、海洋岩土工程等。其他相关科目还有水环境工程、河口治理工程、资源与环境经济学、建筑信息模型与工程仿真、土木水利海洋法规等。

本专业学生需要掌握的技能包括工程制图、材料与结构实验、水利大数据与信息化、外语及计算机在本专业中的应用。

土木、水利与海洋工程专业的学习不仅需要注意知识的积累，更应当注重学生能力的培养。以下几方面值得本专业学生参考：

（1）自主学习的能力。大学期间学习专业知识的时间是有限的，而本专业所涉及的行业众多、知识体系复杂、知识面宽广，且新的技术和规范不断更新换代。因此，加强自主学习，利用各种资源查阅文献，进行拓展学习显得尤为重要。

（2）发现和解决问题的能力。专业课程中的一些综合设计训练（如课程设计、小组作业、毕业设计等），其目的在于训练学生发现问题、分析问题和解决问题的能力，需要引起学生特别的重视。实际工程将考验学生综合运用各种知识和技能来解决问题的能力，因此在学习过程中务必注意对这种综合能力的培养，尤其是设计、施工等实践工作能力的培养。

（3）创新的能力。土木、水利与海洋工程的相关学科在不断发展和进步，对人才创新的要求也不断提高。学生在学习过程中要注意创新能力的培养。创新能力的培养可以从具体工作做起，如从每一次课程设计、每一次课程大作业等，做到力争上游、开拓创新；若有新颖的想法和问题，需积极与授课老师进行沟通探讨，努力提升自己的创新实践能力。

（4）协调管理的能力。工程建设是一个系统工程，需要几百人甚至成千上万人的共同努力才能够完成。因此，培养学生的团队协作和管理能力也很关键。本专业学生毕业后参加工作，总会涉及管理方面的工作，因此在工作中要学会处理好人际关系，如：对上级要尊重并努力负责地完成上级交给的任务；对同事要既竞争又友好；对下级既要严格要求，又要体贴关怀。要做到以包容的团队精神来对待人际关系和工作，办事待人要合情、合理、合法。如此，工程建设才能够有序而高效地开展，个人的事业也才能够有所成就。

1.3.2　土木、水利与海洋工程的教学方法和学习建议

1．课堂教学与理论学习

课堂教学是一个教师向学生传授知识和技能的过程，也是学校最主要的教学形式。在土木、水利与海洋工程的专业教学中，教师不仅要认真地讲授理论知识，将理论与工程实例相结合，也要做到循序渐进地授课，所讲授的工程案例应该由浅入深，易于理解。在上课时，应借助现代化教学手段，如幻灯片、视频录像等，便于学生学习和理解。学生听课时，要注意老师讲授的思路、重点、难点和主要结论，记笔记时尽量只记要点、难点和因果关系。

大学课堂里还要设置一些讨论课和习题课，以加强学生对课程重点和难点的理解。学生在参加这样的课程学习时应主动融入并参与讨论，这不仅可以帮助学生加深对所学知识的理解，也可以提高自身的表达和沟通能力。

课堂教学后，学生要复习巩固所学知识点，整理笔记，对不懂的问题需及时解决，可独立思考或与同学讨论交流。若问题依旧无法解决，可记下来在适当的时候找老师答疑。

2．实验（践）教学与学习

（1）实验课。实验课包括物理、化学实验课和计算机制图及程序设计实验课。

·物理、化学实验课。

物理和化学这两门基础课都设置了实验课，旨在促进学生对物理和化学理论课程中相关知识的掌握，使学生掌握基本仪器的操作使用。通过物理和化学实验课程的学习，使学生掌握相关实验设计能力、操作能力和数据分析处理能力，并且加深对相关理论知识的理解。

其教学方法以多媒体教学为主，运用多种教学方法，采用数据处理软件对实验数据进行处理。学生在实验课学习期间，养成预习—操作—提交报告的规范化学习流程：课前应预习实验内容并撰写预习报告；进行实验期间，需按指导老师的要求进行规范操作；实验后学生应当独立按时完成并提交实验报告。

·计算机制图及程序设计实验课。

随着计算机软件和硬件水平的不断提高，早期主要用于复杂工程计算的计算机应用如今已逐步扩大到工程设计、施工管理和仿真分析等方面。计算机辅助设计技术已成为土木工程设计绘图的重要基础技术。

计算机制图课程的教学安排可考虑先开设画法几何和土木工程制图的理论课，再安排计算机绘图课。在多媒体教室集中讲解 AutoCAD 操作，结束后再让学生进入机房进行上机绘图实践。

讲授计算机语言和程序设计的实验课时，教师应当着重强调程序设计和土木、水利与海洋工程专业的紧密性，在教案、课件甚至考试等方面有针对性地引入土木、水利与海洋工程专业背景知识，合理地分配程序设计理论教学和上机实践课时，并制定合理的

教学计划。计算机实验课的课堂教学应当注重计算机编程演示以及分组讨论、交流，力求理论知识形象化。注重上机实践能力，做好实验课的答疑。课后通过电子邮件、网站等现代化网络平台解答学生疑问，及时进行师生交流从而掌握学生的反馈，实现教学融合和师生互动。

（2）综合设计训练课。

课程设计对理解和掌握工程的基本原理具有十分重要的作用，也是同学们由理论学习通往工程实践的桥梁。本科学习期间学生参与工程实践的机会十分有限，所以应当重视课程设计带给同学们的动手机会，通过课程设计更好地帮助学生理解和巩固所学的理论和方法，有意识地培养自身的工程意识和解决实际工程问题的能力。

课程设计题目最好源于工程实际，教师可根据课程教学的要求和学生已学的专业课程对课程设计进行简化或者提出附加要求，在课时有限的条件下达到更好的效果。学生需对课程知识体系有系统整体的把握，重点掌握基本理论和基本方法，并在设计过程中反映近年来工程规范的更新。教学过程中可统筹安排课程设计教室，为课程定时考察、教师提供答疑和学生之间沟通交流提供便利。

（3）现场实习和实践课程。

土木、水利与海洋工程专业现场实习和实践课程的教学目的在于通过实习和实践，学习本专业的实践知识并增强感性认识，以补充课堂教学的不足。实习过程中，学生可对一般土木与房屋建筑物、构筑物的构造及其特点有一定了解；对一般土木与房屋建筑物施工前的准备工作和整个施工过程有较深刻的了解；理论联系实际，巩固和深入理解所学的理论课程知识（如工程测量、建筑材料、工程制图、工程施工等），为后续的课程学习和今后的实际工作提供指导，积累感性认识。

参加实习和实践的学生，应当在指导老师和现场工程人员的安排下，有序地参观工程实地的技术和生产工作。实习期间应当严格遵守实习纪律和实习工地的规章制度，并且按时完成工程技术人员或指导老师安排的实践工作，同时记录每日的参观情况和实习心得，最后完成并提交实习报告。

3. 学科竞赛与科研创新训练

（1）学科竞赛。

学科竞赛是超出课本范围的一种特殊的学习平台，是大学生创新实践能力提升的重要途径。与土木、水利与海洋工程相关的竞赛有全国周培源大学生力学竞赛、全国大学生结构设计竞赛、全国大学生水利创新设计大赛、“斯维尔杯”建筑信息模型（BIM）应用技能大赛、全国高校学生钢结构创新竞赛、全国大学生岩土工程竞赛等。参加这些学科竞赛不仅可以提升学生独立思考、分析问题和解决问题的能力，还可以拓展学生的知识面、丰富学生的履历，提升同学们在未来升学、就业中的竞争力。

（2）科研创新训练。

土木、水利与海洋工程高水平人才的培养更需要注重学生科研创新能力的培养。创新训练项目是土木、水利与海洋工程专业学生科研能力培养的重要方式，其目的是培养学生发现问题、分析问题和解决问题的能力。在科研创新训练过程中，不仅需要学生刻苦努力，也需要导师的正确指引。导师须全程参与项目的实施过程，鼓励学生大胆、独立地完成自己的课题，同时也需要适量的点拨，以避免课题研究进展缓慢或走错方向。课题完成后，学生们需独立分析和整理科研成果，总结科研过程中自己存在的问题和亮点，为今后的科研、学习和工作奠定坚实的基础。

第2章　土木、水利与海洋工程材料

2.1　土木、水利与海洋工程材料概述

2.1.1　工程材料的定义与作用

土木、水利与海洋工程材料（简称工程材料）是指工程建设中使用的各种材料及其制品，它是保证工程质量的重要物质基础。[5]随着我国经济发展实际需要，兴修工程占有极为重要的地位。工程材料的种类、性能、成本等因素在很大程度上影响着工程的功能和质量，同时在土木、水利与海洋工程中不仅使用量大，而且有很强的经济性，其费用在工程造价中占相当大的比例。[6]因此，如何合理地选择、使用及管理工程材料，对整个建筑物或构筑物的适用性、耐久性、经济性和艺术性有着重大的意义。更重要的是，工程材料往往也决定了工程结构的形式和施工方法。通常，新材料的面世会促进工程结构形式的变化、结构设计方法的改进以及施工技术的革新。[7]

2.1.2　工程材料的分类

工程材料的种类繁多，其组成、结构、性能与用途各不相同，可从不同角度对工程材料进行分类：①根据组成物质的种类及化学成分，可分为金属材料、无机非金属材料、有机材料和复合材料；②根据在工程中的使用功能，可分为结构材料、装饰材料、防水材料、绝热材料等；③根据在工程结构中的承载情况，大体上可分为承重材料、非承重材料和功能材料（如装饰、防水、绝缘等材料）等；④根据材料的形成条件，可分为天然材料和人造材料。[8]

2.1.3　工程材料的基本性质

工程材料的基本性质主要体现在材料的物理、力学、耐久性等方面。[9]作为工程的物质基础，正确选用工程材料是保证工程质量的关键所在，而这要建立在对材料基本性质研究的基础之上。[10]对于结构材料，要求具备相应的力学性质，优良的工程实体必须具备足够的强度，能够安全地承受设计荷载；对于围护结构，要求具有一定的保温、隔热、防渗及适应环境要求的能力，楼板和内墙材料要能隔声等；长期暴露在大气环境或海洋等有腐蚀性介质的环境中，还要重点研究材料的耐久性；用于装饰的材料，应能美化房屋并产生一定的艺术效果；有特殊功能需求的部位，需要对应特殊的材料。工程材料的基本性质是多方面的，往往是几个指标共同起作用。[11]

（1）工程材料的基本物理性质，包括密度、表观密度与堆积密度、密实度与孔隙率、填充率与空隙率等。[12] 在工程中，根据材料的密度、表观密度与堆积密度可计算出材料的用量、构件的自重以及确定材料的堆放空间。孔隙率和孔隙特征可以反映材料的密实程度，影响着材料的许多性质，如强度、吸水性、保温性、耐久性等。空隙率的大小反映了散粒体材料的颗粒之间填充的紧密程度；同时，空隙率也是控制混凝土骨料级配与计算配合比时的重要参数。[13]

（2）材料与水有关的性质，包括亲水性与憎水性、吸水性与吸湿性、耐水性、抗冻性与抗渗性、热工性质等。[8] 材料在实际使用过程中，与水接触在所难免，而不同材料的亲水程度是不同的。亲水性材料允许水分通过孔隙的毛细作用自动渗入材料内部，可以被水润湿，如混凝土、砖和木材等。憎水性材料则不能被水润湿，水不易渗入材料毛细管中，可以用作防水材料。某些材料吸水或吸湿后，会造成材料的表观密度增大、体积膨胀、强度下降、抗冻性变差等不良影响，因此，在储存、运输和使用过程中应特别注意采取有效的防潮、防水措施。抗冻性良好的材料，对于抵抗大气温度变化、干湿交替等风化作用的能力较强，所以抗冻性常作为考查材料耐久性的一项指标。材料的抗渗性除了与其密实度和孔隙特征有关外，还与材料的憎水性和亲水性有关，憎水性材料的抗渗性优于亲水性材料。材料的抗渗性与耐久性也有着密切的关系。[12]

（3）工程材料的基本力学性质，包括材料的强度、弹性与塑形、脆性与韧性等。材料的强度是指材料在外力（荷载）作用下抵抗破坏的能力。根据外力作用方式的不同，材料的强度可分为抗压强度、抗拉强度、抗弯强度及抗剪强度。材料在外力作用下产生变形，当外力去除后能完全恢复到原始形状的性质称为弹性；有一部分不能恢复，这种性质称为材料的塑性。材料受外力作用，当外力达一定值时，材料发生突然破坏，且破坏时无明显的塑性变形，这种性质称为脆性。如天然石材、烧制砖、混凝土等属于脆性材料，它们抵抗冲击作用的能力差，但是抗压强度较高。[5]

（4）工程材料的耐久性，指材料在抵抗自身和环境长期破坏作用，使用过程中维持不破坏和不变质的能力。[8] 有些工程所处的环境复杂多变，其材料所受到的破坏因素也多种多样。这些破坏因素单独或耦合作用于材料，可产生化学的、物理的和生物的破坏作用。由于各种破坏因素的复杂性和多样性，耐久性成为材料的一项重要的技术性质。例如，在海洋环境中，工程结构常常遭受到海水的化学侵蚀、冻融作用等，造成耐久性不足而过早破坏。[5] 工程结构根据材料的耐久性进行设计，更具有科学性和实用性。只有深入了解并掌握工程材料耐久性的本质与影响因素，从材料、设计、施工、使用各方面共同努力，才能保证工程材料的耐久性，提高工程结构的服役寿命。

2.2　主要土木工程材料

2.2.1　建筑钢材

金属材料在土木工程领域中应用广泛，其中，钢材是最重要的建筑材料之一。建筑钢材是指用于钢筋混凝土结构的钢筋、钢丝和用于钢结构的各种型钢，以及用于围护结构和装修工程的各种深加工钢板和复合板等。[14]

1. 钢材的化学组成

钢的基本成分是铁与碳，此外还有某些合金元素和磷、硫等杂质元素。按化学成分，钢材可分为碳素钢和合金钢两大类（图 2.1）。

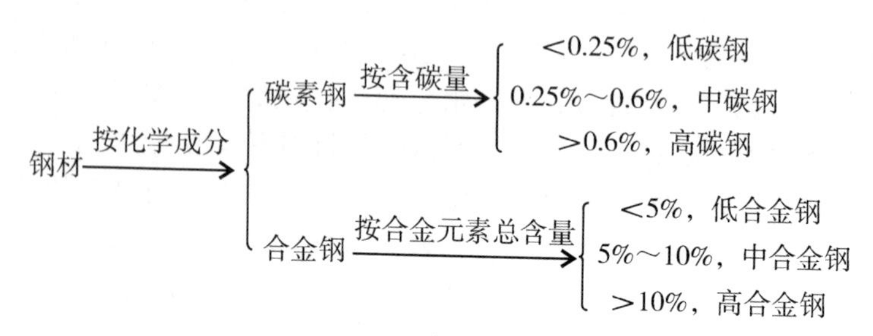

图 2.1　钢材的类型

2. 建筑钢材的主要力学性能

（1）抗拉性能。

抗拉性能是建筑钢材最重要的性能之一，其技术指标是由拉力试验测定的屈服点、抗拉强度和伸长率。[14]钢材的抗拉性能可通过低碳钢（软钢）受拉时的应力－应变关系（图 2.2）阐明。

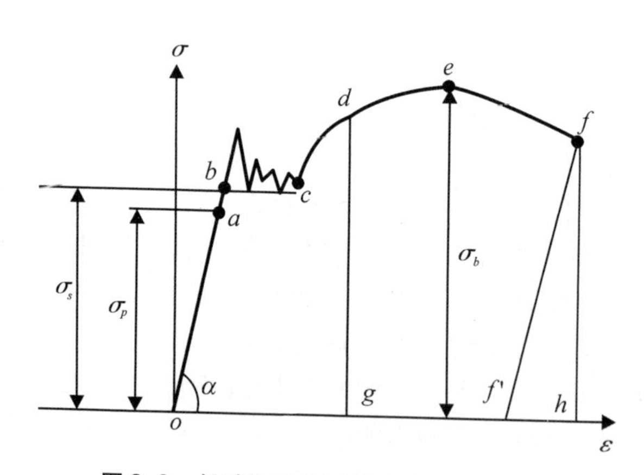

图 2.2　低碳钢受拉时的应力－应变关系

根据低碳钢受拉时的应力－应变特征，可将其划分为四个阶段，如表 2.1 所示。

表 2.1　低碳钢受拉时对应的阶段性质

阶　段	性　　质	特征点
$o \to a$　弹性阶段	应力与应变成正比，其比值为弹性模量 E，$E = \frac{\sigma}{\varepsilon}$	a 点：弹性极限 σ_p
$a \to c$　屈服阶段	应变增加，应力基本不变，保持稳定，即屈服。开始产生塑性变形	c 点（屈服点）：屈服极限 σ_s
$c \to e$　强化阶段	塑性变形造成试件内部的组织结构产生一定程度的调整，增强了抵抗变形的能力	e 点：抗拉强度 σ_b
$e \to f$　颈缩阶段	试件变形开始集中于某一小段内，横截面面积显著减小，出现颈缩现象，直至断裂	—

其中，需要注意以下内容[15-17]：①弹性模量作为钢材在受力状态下用于计算结构变形的重要指标，表示的是钢材抵抗变形的能力。②设计中一般将屈服点作为强度取值的依据，主要原因是钢材受力达到屈服点后，变形加快，尽管尚未被破坏，但已不能满足使用要求。③抗拉强度与屈服强度的比值为强屈比$\left(\frac{\sigma_b}{\sigma_s}\right)$。强屈比越大，钢材受力超过屈服点时的可靠性越大，结构就越安全；但强屈比过大，利用率低，会造成浪费。钢材强屈比一般应大于 1.2。

通过抗拉实验测定钢材塑性指标——伸长率（δ）和断面收缩率（ψ）。试件拉断后，标距的伸长与原始标距长度（L_0）的百分比称为断后伸长率（δ）。进行测量时需注意将拉断的两部分在断裂处对接在一起，使其轴线位于同一直线上时，量出断后标距的长度 L_1（mm）（图 2.3），即可按下式计算伸长率[18]：

$$\delta = \frac{L_1 - L_0}{L_0} \times 100\% 。$$

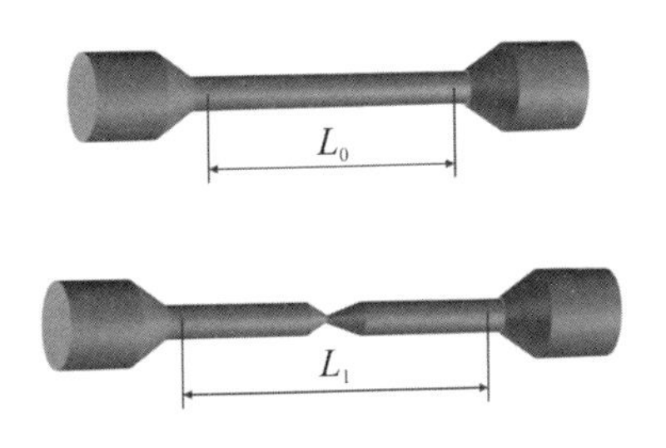

图 2.3　伸长率的测量

断面收缩率（ψ）是试件拉断后，颈缩处横截面积的最大缩减量与原始横截面积（A_0）的百分比，即

$$\psi = \frac{A_0 - A_1}{A_0} \times 100\% 。$$

式中：A_1——颈缩处的截面积。δ 与 ψ 值越大，说明材料的塑性越好。

（2）冲击韧性。

钢材抵抗冲击荷载的能力称为冲击韧性，其指标通过标准试件的弯曲冲击韧性试验确定。试验以摆锤打击刻槽的试件，于刻槽处将其打断，打断时所吸收的能量作为钢材的冲击韧性（K_v）。[19]

（3）耐疲劳性。

钢材在交变荷载的反复作用下，应力远小于其抗拉强度（σ_b）时发生破坏的现象称为疲劳破坏。疲劳破坏的危险应力用疲劳极限（σ_n）表示，它是指试件在交变应力作用下，在规定的周期基数内不发生断裂所能承受的最大应力。[19]设计承受反复荷载且须进行疲劳验算的结构时，应测定所用钢材的疲劳极限。

（4）硬度。

钢材的硬度是指其表面局部体积内抵抗外物压入产生塑性变形的能力。一般材料的强度越高，硬度值越大。

（5）冷弯性能。

冷弯性能是指钢材在常温下承受弯曲变形的能力，以试验时的弯曲角度 α 和弯心直径 d 为指标表示。钢材的冷弯试验是用直径（或厚度）为 a 的试件，采用标准规定的弯心直径 d（$d=na$），弯曲到规定的角度（180°或 90°）时，检查弯曲处有无裂纹、断裂及起层等现象。若无，则认为冷弯性能合格。钢材冷弯时的弯曲角度越大，弯心直径越小，其冷弯性能越好。[20]

（6）冷加工强化。

将钢材在常温下进行冷拉、冷拔或冷轧以产生塑性变形，从而提高屈服强度，称为冷加工强化。

将经过冷加工的钢材于常温下存放 15 ～ 20 天，或加热至 100 ～ 200 ℃ 并保持一定时间，这一过程称为时效处理，前者称为自然时效，后者称为人工时效。当处理冷加工钢筋时，一般强度较低的钢筋采用自然时效处理，强度较高的钢筋则采用人工时效处理。冷加工以后再经时效处理的钢筋，屈服点会进一步提高，抗拉强度稍有增长，塑性和韧性则继续降低。[21]

（7）焊接性能。

焊接连接是钢结构的主要连接方式，焊接结构在工业与民用建筑的钢结构中占比大于 90%。焊接方法最主要的是钢结构焊接用的电弧焊和钢筋连接用的电渣压力焊，而焊件的质量主要取决于是否选择正确的焊接工艺和适当的焊接材料，以及钢材本身的可焊性。[21]焊接质量的检验方法主要有取样试件试验和原位非破损检测两类。

（8）热处理。

热处理是指将钢材按规定温度，进行加热、保温和冷却处理，以改变其组织，得到所需性能的一种工艺。热处理的方法有退火、正火、淬火和回火。[22]

3. 建筑钢材的品种与应用领域

根据钢材在土木工程中的应用领域，通常将建筑钢材分为钢筋混凝土结构用钢和钢结构用钢两大类。

（1）钢筋混凝土结构用钢。

主要用于钢筋混凝土和预应力钢筋混凝土的配筋，是土木工程中用量最大的钢材之一，主要品种有热轧钢筋、冷轧带肋钢筋、预应力钢筋用钢丝和钢绞线等。

（2）钢结构用钢。

钢结构构件一般应直接选用各种型钢，型钢间连接方式为直接连接或附加连接钢板。连接方式可铆接、螺栓连接或焊接。主要品种有热轧型钢、冷弯薄壁型钢、钢板和压型钢板等。

2.2.2　无机胶凝材料

土木工程材料中，凡是经过一系列物理、化学作用，能将散粒状或块状材料黏结成整体的材料，统称为胶凝材料。根据胶凝材料的化学组成，一般可分为无机胶凝材料和有机胶凝材料两大类。[23]

无机胶凝材料以无机化合物为基本成分，常用的有石膏、石灰、各种水泥等。根据无机胶凝材料凝结硬化条件的不同，又可分为气硬性胶凝材料和水硬性胶凝材料两类。有机胶凝材料以天然的或合成的有机高分子化合物为基本成分，常用的有沥青、各种合成树脂等。[24]

1. 气硬性胶凝材料

气硬性胶凝材料是指只能在空气中硬化，也只能在空气中保持或继续发展其强度的胶凝材料。常用的有石膏、石灰和水玻璃。[25]

（1）石膏。

石膏是以硫酸钙为主要成分的气硬性胶凝材料。将天然二水石膏（$CaSO_4 \cdot 2H_2O$）或化工石膏进行加热。当加热温度为65～75 ℃时，$CaSO_4 \cdot 2H_2O$ 开始脱水；至107～170 ℃时，生成半水石膏（$CaSO_4 \cdot \frac{1}{2}H_2O$），其反应式为：

$$CaSO_4 \cdot 2H_2O \xrightarrow{107 \sim 170\ ℃} CaSO_4 \cdot \frac{1}{2}H_2O + 1\frac{1}{2}H_2O。$$

在土木建筑工程中，主要应用的石膏胶凝材料是建筑石膏。建筑石膏与适量的水拌合后，最初成为可塑的浆体，但很快失去塑性，产生强度，并逐渐发展成坚硬的固体，这种现象也称为凝结硬化[26]，其反应式为：

$$CaSO_4 \cdot \frac{1}{2}H_2O + 1\frac{1}{2}H_2O = CaSO_4 \cdot 2H_2O。$$

建筑石膏的凝结时间短，加入缓凝剂可以降低半水石膏的溶解度和溶解速度。常用的缓凝剂有硼砂、酒石酸钾钠、柠檬酸、聚乙烯醇、石灰活化骨胶或皮胶等。

石膏制品的孔隙率大，因而导热系数小，吸声性强，吸湿性大，可调节室内的温度和湿度。同时，石膏制品质地洁白细腻，凝固时不像石灰和水泥那样出现体积收缩，反而略有膨胀（膨胀量约为1%），可浇注出纹理细致的浮雕花饰，作为室内饰品材料。

建筑石膏制品在遇火灾时，二水石膏中的结晶水蒸发，吸收热量，并在表面形成蒸汽幕和脱水物隔热层，无有害气体产生，具有较好的抗火性能。但建筑石膏制品不宜长期用于靠近65 ℃以上高温的部位，以免二水石膏在此温度作用下脱水分解而失去强度。

建筑石膏在运输和贮存中应注意防潮。一般贮存3个月后，强度将降低30%左右。所以贮存期超过3个月的应重新进行质量检验，以确定其等级。[27]

（2）石灰。

石灰是在土木工程中使用较早的无机胶凝材料之一，其原料分布广，生产工艺简单，成本低廉，在土木工程中应用广泛。生产石灰的原料有石灰石、白云石、白垩、贝壳等。[25]碳酸钙经煅烧后分解成为氧化钙，得到块状生石灰：

$$CaCO_3 \xrightarrow{900\ ℃} CaO + CO_2\uparrow。$$

为加速分解，将煅烧温度提高至1000～1100 ℃。在生产石灰的原料中，常含有碳酸镁，经煅烧分解成氧化镁；按氧化镁含量将石灰分为钙质石灰和镁质石灰两类。《建筑生石灰》（JC/T 479—92）规定，生石灰中氧化镁含量≤5%时，称为钙质石灰；氧化镁含量>5%时，称为镁质石灰。[28]

生石灰加水发生水化反应，生成熟石灰 $Ca(OH)_2$，称为生石灰的熟化，反应式如下：

$$CaO + H_2O \rightarrow Ca(OH)_2 + 64.9\ kJ。$$

石灰熟化为放热反应，同时体积会膨胀1～2.5倍。石灰浆体在空气中逐渐硬化，由结晶作用和碳化作用同时进行来完成：

· 结晶作用——游离水分蒸发，氢氧化钙逐渐从饱和溶液中结晶。

· 碳化作用——氢氧化钙与空气中的二氧化碳化合生成碳酸钙结晶，释放出水分并蒸发：

$$Ca(OH)_2 + CO_2 + nH_2O \rightarrow CaCO_3 + (n+1)H_2O。$$

石灰作为胶凝材料，具有以下特点：①可塑性好；②硬化速度低，强度低；③保水性好，耐水性差，存放时注意防潮；④硬化时体积收缩大。[29]

在建筑工程中，石灰用途广泛。以石灰为原料可配制石灰乳和石灰砂浆等，用于粉刷、抹灰和砌筑工程；利用熟石灰粉与黏性土、砂等材料可制成灰土、三合土等材料，大量用于建筑的基础、地面、道路及堤坝等工程；另外，还可以用石灰来制作碳化石灰板以及生产硅酸盐制品等。[30]

（3）水玻璃。

水玻璃（俗称刨花碱）是一种由不同比例的碱金属氧化物和二氧化硅组成的能溶于水的硅酸盐，可以用水稀释成任意浓度。常见的水玻璃有硅酸钠（$Na_2O \cdot nSiO_2$）和硅酸钾（$K_2O \cdot nSiO_2$）等，以硅酸钠最为常用。[31]

液体水玻璃可吸收空气中的二氧化碳，形成无定形硅酸，并逐渐干燥而硬化。整个过程反应缓慢，可通过加热水玻璃或加入硅氟酸钠 Na_2SiF_6 作为促硬剂，加速硬化。[14]其反应式如下：

$$Na_2O \cdot nSiO_2 + CO_2 + mH_2O = Na_2CO_3 + nSiO_2 \cdot mH_2O$$。

水玻璃具有良好的黏结性能。模数越大，胶体组分越多，越难溶于水，黏结能力越强。同一模数的水玻璃，浓度越高，则密度越大，黏结力越强。在水玻璃溶液中加入少量添加剂，如尿素，在不改变黏度的情况下提高了黏结能力。水玻璃高温不燃烧，耐热性能良好，同时具有高度的耐酸性能，能抵抗大多数无机酸和有机酸的作用。

2. 水硬性胶凝材料——水泥

水泥不仅能在空气中硬化，还能更好地在水中硬化，保持并发展强度，故水泥属于水硬性胶凝材料。水泥品种很多，按组成分为硅酸盐水泥、铝酸盐水泥和硫酸盐水泥等，按其用途及性质分为通用水泥、专用水泥和特种水泥。其中，硅酸盐水泥是最基本和最常用的水泥。

硅酸盐水泥加适量的水拌和后，形成可塑性的水泥浆体，并在常温下逐渐变稠直到开始失去塑性，但此时尚不具有强度的现象称为水泥的初凝；随着塑性的消失，水泥浆体开始产生强度，此时称为水泥的终凝；水泥浆体由初凝到终凝的过程称为水泥的凝结。水泥浆体终凝后，强度会随着时间的延长不断提高，并最终形成坚硬的水泥石，这一过程称为水泥的硬化。凝结和硬化是人为划分的，实质上是一系列连贯的复杂的物理、化学变化过程。[33]

3. 硅酸盐水泥的技术性质

根据国家标准《通用硅酸盐水泥》（GB 175—2007），对硅酸盐水泥的技术要求包括细度、凝结时间、体积安定性和强度等。

（1）细度。

细度是指水泥颗粒的粗细程度，是影响水泥的凝结时间、体积安定性、强度等性能的重要指标。由于一般水泥的细度能满足标准规范要求，因此细度作为水泥的选择性指标。水泥的细度可用筛析法和比表面积法检验。[34]

（2）凝结时间。

凝结时间分为初凝时间和终凝时间。初凝时间为水泥加水拌合起至标准稠度净浆开始失去可塑性所需的时间，终凝时间为水泥加水拌合起至标准稠度净浆完全失去可塑性并开始产生强度所需的时间。为使水泥混凝土材料有充分的时间进行搅拌、运输、浇捣和砌筑，水泥的凝结时间不能过短；当施工完毕后，则要求尽快硬化，具有强度，故其终凝时间也不能过长。硅酸盐水泥标准规定，初凝时间不得小于 45 min，终凝时间不得大于 6.5 h（390 min）。[35]

（3）体积安定性。

安定性不良的水泥，在浆体硬化过程中或硬化后会产生不均匀的体积膨胀、开裂，甚至引起工程事故，主要原因是熟料中含有过量的游离氧化钙（f-CaO）、游离氧化镁（f-MgO）、三氧化硫或掺入的石膏过多。通常用沸煮法检验水泥的体积安定性，测试方法可以用试饼法和雷氏法。有争议时以雷氏法为准。安定性不良的水泥严禁用于工程。[36]

（4）强度。

水泥的强度是以水泥、标准砂、水按规定比例拌合成水泥胶砂，根据有关标准的规定制作试件，经标准养护后测定其 3 d 和 28 d 的抗折强度、抗压强度，确定水泥的强度等级。硅酸盐水泥的强度等级包括 42.5、42.5R、52.5、52.5R、62.5、62.5R（R 表示早强型）等 6 个。

（5）碱含量。

水泥中的 Na_2O 和 K_2O 含量应符合标准规定。若碱含量过高，与骨料中的活性成分可能会发生碱－骨料反应，将对工程造成危害。

2.2.3 水泥混凝土

混凝土简称砼，是指由粗、细骨料和胶凝材料加水按适当比例配制后，经搅拌振捣，在一定条件下养护成型硬化的人造石材。胶凝材料的作用是将内部骨料胶结成整体。根据胶凝材料的不同可将混凝土分为水泥混凝土、沥青混凝土、聚合物混凝土、聚合物水泥混凝土、水玻璃混凝土和石膏混凝土等，其中水泥混凝土最常见。如图 2.4 所示，水泥混凝土是以水泥、砂、石子和水为原材料，必要时掺入外加剂和矿物掺合料等材料，经拌和、成型、养护等工艺制作的，在硬化后具有一定强度的工程材料。混凝土材料已经成为现代社会文明的物质基础，是使用最广泛的建筑材料。[37]

1. 水泥混凝土的材料组成

（1）水泥。

水泥与拌和水混合后，在水泥混凝土中发挥黏合剂的作用，即胶结作用。水泥与水混合形成水泥浆，水泥浆包裹在骨料表面并填充骨料间的空隙。在硬化前，水泥浆包裹骨料使得拌合物具有一定的流动性，利于运输和施工。在硬化后，水泥浆将骨料胶结成一个整体，逐渐发展强度。水泥强度等级的选择影响着混凝土的设计强度。

（2）骨料。

水泥混凝土中的砂、石统称为骨料，在混凝土中起着整体结构的骨架填充作用，同时限制混凝土的体积干缩变形、提高强度、增加刚度和抗裂性。砂的粒径≤4.75 mm，称作细骨料；碎石或碎卵石的粒径 >4.75 mm，称作粗骨料。较好的骨料颗粒级配能确保骨料间的空隙率低（图2.5）。另外，国家标准规定砂石中不应混有草根、树叶、塑料、煤块、炉渣等损害混凝土强度性质的杂物。[38]

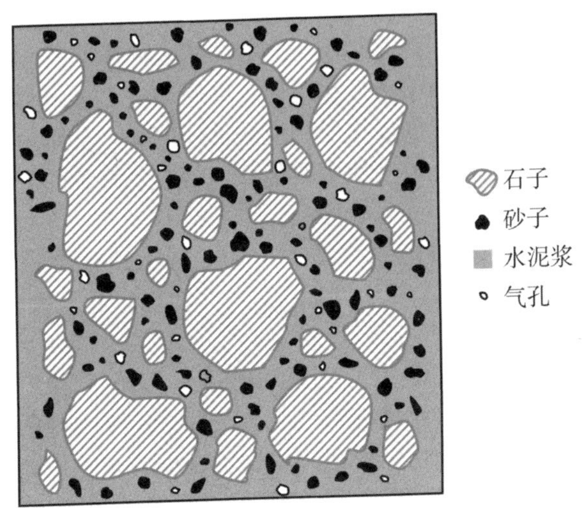

图2.4　水泥混凝土的内部组成

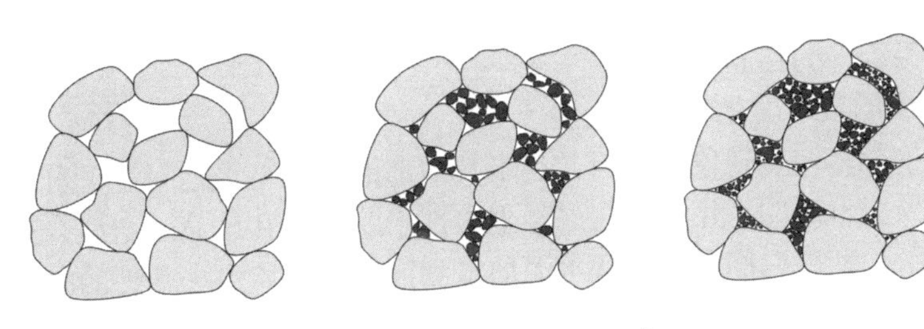

图2.5　骨料颗粒级配示意

（3）拌合水。

拌合水为水泥类胶凝材料提供硬化条件。拌合水与水泥质量的比值称为水灰比，水灰比在很大程度上影响着水泥混凝土从新拌状态到硬化状态的各种性能。水泥混凝土的拌合水按水源可分为饮用水、地表水、地下水、海水以及经适当处理或处置后的工业废水（简称中水）。对混凝土拌合或养护用水有着对应的质量要求。

（4）矿物掺合料和外加剂。

为改善新拌混凝土或硬化混凝土的性能，通常可加入一定量的矿物掺合料和外加剂。矿物掺合料是以硅、铝、钙等的一种或多种氧化物为主要成分，具有一定细度，掺入混凝土中能改善混凝土性能的粉体材料。常用的矿物掺合料有粉煤灰、硅粉、粒化高炉矿渣粉和沸石粉等。

外加剂按照化学成分可分为无机化合物、有机化合物、有机和无机复合物。常用的还可将外加剂按照功能分类：改善混凝土流变性能的减水剂和泵送剂，调节混凝土凝结时间和硬化性能的缓凝剂、促凝剂和速凝剂，改善混凝土耐久性的引气剂、防水剂、阻锈剂和矿物外加剂，改善混凝土其他性能的膨胀剂、防冻剂和着色剂。[39]

2. 水泥混凝土的性能特点

将混凝土的组成原料拌合，在凝结硬化之前的状态称作混凝土拌合物。这种新拌混凝土的性能必须与工程性质和施工条件相适应，以便于施工，同时，混凝土拌合物在凝结硬化后要求能够形成足够的强度以承受相应的设计荷载，在使用期限内还应保证有足够的耐久性。因而，水泥混凝土的性能主要包括和易性、力学性能和耐久性能。

（1）新拌混凝土的和易性。

新拌混凝土的和易性，也称作工作性，是指混凝土拌合物易于施工操作（拌合、运输、浇注、振捣）并获得质量均匀、成型密实的性能。和易性包括流动性、黏聚性和保水性。

流动性是指混凝土拌合物在自重或机械（振捣）力作用下产生流动，并均匀密实地填满模板的性能。混凝土拌合物的流动性与施工的难易程度息息相关。黏聚性是指混凝土拌合物各组成材料之间有一定的黏聚力，避免在运输和施工过程中产生分层和离析现象。黏聚性好的混凝土拌合物中的物料分散比较均匀，所形成的混凝土的力学性能表现也比较一致。保水性是指混凝土拌合物具有一定的保水能力，避免在施工过程中出现严重的泌水现象。泌水量大，会影响水泥的凝结硬化。混凝土拌合物的流动性、黏聚性和保水性各有其对应的内容，又相互联系，和易性就是新拌混凝土这三个性质在某种具体条件下的有机统一的性质。

（2）混凝土的凝结硬化和强度发展。

混凝土产生凝结硬化现象的原因，在于其内部的水泥与水之间发生水化反应。具体而言，是水化反应形成的水化产物在混凝土内部不断生长和填充的结果。混凝土的凝结分为初凝和终凝。初凝时间指的是从水泥加水到混凝土开始失去塑性的时间，也被认为是施工的极限时间；终凝时间指的是从水泥加水到混凝土完全失去可塑性的时间，此时认为混凝土的强度开始发展。混凝土的龄期表示混凝土自加水搅拌起，拌合成型并养护这段过程所经历的时间。常用的龄期有 3 d、7 d、14 d 和 28 d。

根据国家标准《混凝土强度检验评定标准》（GB 50107—2010），混凝土的强度等级应按立方体抗压强度标准值划分。立方体抗压强度标准值为按标准方法制作和养护的边长为 150 mm 的立方体试件，用标准试验方法在 28 d 龄期测得的混凝土抗压强度总体分布中的一个值，其余强度低于该值的概率应为 5%。混凝土强度等级应采用符号 C 与立方体抗压强度标准值（以 N/mm^2 计）表示。普通混凝土强度等级有 C15、C20、C25、C30、C35、C40、C45、C50、C55、C60、C65、C70、C75、C80 等 14 个等级，分别适用于不同工程或不同部位。一般把强度等级为 C60 及以上的混凝土称为高强混凝土，C100 强度等级以上的混凝土称为超高强混凝土。[40]

（3）混凝土的变形。

水泥混凝土的变形与强度一样，是混凝土另一项重要的力学性能。在未承受荷载作用的情况下，外部环境因素（如温度、湿度、大气中 CO_2 浓度等）会使得混凝土发生相应整体或局部体积变化，产生变形，包括热胀冷缩、干缩湿胀、化学收缩等。在承受荷载作用的情况下，还会出现弹塑性变形和徐变。混凝土常作为建筑结构使用，在变形过程中会受到诸如基础、钢筋或相邻部件的牵制而处于不同程度的约束状态，且混凝土内部各组成相之间也互相制约，这些变形的积累会影响混凝土承受设计荷载的能力，而且还会严重损害混凝土的外观和耐久性。应针对这些变形的特点，从设计上或施工上着手，尽量避免水泥混凝土的变形给建筑结构带来的不良影响。[41]

(4) 混凝土的耐久性。

混凝土除应具有设计要求的强度，以保证其能安全地承受设计荷载外，还要确保工程结构的合理使用寿命。应根据结构的设计使用年限、结构所处的环境类别和环境作用等级进行耐久性设计。通常，把混凝土抵抗环境介质和内部劣化因素作用并长期保持其良好的使用性能和外观完整性，从而维持混凝土结构的安全、正常使用的能力称为耐久性。混凝土耐久性主要包括抗渗、抗冻、抗侵蚀、碳化、碱－骨料反应及混凝土中的钢筋锈蚀等性能。[32]

3. 水泥混凝土的优缺点

混凝土作为一种广泛应用的土木工程材料，在国家的基础设施建设中占有重要地位，基础工程、建筑结构、道路与铁道工程、桥梁工程、地下隧道工程、水利水电工程和港口与海洋工程中均能看到其身影。

混凝土在使用中表现出许多的优点[2,43,44]：①原材料来源丰富，造价成本低。砂、石等地方性材料占80%左右，可以就地取材，价格便宜。②良好的可塑性。混凝土在凝结前，按照工程要求利用模板可浇筑成任意形状、尺寸的构件或整体结构。③较高的抗压强度，且强度可根据需要进行配置。传统的混凝土抗压强度为20～40 MPa，近20年来，混凝土向高强方向发展，抗压强度为60～80 MPa的混凝土已经应用于工程中，实验室内已经能够配制出抗压强度为100 MPa以上的高强混凝土。④与钢材的黏结能力强，可复合制成钢筋混凝土。利用钢材抗拉强度高的优势弥补混凝土脆性弱点，利用混凝土的碱性保护钢筋不生锈。⑤良好的耐久性。木材易腐朽，钢材易生锈，而混凝土在自然环境下使用，其耐久性比木材和钢材优越得多。⑥耐火性能好，混凝土在高温下，强度仍能保持几小时。⑦生产能耗低。混凝土的生产能耗大约是钢材的1/90，混凝土代替钢材可节省材料的生产能耗。⑧利废程度高。可利用工业废料调制成不同性能的混凝土，利于保护环境。

然而，混凝土也具有一些先天的缺点：①自重大。混凝土的强重比只有钢材的1/2。②抗压强度高但抗拉强度低。拉压比只有1/20～1/10，且随着抗压强度的提高，拉压比仍有降低的趋势。③脆性材料，易开裂。受力破坏呈明显的脆性，抗冲击能力差，素混凝土不适合高层、有抗震性能要求的结构物。⑤收缩变形大。一般的混凝土在硬化后的体积变形不可忽略，要采取相关的措施进行预防。⑥硬化速度较慢，生产周期长。混凝土的强度发展需要经过一定的时间，对工程的工期有要求。

总的来说，混凝土的性能表现依然十分优越，在短期内还未有能够完全替代混凝土的建筑材料，将来的研究工作是设法解决混凝土自带的一些缺陷，以及继续开发适用各种环境下的高强度和高性能混凝土。

2.2.4 建筑砂浆与砌筑材料

1. 建筑砂浆

砂浆是以胶凝材料、细骨料和水为主要原料，有时也掺加掺合料和外加剂，按一定比例拌合、硬化后具有强度的土木工程材料，主要起黏结、衬垫和传递应力的作用。

（1）砂浆的基本组成。

A. 胶凝材料。胶凝材料主要作用为胶结作用，并影响着砂浆的流动性、黏聚性和强度。应根据砂浆的使用环境和用途选择胶凝材料，常用的胶凝材料有水泥和石灰。[45]

B. 细骨料。细骨料在砂浆中起骨架填充作用，砂浆用砂应符合混凝土用砂的技术性能要求。由于砂浆层往往较薄，故砂的最大粒径受砂浆缝厚度的限制。根据粒径大小，可将砂划分为细砂、中砂和粗砂，按用途选择砂的级配。

C. 掺合料和外加剂。为改善砂浆在施工过程中的和易性，可以加入无机材料或有机材料的掺合料，如石灰膏、粉煤灰、沸石粉、可再分散胶粉和纤维等。还可添加外加剂以改善砂浆性能，如减水剂、保水增稠剂、增塑剂、早强剂和防水剂等。

D. 拌合水。砂浆拌合用水的技术要求同混凝土用水，不得使用有损砂浆性能和使用功能的水。

（2）常用建筑砂浆的性能及用途。

A. 砂浆的性能。建筑砂浆的基本性能包括砂浆拌合物的密度、新拌砂浆的和易性和硬化后砂浆的强度、黏结性、耐久性以及砂浆的变形。

砂浆拌合物的密度用砂浆捣实后的单位体积质量来表示，用以确定每 m^3 砂浆拌合物中各组成材料的实际用量。规定砌筑砂浆拌合物的密度：水泥砂浆不应小于 1900 kg/m^3，水泥混合砂浆不应小于 1800 kg/m^3。

新拌砂浆的和易性包括流动性和保水性两个方面。流动性指砂浆在重力或外力作用下流动的性能，保水性指新拌砂浆保持水分的能力。砂浆和易性对砂浆的施工性能和使用功能有较大影响。

硬化砂浆的强度等级是将边长为 70.7 mm 的立方体试块按标准养护条件养护至 28 d 的抗压强度平均值确定的。强度等级分为 M5、M7.5、M10、M15、M20、M25、M30 共 7 个等级。[46]

另外，砂浆的黏结力、使用环境下的耐久性以及砂浆的变形也是建筑施工需要考虑的因素。

B. 砂浆的用途。[47]

a. 砌筑砂浆。将砖、石、砌块等黏结成为整个砌体的砂浆称为砌筑砂浆。砌体的承载能力不仅取决于砖、石等块体强度，而且与砂浆强度有关。因此，砂浆是砌体的重要组成部分。

b. 抹面砂浆。涂抹于建筑物表面的砂浆统称为抹面砂浆。抹面砂浆按其功能的不同可分为普通抹面砂浆、装饰砂浆和具有特殊功能的抹面砂浆（如防水砂浆）等。

c. 其他特种砂浆。针对特殊使用环境下的砂浆有绝热砂浆、耐酸砂浆、防射线砂浆、膨胀砂浆、自流平砂浆、吸声砂浆和地面砂浆等。

2. 砌筑材料

砌筑、拼装或用其他方法构成承重或非承重墙体或构筑物的材料统称为砌筑材料，砌筑材料是土木工程中最重要的材料之一。我国传统的砌筑材料主要是砖和石块。由于砖和石材的大量开采造成土地破坏、资源与能源的浪费和环境污染，不符合我国可持续发展的要求，故因地制宜利用地方资源和工业废料生产轻质、高强、多功能、大尺寸的新型墙体材料，成为建筑材料行业绿色发展的一项重要内容。

（1）砌墙砖。

砌墙砖因其价格便宜，又能满足一定的建筑功能要求，一直作为受欢迎的砌筑材料在使用。目前工程中所用的砌墙砖按生产工艺分为两类，通过焙烧工艺制得的砖称为烧结砖，通过蒸养或蒸压工艺制得的砖称为蒸养砖或蒸压砖，也称为免烧砖。[48]

（2）石材。

天然石材是历史最悠久的土木工程材料之一，很多国家、地区的著名古建筑和桥梁都广泛采用了石材。石材采自地面，根据成形条件，按照地质分类法可分为岩浆岩、沉积岩和变质岩三类。

（3）砌块。

砌块是近年快速发展的一种新型砌筑材料，可以充分利用地方资源和工业废渣，节省土资源和改善环境。除用于墙体，砌块还可用于砌筑挡土墙、高速公路音障及其他砌块构成物。

砌块作为人造块材，其规格尺寸比砖大，多为直角六边形。砌块系列中，主规格的高度大于 115 mm 而小于 380 mm 的称为小型砌块，高度为 380 ～ 980 mm 的称为中型砌块，高度大于 980 mm 的称为大型砌块。目前使用中的以中小型砌块居多。砌块按外观形状还可以分为实心砌块和空心砌块。空心率小于 25% 或无明显孔洞的砌块为实心砌块，空心率大于或等于 25% 的砌块为空心砌块。常用种类有普通混凝土小型空心砌块和蒸压加气混凝土砌块等。[49]

2.2.5 建筑功能材料

按照用途的不同，建筑材料可分为建筑结构材料和建筑功能材料两大类。建筑功能材料以力学性能以外的功能为主要特征，它赋予建筑物防水、防火、保温、隔热、采光、隔声、装饰、防腐等功能。一般来说，按照材料在建筑物中的功能进行分类，主要分为建筑保温隔热材料、建筑防水材料、建筑光学材料（建筑玻璃）、建筑防火材料、建筑声学材料等。[50]

1. 建筑保温隔热材料

建筑外墙在没有保温隔热措施时，由外墙传热产生的建筑能耗约占建筑总能耗的 15% ～ 20% 。根据国家对不同气候地区新建及既有建筑的节能设计和改造的要求，外墙传热性能对整栋建筑的节能性起重要作用。保温隔热材料一般均系轻质、疏松、多孔、纤维材料，以其内部不流动的空气达到阻隔热传导的目的。这些材料保温隔热效能的优劣主要由材料热传导性能的高低（其指标为热导率）决定，材料的热传导越难（即热导率越小），其保温隔热性能越好。建筑保温隔热材料一般按材质可分为两大类：无机保温隔热材料和有机保温隔热材料。无机保温隔热材料一般使用矿物质原料制成，呈散粒状、纤维状或多孔状构造，可制成板、片、卷材或套管等形式的制品，包括石棉、岩棉、矿渣棉、玻璃棉、膨胀珍珠岩、膨胀蛭石和多孔混凝土等；有机保温隔热材料一般包含软木、纤维板、刨花板、聚苯乙烯泡沫塑料、脲醛泡沫塑料、聚氨脂泡沫塑料和聚氯乙烯泡沫塑料等。[2]

无机保温材料的优点主要为：极佳的温度稳定性和化学稳定性，因为其由纯无机材料制成，耐酸碱、耐腐蚀、不开裂、稳定性高，不存在老化问题，与建筑墙体同寿命；施工简便，综合造价低；适用范围广，阻止冷热桥产生；绿色环保无公害；等等。

有机保温材料的优点主要为：重量轻，可加工性好，致密性高，保温隔热效果好；但其缺点也较为突出：不耐老化，变形系数大，稳定性和安全性差，易燃烧，生态环保性差，工程成本较高并且难以循环再利用。

2. 建筑防水材料

建筑防水材料不同于建筑构造防水，是通过不同的防水材料经过施工形成整体的防水层，附着在建筑物的迎水面或背水面以达到建筑物防水的目的的一大类材料，被广泛应用于建筑物的屋面、地下室，以及水利、地铁、隧道、道路、桥梁及其他有防水要求的工程部位。建筑防水材料按照材料形态可分为防水卷材、防水涂料、密封涂料、刚性防水材料和堵漏止水材料等，其中防水卷材与防水涂料因价格较低、施工方便、防水效果出色，应用最为广泛。

3. 建筑光学材料

建筑光学材料指对光具有透射或反射作用，用于建筑采光、照明和饰面的材料。建筑光学材料的主要作用是控制和调整发光强度，调节室内照度、空间亮度和光、色的分布，控制眩光，改善视觉条件，创造良好的光环境。材料的光学参数有透光系数、反射系数、透明度等。常按照材料的光分布特性，将建筑光学材料分为透明材料和反光材料，其中透明材料包括扩散透光材料和指向性透光材料，反光材料包括镜反射材料、扩散和半扩散反射材料。[50]

4. 建筑防火材料

建筑防火材料是指各种对建筑物或构筑物起到防止或阻滞火势蔓延作用的材料。常见的建筑防火材料有防火板、防火门、防火木质窗框、防火卷帘、防火涂料、防火封堵材料等。

防火板是目前市场上最为常见的材质，其优点是防火、防潮、耐磨、耐油、易清洗，且花色品种较多。在建筑物出口通道、楼梯井和走廊等处装设防火吊顶天花板，能确保火灾时人们安全疏散，并保护人们免受蔓延火势的侵袭。防火门分为木质防火门、钢制防火门和不锈钢防火门。防火门通常用于防火墙的开口、楼梯间出入口、疏散走道、管道井开口等部位，对防火分隔、减少火灾损失起着重要作用。建筑物内不便设置防火墙的位置可设置防火卷帘，防火卷帘一般具有良好的防火、隔热、隔烟、抗压、抗老化和耐腐蚀等各项功能。防火涂料是一类特制的防火保护涂料，是由氯化橡胶、石蜡和多种防火添加剂组成的溶剂型涂料，耐火性好，施涂于普通电线表面，遇火时膨胀产生厚度为200 mm的泡沫，碳化成保护层，隔绝火源，适用于发电厂、变电所之类等级较高的建筑物室内外电缆线的防火保护。[51]

5．建筑声学材料

建筑声学材料主要分为吸声材料和隔声材料。其中，吸声材料主要包括多孔吸声材料（纤维状吸声材料、颗粒状吸声材料、泡沫状吸声材料）、共振吸声结构（单个共振器、穿孔板共振吸声结构、薄板共振吸声结构）、特殊吸声结构（薄膜共振吸声结构）；隔声材料是指把空气中传播的噪声隔绝、隔断、分离的一种材料，比较常见的有实心砖块、钢筋混凝土墙、木板、石膏板、隔声毡和纤维板等。严格意义上说，几乎所有材料都具有隔音作用，其区别在于不同材料间隔音量的大小。同一种材料，由于面密度不同，其隔音量存在较大的差距。隔音量遵循质量定律原则，通常表现为隔音材料的单位密集面密度越大，隔音量就越大，面密度与隔音量成正比关系。[52]

2.3　现代土木与建筑材料的发展与需求

现今世界，环境与资源问题是人类社会所要面对的共同挑战，而可持续发展在世界发展洪流中成为主要趋势和潮流。具有绿色环保、可持续循环利用及生态健康的绿色建筑材料将成为未来土木与建筑材料发展的主要方向之一。[53]同时，随着建筑工程朝着超高层、大跨度、大深度等方向迅速发展，适应超高层建筑、大深度地下空间结构、海洋建筑工程等的新材料将成为未来发展的需要与重要方向。

2.3.1　绿色生态建筑材料

绿色建材是指健康型、环保型、安全型的建筑材料，国际上也称之为健康建材、环保建材或生态建材，是指采用清洁生产技术，不用或少用天然资源和能源，大量使用工农业或城市固体废弃物生产的无毒害、无污染、无放射性，达到使用周期后可回收利用，有利于环境保护和人体健康的建筑材料。[53-55]

绿色建材包括以下几个方面的基本特征[56]：①对地方性材料的充分利用，在土木工程材料的生产过程中，将尾矿、废渣等作为资源，尽可能少用天然资源；②采用低能耗、不污染环境的生产技术；③具备高性能及多功能性，如轻质、高强、耐久的土木工程材料；④可循环再生和回收利用，防止二次污染；⑤不使用有损人体健康的添加剂。

近年来，我国绿色建材的研究开发工作发展迅速。例如，河口海岸植物相容性生态混凝土的利用，以粉煤灰、煤矸石等固体废弃物为基料制备的砖混砌块等的大量应用，以磷石膏、脱硫石膏等代替天然石膏生产板材，抗菌、除臭的玻璃产品和可调湿、防火的无机内墙涂料，以及利用废弃聚苯乙烯与水泥混合制成保温砌块或防火墙板。[29,57-59]

2.3.2 超高层建筑与新材料

随着地球人口增多，城市日趋大型化，建筑逐渐向超高层发展（图 2.6、图 2.7）。超高层建筑最基本的要求是高安全性，同时在保证安全性的前提下应降低建筑自重以减轻对基层的负担，这就要求必须开发出新型、性能卓越的材料。[60]高塑性和高韧性的金属材料和轻质高强且具有高耐久性的新型混凝土材料可以保证超高层建筑的稳定性，耐火墙体装饰材料、有良好采光性的材料以及抗震材料等可以进一步提升其安全性和宜居性。[61-65]

图 2.6　北京第一高楼“中国尊”（528 m）[66]

图 2.7　阿联酋迪拜“哈利法塔”（828 m）[67]

2.3.3 大深度地下空间结构与新材料

在城市的发展过程中，以地铁和综合管廊为主导功能的地下空间产业迅速兴起，地下空间的利用对于创造更具吸引力的城市环境具有重要作用（图 2.8）。由于城市中浅层地下空间的利用日趋饱和，因此，对于大深度地下空间的合理利用变得十分紧迫。[68] 大深度地下空间根据建筑结构，诸如地下建筑物、地下公共设施以及地矿和地热设备的不同而不尽相同，一般是在地下 30 ～ 1000 m。未来大深度地下空间的建筑物和建筑设施的安全修建和运行与建筑材料的可靠性息息相关。

图 2. 8　杭州西站枢纽地下空间分布[73]

与超高层建筑相比，地下空间结构具有保温、隔热、防风等特点，可以节省建筑能耗。[69] 大深度地下空间中环境和岩土结构的不稳定性也造成了建筑物的安全风险，因此，为实现大深度地下空间的安全建设，需要开发能够适应地下环境要求的新型材料，主要包括超高强韧性的结构材料、高强防水性能的防渗材料和有机纤维高分子复合材料，具有形状记忆、超导、张性的功能性金属材料，能够有效改良和固化土壤的新材料，能够抵抗微生物增殖或保存功能的生物材料和纳米过滤材料，以及能够有效预防地下岩石放射性和热电辐射材料，等等。[70－72]

2. 3. 4　适用于海洋建筑的新材料

基于国家海洋战略的施行，海洋新材料成为海洋工程装备与建筑制造的基础和支撑，直接影响着我国“海洋强国”的建设和海洋安全。目前，海洋新材料的主要产品包括海洋用钢（钢筋和各类不锈钢）、海洋用有色金属（钛、镁、铝、铜等）、防护材料（防腐、防污涂料、牺牲阳极材料）、混凝土、复合材料与功能材料等。[74]

海洋建筑物所用的结构材料以钢材和钢筋混凝土为主，其与陆地建筑物的工作环境有很大差别。为了实现海洋空间的利用，建造海洋建筑物，必须开发适合于海洋条件的建筑新材料。因此，高效防腐与防污的海洋建筑新材料是急需开发和研究的关键技术之一。[75]

2.4 水利工程材料的特点与要求

2.4.1 水工材料及水工混凝土技术要求

进入21世纪，为保证我国经济持续快速发展和能源的可持续供应，国家制定了优先开发水电的方针，我国水电建设得到了快速发展。大规模的水电建设对水工材料的需求也大大增加，促进了水工材料的发展。作为主要的水工材料，水工混凝土的理论技术水平得到很大提升。随着社会的快速发展，为满足防洪、灌溉及发电等需求，我国水工建筑规模扩大，水工混凝土发挥着越来越重要的作用，尤其对于大中型水利工程项目来说，水工混凝土用量巨大。至2018年，我国已建成各类水库和枢纽98822座，水库总容量达8953亿 m^3。[76]

水工混凝土的技术参数和设计要求通常根据其用途及使用部位来决定，与水环境接触时需要较好的抗渗性能，在大体积构件中需要具有低热性能和低收缩性以防温度裂缝产生，在受水流冲刷的部位应具有抗冲刷性、耐磨性和抗气蚀性能。

2.4.2 水工混凝土材料的特点

相比于普通混凝土，水工混凝土的显著特点是服役、运行环境严酷，由于长期与水接触，承受高水压力，遭受剧烈温度循环、冻融循环、干湿循环、荷载循环等多因素的叠加作用，导致混凝十质量劣化，对水利水电工程的运行和结构安全造成直接影响。[77]因此，水工混凝土材料通常具有以下特点与性能要求[78-81]：

（1）高的耐久性。由于水工混凝土所处的环境复杂，实际工程中劣化是多因素共同作用，如盐分侵蚀、水流冲刷和严寒地区冻融循环等所导致，因此对混凝土的耐久性要求高。

（2）良好的抵抗温度裂缝能力。水工混凝土为无筋或少筋的大体积混凝土，内外温度差所引起的温度拉应力要靠混凝土自身承受。长期以来，温度裂缝一直威胁着大体积混凝土的整体性和安全性，是混凝土快速连续施工的障碍，也是降低混凝土造价、缩短工期的最大障碍。

（3）选用较高强度等级的中热或低热水泥。对于大体积的水工混凝土材料，为了避免因内外温差较大而产生裂缝，宜选用中热或低热水泥。

（4）选用级配良好的骨料。骨料约占水工混凝土总体积的80%，骨料中有害杂质的含量、颗粒级配情况以及颗粒形貌和表面特征会对其耐久性及抗裂性能影响较大，因此应选用清洁且级配良好的骨料。

（5）采取碱－骨料反应抑制措施。相对于普通混凝土，水工混凝土中骨料占比高、长期处于潮湿环境等特点决定其碱－骨料反应破坏的潜在风险更大。碱－骨料反应必须同时满足 3 个条件才会发生：在混凝土中具有足够的碱含量、足够的碱活性矿物、水分供应。因此，要抑制碱活性反应，需要通过控制碱含量、采用无碱活性的骨料、掺入混合材料以及隔绝水分来实现。

2.5　海洋工程材料的特点与要求

2.5.1　海洋工程钢铁材料

1. 海洋工程用钢的分类

海洋工程用钢按照用途可分为海洋风力发电、船舶海洋平台、海底油气开采与储运、跨海大桥、岛屿基础设施、特种船舶、海水淡化等与人类开发、利用海洋资源相关的钢铁材料；按照钢种来分以低合金焊接结构钢为主，除此之外，不锈钢及特殊钢也是不可替代的钢种；按照规格品种可分为热轧钢板（包括中厚板和热轧卷板）、型钢、钢管、钢筋和铸锻件等。[82]

2. 海洋工程用钢的性能要求

海洋工程领域是一个对钢铁材料性能有更高要求的市场，海水含有各种盐分，是一种腐蚀性非常强的天然物质。海水洋流运动的剧烈程度、海水温度和压力随深度变化较大，在世界不同地理位置的海洋中这些状况还具有明显的差异。大多数常用的金属材料在海水中会遭受比较严重的腐蚀，因此，海洋工程用钢普遍要求具有以下特点[82]：

（1）良好的耐腐蚀性能。由于不锈钢中加入了铬、钼等提高耐腐蚀性能的元素，因而具有良好的耐海水腐蚀能力，可以延长结构的使用寿命。

（2）良好的耐高温性能和低温韧性。在高温下，不锈钢的残余强度和刚度都优于普通碳钢，可以应用于高温环境下的结构；在低温下，不锈钢的冲击性也优于普通碳钢。

（3）高强度和硬度。海洋工程用不锈钢通常氮含量较高，特别是双相不锈钢和马氏体不锈钢，具有高的屈服强度和硬度。

（4）良好的抗冲击性能。当不锈钢受到冲击时，由于其良好的延性可以吸收大量的能量而使结构不致破坏或降低破坏的程度。

（5）良好的加工和焊接性能。不锈钢易于加工成形，具有良好的塑性和韧性，采用合适的焊接工艺，大多数不锈钢的焊接性能可以达到工程要求。

2.5.2 海洋工程混凝土材料

1. 海洋工程混凝土的定义及其建筑分类

海洋工程混凝土指的是海洋工程所用的具有较高强度、良好工作性能以及优秀耐久性的特种水泥混凝土材料，主要作为基本材料用于海洋工程中各种建筑物的建设。根据位置的不同，可以将海洋工程建筑物分为近岸建筑物和离岸建筑物两类。近岸海洋工程建筑物主要包括港口、码头、船坞、沿海靠泊设施、防波堤、跨海桥梁及海底隧道等；离岸海洋工程建筑物主要包括海上钻井平台、浮动功能平台、海上风电设施、人工岛屿、移动海上基地等。[83]

2. 海洋工程混凝土腐蚀现状

海洋环境中海洋工程混凝土结构的腐蚀破坏主要是环境介质侵蚀和气候变化导致的，主要表现为冻融破坏、钢筋锈蚀、碱-骨料反应、无机盐类侵蚀破坏和海浪冲击磨损等，上述任一因素对混凝土造成的侵蚀作用都将增大其渗透性，使得混凝土更易于受到进一步的破坏作用，因此，暴露于海水中的混凝土结构的劣化过程，是化学和物理劣化因素的交互作用（图2.9）。具体说来，海洋环境中混凝土通常可能发生以下几种类型的腐蚀破坏：Mg^{2+}对混凝土的腐蚀，SO_4^{2-}对混凝土的侵蚀，氯盐腐蚀，碱-骨料反应，冻融循环破坏。[84]

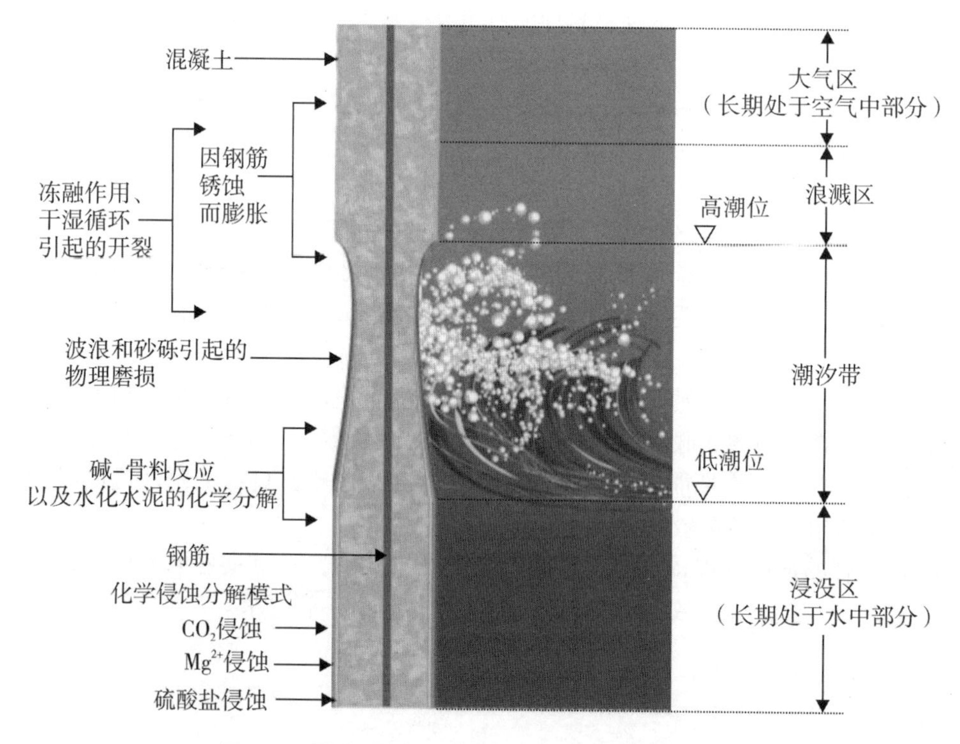

图2.9 暴露于海水中的混凝土圆柱体受损示意[85]

钢筋锈蚀是混凝土结构耐久性劣化的首要因素，是导致海洋工程混凝土结构使用寿命缩短的重要原因之一。在正常情况下，混凝土中胶凝材料水化后会生成大量的 $Ca(OH)_2$，使得混凝土结构内部环境通常为 pH 在 13 以上的高碱性环境，钢筋在高碱性环境下会逐渐在其表面形成一层厚度 2 ～ 6 nm 的致密且具有强黏附性的钝化膜，这层钝化膜限制了氧和水等有害物质的进一步侵入，不会发生腐蚀。但是，由于严酷环境（如有外电场或海洋环境）的作用或混凝土原材料使用不当（如使用了未经任何处理的海水与海砂）等，混凝土中钢筋钝化膜被破坏，从而导致混凝土内钢筋发生锈蚀。[86]

在混凝土中的钢筋发生锈蚀之后，首先会导致钢筋的有效截面缩小，致使钢筋混凝土的结构承载力减小及其对钢筋的握裹强度下降；其次，锈蚀产生的铁锈会逐渐增多并累积在钢筋表面上。铁锈的体积可膨胀 2 ～ 4 倍，甚至可能达到 10 倍，从而在混凝土内产生拉应力。在由铁锈体积膨胀产生的拉应力超过混凝土的抗拉强度之后，将导致混凝土结构产生顺筋胀裂、层裂或剥落等，使混凝土结构不能安全使用，提前失效。

3. 海洋工程混凝土相关技术要求

为了保证海洋工程建筑物能够长期稳定地使用，对用于海洋工程建筑物建造的海洋工程混凝土的强度、耐久性以及施工时的可构造性就提出了较高的要求。在这三方面的具体性能要求如表 2. 2 所示。

表 2. 2　海洋工程建筑物对混凝土特性的具体要求[87]

项目	类　别	材料（力学）性能要求
强度	普通密度混凝土	整体强度，弹性模量，抗拉强度，应力－应变曲线，延性
	轻骨料混凝土	密度 $<1900\ kg/m^3$
耐久性	抗腐蚀性	合理的成分组成，低渗透性（$K<10^{-13}$ m/s）
		低水灰比（淹没区 $w/c<0.45$，浪溅区 $w/c<0.40$）
	浪溅区的抗冻性	最小水泥用量（$350\ kg/m^3$），最小混凝土保护层（50 mm）
		加气剂（$A=3\%\sim5\%$，$\alpha<25\ mm^2/mm^3$，$L<0.25$ mm）
可构造性	钢筋密度和深度	良好的和易性（坍落度 >220 mm），不发生泌水和离析
	滑模施工	适宜的凝固时间
	较高的混凝土生产率和运输设备	混凝土配料一致、搅拌均匀
	高压泵送	良好的泵送性，适宜的混凝土温度，适量的硅灰比
	大规模浇筑	水泥含量、水化热，新拌混凝土冷却，硬化混凝土保温

2. 5. 3　海洋工程材料腐蚀防护

海洋工程材料防腐蚀的技术措施有许多种，大致可归纳为两大类。一类是提高混凝土自身的防护能力，如高密实、抗裂混凝土；另一类通常被称作附加措施，主要包括：特种钢筋，如不锈钢钢筋、环氧涂层钢筋等，钢筋阻锈剂，混凝土外涂层及电化学保护。

（1）钢筋防腐蚀的主要措施。海洋工程混凝土中钢筋防腐蚀的措施主要包括提高混凝土保护层厚度、采用特种钢筋、阴极保护和使用钢筋阻锈剂等四类。

（2）混凝土表面防腐涂层。表面涂层在海洋工程钢筋混凝土表面的应用，能够有效地抑制氯盐进入混凝土本体中，从而防止钢筋周围的氯离子浓度超过发生腐蚀所需要的临界浓度。[88]

（3）电化学防护。电化学防护主要运用原电池的电化学原理，消除引起金属发生电化学腐蚀的原电池反应，使金属得到防护。海洋工程材料常用的电化学防护措施主要有阴极保护、电化学脱盐和再碱化处理等方法。[89]

第3章　基础设施工程

3.1　房屋建筑

建筑工程是运用数学、力学和材料学等知识理论研究建筑物的设计和建造方法的一门学科，是土木工程最有代表性和学科特色的分支。本节首先介绍房屋建筑工程中的荷载特点，接着介绍建筑工程中的构件与应用，最后说明由这些构件组合成的建筑结构形式和结构体系。

3.1.1　荷载

荷载指的是使建筑物的结构或构件产生内力和变形的外力及其他因素，如房屋的自重、公路和桥梁上的车辆动荷载以及作用在水工结构上的水压力和土压力等。另外，温度变化、支座位移、构件的制造误差等因素也会使建筑结构产生位移和内力，这些因素可视为广义荷载，将以上荷载和广义荷载统称为作用。作用对房屋建筑结构产生作用效应，如内力、变形、应力、应变和位移。

根据时间分类，荷载可分为永久荷载（恒载）、可变荷载（活载荷）、偶然荷载（特殊载荷）。永久荷载指其值不随时间变化，或者其变化与平均值相比可以忽略的荷载，如结构自重、土压力、预应力、基础沉降、混凝土收缩、焊接变形等。可变荷载指其值随时间变化，且该变化值和平均值相比不可忽略的荷载，如楼面活荷载、屋面活荷载和积灰荷载、吊车荷载、风荷载、雪荷载等。偶然荷载指在设计基准期内，可能出现也可能不出现的偶然作用，一旦出现作用效应可能很大且持续时间较短，如爆炸冲击、台风和地震作用等。《建筑结构荷载规范》（GB 50009—2012）给出了工业和民用建筑中常用的永久荷载和可变荷载取值方法，《建筑抗震设计规范》（GB 50011—2010）中说明了房屋建筑结构的地震作用确定方法。

3.1.2　基本构件

结构为房屋建筑物的骨架，承担各种荷载作用。结构失效破坏不仅造成建筑物的倒塌破坏，也将给人民群众的生命财产造成损失，所以结构的安全性和稳定性是建筑物最基本的要求。建筑结构的基本构件有梁、柱、板、墙、拱等。

1. 梁

梁指受弯构件（图 3. 1），它的长度一般远大于其他两个方向上的高度和宽度。梁通常水平放置，有时也斜向放置，如楼梯梁（图 3. 2）。

图 3. 1　梁①

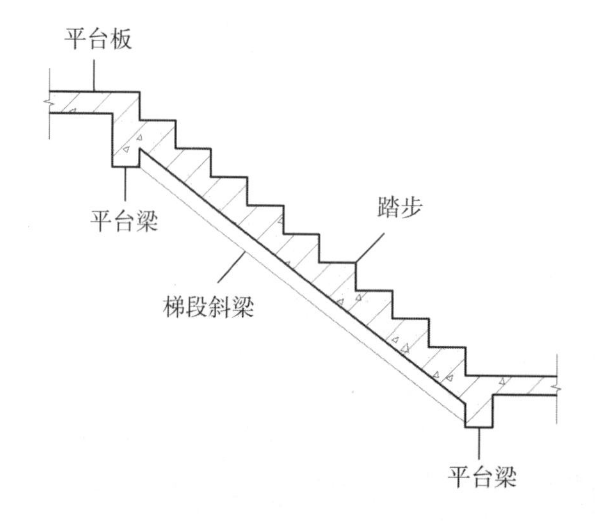

图 3. 2　楼梯梁

若按截面形式分类，梁可分为矩形截面梁、T 形截面梁、倒 T 形截面梁、I 形梁、槽型梁、箱型梁等；若按材料分类，梁可分为钢梁、钢筋混凝土梁、预应力混凝土梁、木梁和组合梁（图 3. 3、图 3. 4）。

① 本章部分图片的资料来源（网址路径）太长，综合考虑，置于本章末。

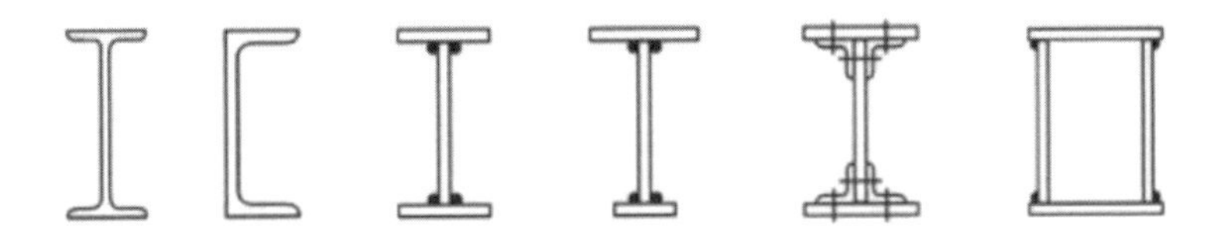

图3.3　钢梁的截面

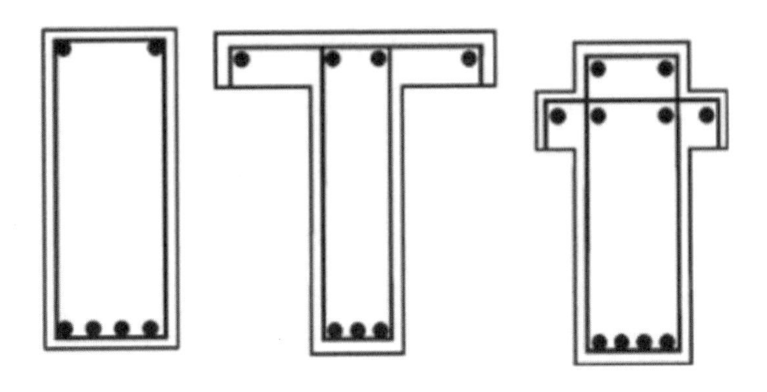

图3.4　钢筋混凝土梁截面形式

如图3.5所示，根据跨数的不同，梁可分为单跨梁和多跨梁。单跨梁可分为简支梁、悬臂梁、伸臂梁。桥梁工程中多应用多跨梁。

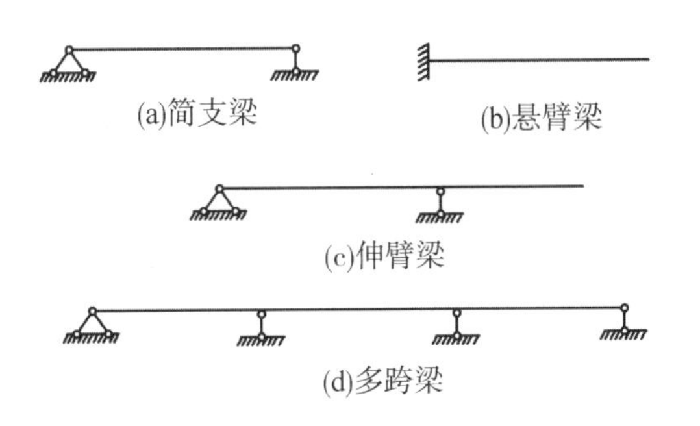

图3.5　单跨梁和多跨梁

根据在结构中的位置和功能，梁也可分为主梁、次梁、过梁、圈梁、联系梁等（图3.6）。荷载的传递过程为：荷载→板→次梁→主梁→墙（柱）。

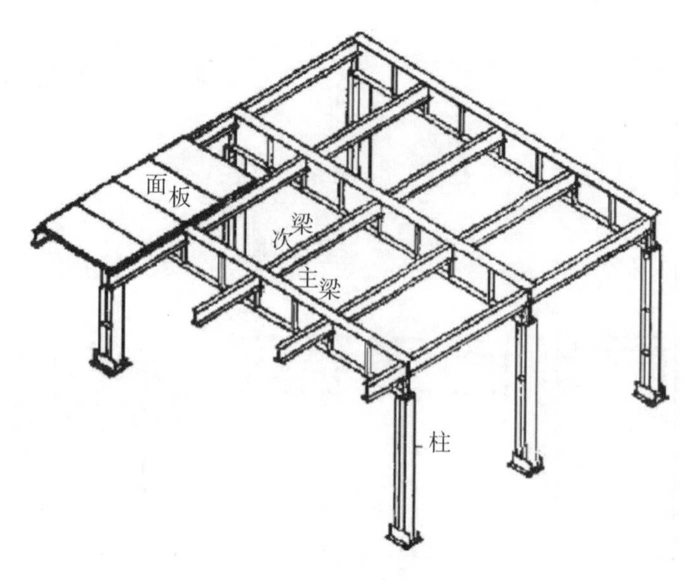

图 3.6 梁板式楼覆盖结构

2. 柱

柱在建筑结构中主要是承受压力的构件，有时也承受弯矩。按截面形状划分，柱可分为矩形柱、方柱、圆柱、工字形柱、L 形柱、十字形柱（图 3.7）、格构柱（图 3.8）；若按材料划分，柱可分为石柱、砖柱、钢柱（图 3.9）、钢筋混凝土柱（图 3.10）、钢与混凝土组合柱（劲性钢筋混凝土柱、钢管混凝土柱）等。

图 3.7 十字形柱

图 3.8 格构柱

（资料来源：http://goods.jc001.cn/detail/5481481.html.）

图3.9　钢柱

（资料来源：https://yunzhi.zjtcn.com/7256847.html.）

图3.10　钢筋混凝土柱

（资料来源：https://www.sohu.com/a/384245422_99988242.）

3. 板

板是平面尺寸远大于厚度方向的受弯构件，即两个方向上的尺寸远大于第三个方向尺寸的构件。板通常水平放置，在建筑中一般应用于楼板、屋面板、基础板等。

板按截面形式可分为实心板、空心板（图3.11）、槽形板（图3.12），按所用材料可分为木板、钢板、钢筋混凝土板、预应力板等。

图3.11　空心板

图3.12　槽形板

4. 墙

墙指高和宽两个方向尺寸较大、厚度方向尺寸较小的构件。墙根据受力特点可以分为承重墙和剪力墙。前者以承受竖向荷载为主，如砌体墙；后者以承受水平荷载为主。

在抗震设防区，水平荷载主要由水平地震作用产生，因此剪力墙有时也称为抗震墙。

根据墙体所处位置分类，墙可以分为外墙和内墙。外墙位于房屋四周，故又称为护墙；内墙位于房屋内部，主要起分隔内部空间的作用。墙体按布置方向又可以分为纵墙和横墙。沿建筑物长轴方向布置的墙称为纵墙，沿建筑物短轴方向布置的墙称为横墙。

按材料分类，墙可分为砖墙、加气混凝土砌块墙、石材墙、板材墙等。

5. 拱

拱（图 3.13 和图 3.14）是在自身平面内的竖向载荷作用下产生水平推力的曲杆。与同跨度的梁相比，拱产生的内力要小得多。因为在荷载作用下，拱的支座处不仅产生竖向反力，还产生水平推力，使得其内部应力分布较为均匀，所以能够节省材料，提高刚度和跨度。拱能有效地利用砖、石、砌块、混凝土等抗压性能好而抗拉性能差的廉价材料。

图 3.13　美国圣路易斯拱门

图 3.14　中国石家庄市赵州桥

3.1.3　建筑物分类

1. 按使用功能分类

按使用功能的不同，建筑可分为民用建筑、工业建筑和农业建筑等。工业建筑为供人们居住和进行公共活动的建筑总称。民用建筑按使用功能分为居住建筑和公共建筑两大类。居住建筑可分为住宅建筑和宿舍建筑。公共建筑是供人们进行公共活动的建筑，包括教育建筑（幼儿园、学校等）、办公建筑（机关、企业办公楼等）、商业建筑（商店、酒店等）。工业建筑和农业建筑是以工业性生产和农业型生产为主要使用功能的建筑，如生产车间、仓储建筑、温室等。

2. 按建筑材料分类

按所用建筑材料的不同，建筑可分为木结构建筑、钢结构建筑、钢筋混凝土结构建筑、钢－混凝土结合结构建筑、砖混结构建筑（图 3.15）和其他混合结构建筑。

（a）木结构建筑

（b）钢结构建筑

（c）钢筋混凝土结构建筑

（d）钢－混凝土结合结构建筑

（e）砖混结构建筑

图3.15　建筑物按建筑材料分类

3．按建筑层数分类

建筑物按其层数可分为单层建筑、多层建筑和高层建筑等。

3.1.4　单层建筑

单层建筑指层数只有一层的建筑，可分为一般单层建筑和大跨度建筑。

1．一般单层建筑

一般单层建筑可分为民用单层建筑和单层工业厂房。民用单层建筑一般采用砖混结构，多用于单层住宅、公共建筑、别墅等（图3.16）。

图3.16　民用单层建筑

（资料来源：https://www.sohu.com/a/133854905_130112.）

如图3.17，单层工业厂房一般由柱、屋架、吊车梁、天窗架和柱间支撑等构件组成。单层工业厂房可分为排架结构和刚架结构。排架结构中柱与基础刚接，屋架与柱顶胶结；刚架结构的梁和屋架与柱的连接均为刚接。

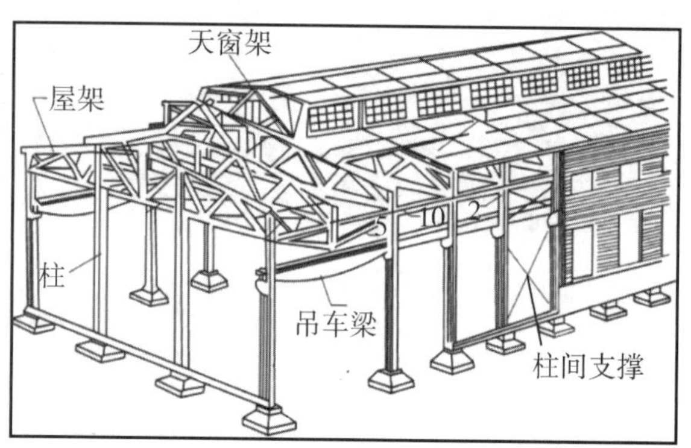

图3.17　工业单层厂房

2. **大跨度建筑**

大跨度建筑（图3.18和图3.19）通常是指跨度在30 m以上的建筑，《钢结构设计规范》（GB 50017—2003）规定跨度60 m以上的结构为大跨度结构。大跨度建筑包括大型公共建筑，如剧院、体育馆、展览馆等；也包括大跨度的单层厂房，如机械加工车间。大跨度结构常用形式中，平面结构有拱结构、桁架结构、刚架结构，空间结构有网架结构、薄壳结构、折板结构、悬索结构和膜结构。

(a) 中国北京国家大剧院

(b) 中国北京首都机场航站楼

图3.18 民用大跨度建筑

(a) 飞机库房

(b) 煤场储煤棚

图3.19 工业用大跨度建筑

(1) 桁架结构。

桁架结构（图3.20和图3.21）是由直杆铰接而成的平面或空间结构，通常由上弦杆、下弦杆和腹杆组成。在施加在节点的荷载作用下，桁架杆件承受拉力或者压力。桁架结构是一种格式化的梁式结构。由于大多用于建筑的屋盖结构，桁架通常也被称作屋架。

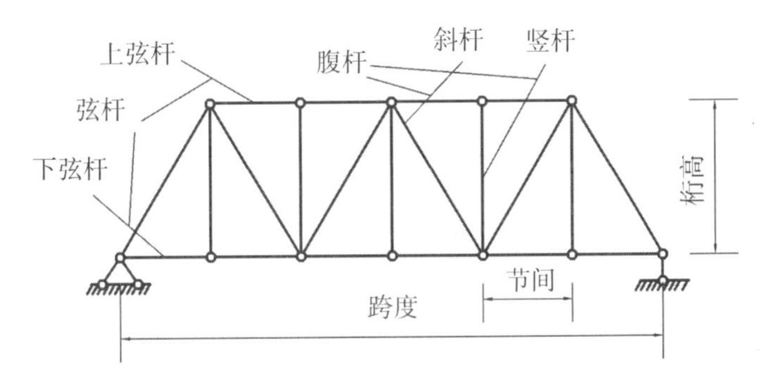

图3.20 桁架的组成

(a) 中国南京火车站

(b) 中国深圳宝安机场

图 3.21　桁架结构的应用

桁架结构按外形分类，可以分为平行弦桁架、折弦桁架和三角形桁架。平行弦桁架便于布置双层结构，利于标准化生产，但杆力分布不够均匀；折弦桁架，如抛物线形桁架梁，外形同均布荷载下简支梁的弯矩图，杆力分布均匀，材料使用经济，但构造较复杂。若按几何组成方式划分，桁架结构还可分为简单桁架、联合桁架、复杂桁架。

(2) 刚架结构。

大跨度刚架结构以梁和柱组成多层多跨刚架的门式结构。由于梁和柱是刚性节点，在竖向荷载作用下柱对梁有约束作用，能够减小梁的跨中弯矩；梁对柱的约束则能够减小柱内弯矩。该结构具有结构轻巧、节省钢材和水泥的特点。刚架结构比屋架和柱组成的排架结构更轻巧。刚架为梁柱刚接，排架为梁柱胶接。图 3.22 所示的黄龙体育馆采用的是刚架结构。

图 3.22　中国杭州黄龙体育馆

(3) 网架结构和网壳结构。

网架结构是由许多杆件按照一定的网格形式通过节点组成的网状空间杆系结构，具有空间受力小、重量轻、刚度大、抗震性能好等优点。节点一般设计成铰接，杆件主要承受轴力作用，杆件截面尺寸相对较小。这些空间汇交的杆件又互为支承，将受力杆件与支承系统有机地结合起来，因而用料经济。网架结构可分为平板网架和曲面网架（图3.23），按网架本身的构造也可分为单层网架、双层网架、三层网架。其中，单层网架和三层网架分别适用于跨度很小（不大于30 m）和跨度特别大（大于100 m）的情况，在国内的工程应用极少。网架结构根据材料可分为木网架、钢网架、钢筋混凝土网架等，其中钢网架应用最多。网架结构节点处采用焊接球或者螺栓球进行连接（图3.24）。

（a）平板网架

（b）曲面网架

图3.23 网架结构

（a）焊接球连接

（b）螺栓球连接

图3.24 网架节点连接

（4）薄壳结构。

薄壳结构是用钢筋混凝土以各种曲面形式构成薄板结构，以提升刚度和强度。薄壳厚度一般仅为其跨度的几百分之一，具有自重轻、省材料、跨度大等优点，常用于覆盖平面形状建筑屋顶；薄壳结构多采取现浇施工，也有费模板、费工费时等缺点。薄壳结构形式有圆顶壳、双曲扁壳、鞍形壳、扭壳（图3.25）。

（5）折板结构。

折板屋顶结构是一种由许多块混凝土板连接成波折形的整体薄壁折板屋顶结构。这类折板也可作为垂直构件的墙体使用。折板屋顶结构组合形式有单坡和多坡、单跨和多跨、平行折板和复式折板等。折板结构适宜于长条形平面的屋盖，两端应有通长的墙或

（a）澳大利亚悉尼歌剧院

（b）中国台湾东海大学教堂

图 3.25　薄壳结构建筑

圈梁作为折板的支点。折板结构之所以能够发展成为各种结构造型，主要是因为折板的性能，折板的高度、斜度和跨度之间的关系决定了结构的强度和刚度、个别折板的比例、加劲件的形式和边缘处理方式。

折板结构由折板、边梁和横隔三部分组成。折板结构形式可分为有边梁和无边梁两种。折板结构可看作由狭长薄板以一定角度相交连成的折线形空间薄壁体系，既能起到承重和围护的作用，用料也省，常作为车间、仓库、车站、体育场看台等工业与民用建筑的屋盖。此外，折板也可用于外墙和挡土墙。

法国巴黎联合国教科文组织会议大厅（图 3.26）运用了相互反向的折板。相互反向的折板可以跨越支座间的全场，也可以以较短段落交贯形成结构中的折结，这些折结可以变成有棱角的折结，在结构上可以看作一个刚性转角，由此折板就变成了一个刚架。

图 3.26　法国巴黎联合国教科文组织会议大厅

（6）悬索结构。

悬索结构是以索作为主要受力构件的结构体系，优点为自重轻、跨度大、节省材料等。悬索材料通常采用受拉性能良好的钢丝束、钢绞线等。悬索结构的应用如图3.27所示。

（a）美国金门大桥

（b）日本东京代代木体育馆

图3.27　悬索结构

（7）膜结构。

膜结构又叫张拉膜结构，是由高强薄膜材料和加强构件形成的空间结构形式。膜结构建筑造型丰富多彩、千变万化，按照支承方式分为骨架式膜结构、张拉式膜结构和充气式膜结构（图3.28）。骨架式膜结构是以钢材或集成材构成的屋顶骨架，在其上方张拉膜材的构造形式；张拉式膜结构是以膜材、钢索及支柱构成，利用钢索与支柱在膜材中导入张力以达安定的形式；充气式膜结构是将膜材固定于屋顶结构周边，利用送风系统让室内气压上升到一定压力，使屋顶内外产生压力差，以抵抗外力，因利用气压来支撑以及利用钢索作为辅助材料，无须任何梁、柱支撑。膜结构的优点为有良好的抗震性能，且制作方便、施工快速。

（a）骨架式膜结构

（b）张拉式膜结构

（c）充气式膜结构

图3.28　膜结构

（8）杂交结构体系。

由两种或两种以上基本水平结构组合而成的结构称为杂交结构，常见的有张弦梁结构、张弦拱结构、张弦桁架结构、索膜结构体系等。其中张弦梁结构［图 3.29（a）］由梁和索组合而成，该结构能够建造比梁结构更大的跨度。张弦拱结构［图 3.29（b）］由拱和索组成，该结构由拉索张力抵消拱推力，可以简化支座形式。

（a）张弦梁结构

（b）张弦拱结构

图 3.29　杂交结构体系

3.1.5　高层建筑

超过一定层数或高度的建筑被称为高层建筑。对于高层建筑的起点高度或层数，各国的规定并不一样，且多无绝对、严格的标准。在我国《高层建筑混凝土结构技术规程》（JGJ 3—2002）里，10 层及 10 层以上或高度超过 28 m 的钢筋混凝土结构称为高层建筑结构；当建筑高度超过 100 m 时，称为超高层建筑。

我国的高层建筑起源于 20 世纪初期。1934 年，上海建成了高 22 层的国际饭店。20 世纪 60 年代，广州建造了 18 层的人民大厦和 27 层的广州宾馆。从 70 年代末起，全国范围内开始大批建造高层办公楼、旅馆及其他功能的高层建筑。比较著名的有 1986 年建成的 50 层的中国深圳国际贸易中心大厦（图 3.30）、1998 年建成的 88 层的中国上海金茂大厦（图 3.31）。

当高层建筑的层数和高度增加到一定程度时，它的功能适用性、技术合理性和经济可行性都将发生质的变化。因此需要考虑和解决许多设计上、技术上出现的新的问题。高层建筑的特点有：①高层建筑的材料一般以钢材和钢筋混凝土为主，结构形式通常为框架结构、剪力墙结构、筒体结构和筒中筒结构，以保证建筑的整体结构强度。②由于高层建筑的单层面积不大且层数很多，因此垂直交通量很大。一般采用电梯为主要的载客工具。在超高层建筑中，会有类似轨道交通调度系统对电梯进行分组和调度。③消防是高层建筑较大的难题之一。普通的消防车通常只能解决高度在 50 m 及以下的建筑的消防问题，而对超过 50 m 高度的建筑，消防车已经无能为力。因此高层建筑需要有一定的自防自救的能力，每层都要设置烟雾感应器和自动喷淋，每隔一段楼层需要设置避难层和消防水箱，在超高层建筑的屋顶还需要设置直升机平台。

图3.30　中国深圳国际贸易中心大厦

图3.31　中国上海金茂大厦

3.1.6　房屋竖向结构体系类型

房屋竖向结构体系基本类型有框架结构体系和剪力墙结构体系。这些基本结构类型可以组合形成复合结构。

1. 框架结构体系

框架结构体系是利用梁柱组成的纵横两个方向的框架形成的结构体系，能同时承受竖向荷载和水平荷载。框架结构体系以柱作为竖向承重构件。若柱和梁通过铰连接，则称为排架；若连接方式为刚接，则称为刚架。当水平荷载较大时，一般选择抵抗水平荷载能力较强的刚架结构。

框架结构中的柱不会对建筑空间造成分割，可形成较大的建筑空间，建筑的立面处理较为方便；缺点主要为由于构件截面尺寸不能过大，强度和刚度受到限制，因此房屋的高度受到限制。图3.32所示的中国北京长富宫中心总高90.85 m，3层以下采用型钢钢筋混凝土框架，3层及以上采用钢框架。

框架结构竖向构件的弯曲刚度较小，当层数较多时会导致水平荷载作用下侧向位移较大，影响正常使用。采用巨型柱或者巨型梁可以显著提升结构侧向刚度；每隔若干层设置巨型梁以形成主框架结构；其余楼层设置次框架，使次框架落在巨型梁或悬挂在巨型梁上，可使次框架竖向荷载和水平荷载传递给主框架（图3.33）。

(a) 建筑外貌

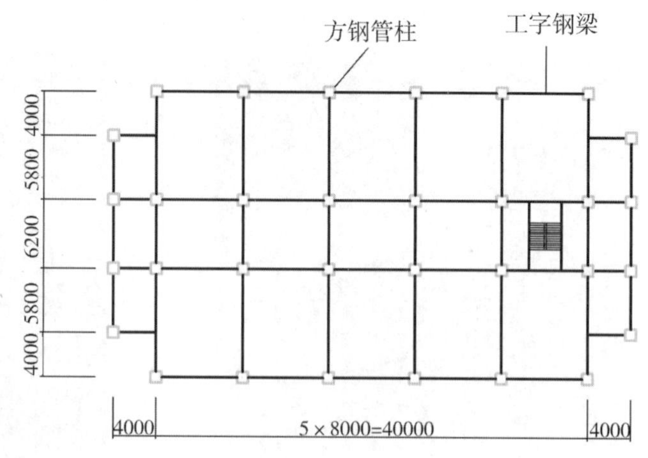

(b) 结构平面布置

图 3. 32 中国北京长富宫中心

图 3. 33 巨型框架结构

2. 剪力墙结构体系

用墙板来承受竖向和水平力的竖向结构体系称为剪力墙结构体系。剪力墙结构体系的侧向刚度比框架结构体系大得多，能用于更高的房屋；但与框架结构体系相比，不足之处在于剪力墙体系会分割建筑空间，因而适合平面布置较为规则的建筑，如酒店、办公楼等。中国广州白云宾馆采用的就是剪力墙结构体系（图 3. 34）。

图3.34　中国广州白云宾馆

3．筒体结构体系

筒体结构体系的竖向承重构件为筒体，适用于层数较多、平面布置复杂、水平荷载较大的高层建筑。筒体有三种形式：实腹筒、框筒和桁架筒。实腹筒为核心筒与外围的稀柱框架组成的高层建筑结构，中国南京玄武饭店即采用这种结构。框筒结构的外围为密柱框筒，内部为普通框架柱组成。开洞后的筒体形成密集立柱与高跨比很大的裙梁，故称作框筒。桁架筒因整体的剪切刚度很大，能够弥补实腹筒和框筒随着筒体平面尺寸增大所导致的剪切刚度的下降。

筒体因其侧向刚度大于剪力墙，适用于超高层建筑。筒体结构体系可分为框筒结构体系、筒中筒结构体系、束筒结构体系、核心筒外伸结构体系和桁架筒结构体系。

由核心筒与外围框筒组成的高层建筑结构称为筒中筒结构体系，是目前超高层建筑的主要结构形式，如美国纽约世界贸易中心（高 412 m，110 层），又如中国深圳国际贸易中心（高 160 m，52 层，图3.35）。

（a）建筑外貌

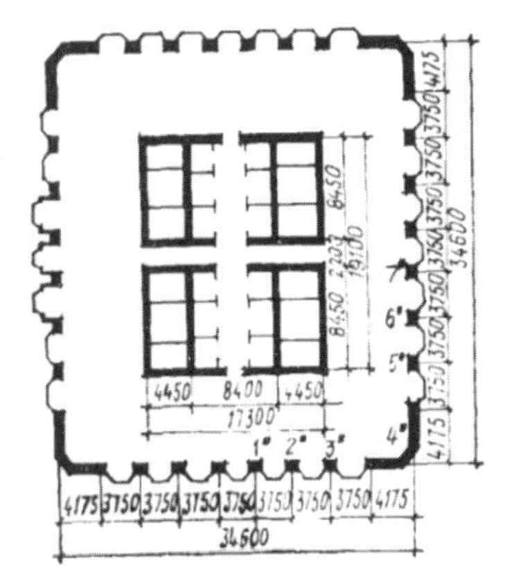

（b）结构平面

图3.35　中国深圳国际贸易中心

由若干个筒体并列连接为整体的结构称为束筒结构体系，该结构可有效减小剪力滞后效应，如图3.36所示的美国西尔斯大厦（高443 m，110层）。1～50层为9个宽度为23.86 m的方形筒组成的正方形平面；51～66层截去一对对角子框筒单元；67～90层再截去另一对对角子筒单元，形成十字形，91～110层由两个子框筒单元直升到顶。

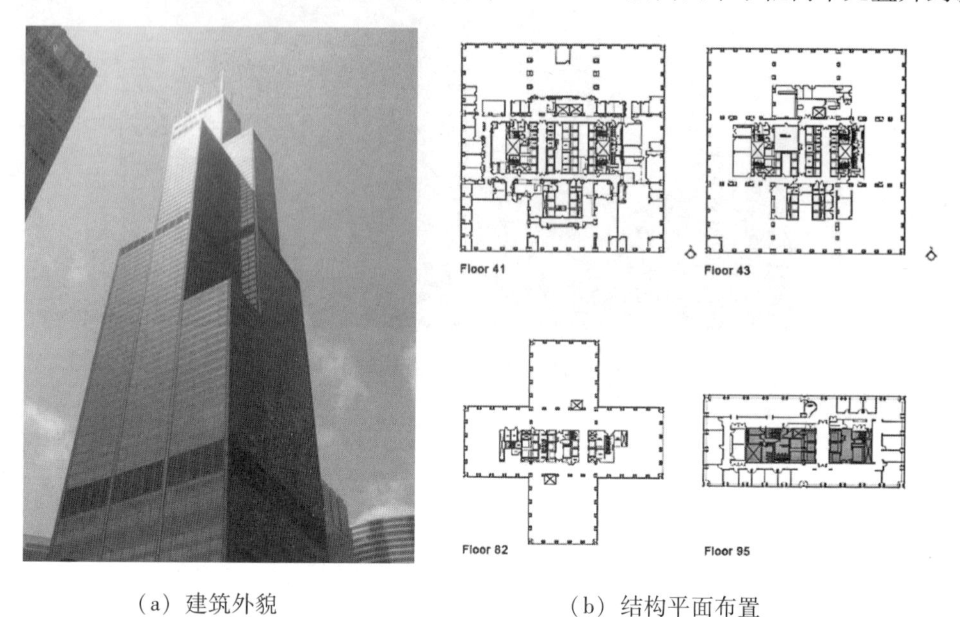

（a）建筑外貌　　（b）结构平面布置

图3.36　美国西尔斯大厦

核心筒外伸结构体系能解决单个核心筒难以满足使用要求的问题。核心筒外伸结构体系中四周的柱子不接触地面，悬挂在核心筒外伸的桁架上。

桁架筒结构体系如图3.37的中国香港中银大厦（高315 m，70层）。该建筑52 m×52 m的平面沿对角线划分成四个平面呈三角形的竖向桁架，延伸至不同的高度，51层及以上后仅剩下一个桁架。

图3.37　中国香港中银大厦

4. 框架－剪力墙结构体系

框架－剪力墙结构体系属于平面复合结构，该结构在平面中的不同位置分别采用框架结构和剪力墙结构的竖向结构体系。该体系结合了框架结构布置灵活和剪力墙结构侧向刚度大的优点。水平荷载主要由剪力墙结构承担，竖向结构由剪力墙和框架结构共同承担。如中国北京民族饭店（图3.38）即采用该结构体系。

图3.38　中国北京民族饭店

5. 框架－筒体结构体系

框架－筒体结构体系为中心布置核心筒，四周布置框架的平面复合结构。该结构与框架－剪力墙结构体系的受力特点相同。如1983年建成的中国南京金陵饭店（图3.39）采用该类结构体系，总高108 m，共37层，是当时我国层数最多的高层建筑。

（a）建筑外貌

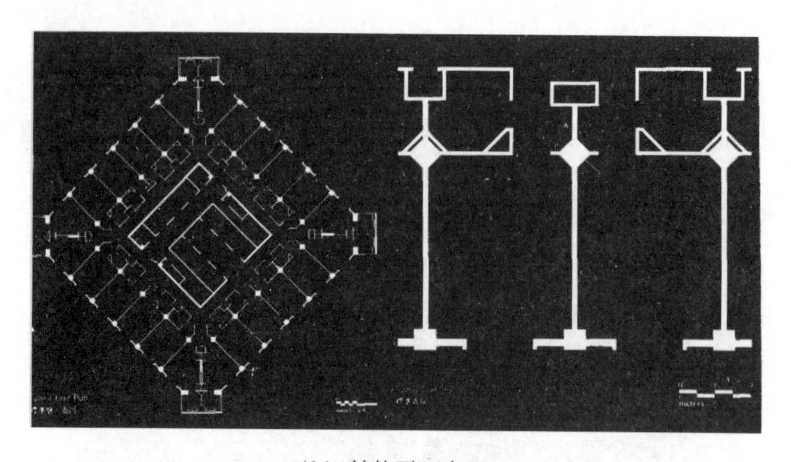

(b) 结构平面布置

图 3. 39　中国南京金陵饭店

6. 框架－支撑结构体系

框架－支撑结构体系是在部分框架柱之间设置支撑，桁架和支撑构成竖向桁架，使得整体结构和侧向刚度显著提升（图 3. 40）。因为竖向桁架的侧向刚度相对较大，所以主要由竖向桁架来承担水平荷载。

7. 转换结构体系

部分剪力墙底部支撑在框架结构上，形成框支剪力墙的复合结构体系称为转换结构体系（图 3. 41）。该结构体系仅是为了满足使用要求，如旅馆、大型商业中心等建筑需要大开间作为门厅、停车场等，对结构受力无益处。

图 3. 40　框架－支撑结构体系

图 3. 41　转换结构体系

3.1.7　构筑物

1. 水池

水池是储蓄水和处理水的设施，一般有圆形和矩形两种形状。其中，圆形水池的单位体积用料最少、受力更加均匀，矩形水池便于联排以节省土地。水池建立在地面以下时，挖去的土方可以抵消部分储蓄水的重量，减轻地基压力；若地下水位位于池底以上且水池较深，排干水后水池可能会漂浮。

当水池位于地面以上时，水池侧板除自重外受到水侧压力作用（图3.42）。当水池位于地面以下时，水池侧板同时承受水侧压力、主动土压力和自重作用，此时土侧压力可以抵消部分水侧压力。

图3.42　地面以上圆形蓄水池

2. 塔桅

塔桅为高度较大、横断面较小的结构，以水平荷载（风荷载）为结构设计的主要依据，用于传输电信号、输电等。塔桅分为自力式塔式结构和拉线式桅式结构，高耸结构也称塔桅结构。桅式结构设有拉锁，如图3.43（a）所示的高644.28 m的波兰华沙无线电塔，设有5道拉索。为了有效抵抗水平荷载，塔桅结构一般采用空间桁架和筒体结构。如图3.43（b）所示的埃菲尔铁塔，采用空间桁架结构，其平面尺寸由下往上逐步减小，使构件强度得到充分利用。

（a）华沙无线电塔

（b）埃菲尔铁塔

图3.43　塔桅结构

3.2 公路工程

道路伴随着人类社会的发展而产生，是人类文明的象征。同时，科技水平的不断提升，又对道路提出了更高的要求。英国和法国于18世纪修建了具有良好排水和有密实路基结构的现代道路，可以承受一定的路面荷载。19世纪末，随着汽车的出现，车辆荷载对道路的设计要求越来越高。连接城镇、乡村和工矿之间主要供汽车行驶的道路一般称为公路。进入20世纪以后，随着高速公路的出现，汽车行驶的速度越来越快，给道路工程带来了巨大的变化。

3.2.1 公路的分级与技术标准

1. 公路的分级

按作用和使用性质的不同，公路可划分为国家干线公路（国道）、省级干线公路（省道）、县级干线公路（县道）、乡级公路（乡道）和专用公路。一般把国道和省道称为干线，县道和乡道称为支线。

国道是指具有全国性政治、经济意义的主要干线公路，是国家级干线公路，连接首都与各省、自治区、直辖市首府的公路以及具有重要国防意义的干线等均属于国道。省道是指具有全省（自治区、直辖市）政治、经济意义，并由省（自治区、直辖市）公路主管部门负责修建、养护和管理的公路干线。县道是指具有全县（县级市）政治、经济意义，连接县城和县内主要乡（镇）、主要商品生产和集散地的公路，一些不属于国道和省道的县际间公路也属于县道。乡道是指主要为乡（镇）村经济、文化、行政服务的公路。专用公路指主要用于某一部门与外部联系的公路，如油田、厂矿、军事要地等。

考虑地区经济发展、未来交通量、路网建设和道路功能等的要求，公路须进行分等级建设。按照我国现行的《公路工程技术标准》（JTG B01—2014），根据功能和适应的交通量的不同，公路分为高速公路、一级公路、二级公路、三级公路和四级公路等五个等级。

高速公路的设计年限平均昼夜交通量为25000～100000辆，是全线立交并控制出入的干线公路，专供汽车分向、分车道行驶；一级公路的设计年限平均昼夜交通量为15000～30000辆，专供汽车分向、分车道行驶；二级公路和三级公路的设计年限平均昼夜交通量一般分别为3000～7500辆和1000～4000辆；四级公路一般为双车道1500辆、单车道200辆以下。

2. 公路的技术标准

公路设计时都应遵守公路的技术标准，即在一定自然环境条件下能保持车辆正常行驶性能所采用的技术指标体系。公路的技术标准是法定的技术要求，反映了我国公路建设的技术方针。对于不同等级的公路，其技术标准由各项技术指标体现，如表3.1所示。

表3.1 各级公路的主要技术指标汇总[90]

公路等级	设计速度/（km·h⁻¹）	车道数/条	路基宽度（一般值）/m	停车视距/m	圆曲线半径/m		最大纵坡/%
					一般值	最小值	
高速公路	12	4/6/8	28.0/34.5/45.0	210	1000	650	3
	100	4/6/8	26.0/33.5/44.0	160	700	400	4
	80	4/6	24.5/32.0	110	400	250	5
一级公路	100	4/6/8	26.0/33.5/44.0	160	700	400	4
	80	4/6	24.5/32.0	110	400	250	5
	60	4	23.0	75	200	125	6
二级公路	80	2	12.0	110	400	250	5
	60	2	10.0	75	200	125	6
三级公路	40	2	8.5	40	100	60	7
	30	2	7.5	30	65	30	8
四级公路	20	1/2	4.5/6.5	20	30	15	9

各级公路技术指标的确定受多种因素的影响，如设计速度、路线在公路网中的功能、规划交通量和交通组成等。设计速度是根据国家的技术政策，在考虑路线的使用功能和规划交通量的基础上制定，是技术标准中最重要的指标。在公路网中，路线是道路中线的空间位置，具有重要的经济和国防意义。规划交通量较大时，应采用较高的设计速度；反之，应采用较低的设计速度。对于一些具有重要政治、经济和国防意义的公路，如连接机场、经济开发区或军事用途的公路，虽然交通量不是很大，也可采用较高的设计速度。

3.2.2 公路路线设计

道路是由路基路面、桥梁、隧道、涵洞和沿线设施等工程实体组成的三维立体构造。路线由道路的平面线形、纵断面和横断面构成。路线平面图是道路中线在水平面上的投影；纵断面是用一曲面沿道路中线竖直剖切，再展开成平面的图示；横断面图是沿道路中线任一点作的法向剖切面。路线设计指确定路线空间位置和各部分几何尺寸的工作。在路线设计中，需进行平面线形、纵断面和横断面设计，且要综合考虑三者之间的相互关联性。

1. 路线平面线形设计

路线平面线形主要有直线、圆曲线和缓和曲线三种不同形式。直线线形应用最为广泛，与其他两种线形相比，有比较明显的优势，如汽车行驶时受力简单、方向明确、视距好等。确定直线线形长度时，应从地形地貌条件、驾驶员的心理状态和行车安全等方面进行考虑。当由于路面障碍或地形原因，需要改变路线方向时，应设置圆曲线线形。在圆曲线路段，汽车在行驶过程中会受到离心力作用，因此应在该路段设置一定的超高，保证汽车能安全、稳定、满足设计速度和经济、舒适地通过圆曲线，防止汽车向曲线外侧倾倒。超高通常是在横断面上设置的外侧高于内侧的单向横坡形式。超高的设置可以平衡一部分离心力，从而使圆曲线的最小值可适当降低。由于直线和圆曲线路段的曲率不连续，因此需设置一段缓和曲线，使超高、曲率和加宽值实现连续变化。缓和曲线的施工较为复杂，是高等级公路的主要线形之一。

2. 路线纵断面设计

路线纵断面是指沿着道路中线的竖向剖面，由直线和抛物线或圆形竖曲线所组成。公路纵断面设计时要从经济性的角度出发，并考虑沿线工程地质、水文地质及气候等条件，其技术标准包括纵坡、纵坡长度、平均纵坡、合成坡度和竖曲线等。通常，线路纵坡坡度越大，线路工程量越小，但汽车爬坡越困难，尤其给积雪冰冻地区的行车安全带来严重危害；纵坡坡度过小时，线路工程造价增加，并影响线路的排水性能。最大纵坡直接影响公路线路的长短、使用质量、行车安全、工程造价和运输成本，是线形设计控制的一项重要指标，设计时主要考虑汽车的爬坡性能和通行能力。我国各级公路最大纵坡的规定如表 3.2 所示。

表 3.2　公路最大纵坡[90]

设计速度/（km·h^{-1}）	120	100	80	60	40	30	20
最大纵坡/%	3	4	5	6	7	8	9

设计速度为 120 km/h、100 km/h、80 km/h 的高速公路，受地形条件或其他特殊情况限制时，经技术、经济论证合理，最大纵坡可增加 1%；设计速度为 40 km/h、30 km/h、20 km/h 的公路，以及改建工程利用原有公路的路段，经技术、经济论证合理，最大纵坡可增加 1%；四级公路位于海拔 2000 m 以上或严寒冰冻地区，最大纵坡不应大于 8%。

由于公路经过的地形是起伏不平的，汽车必须循着具有不同纵坡的道路行驶，在纵断面上，公路是由一条折线组成。在两个相邻的纵坡之间，需要采用凸形或凹形的竖曲线进行平顺过渡。竖曲线常采用抛物线线形。凸形竖曲线的行车视距条件较差，而凹形竖曲线的视距一般能得到保证，其半径应合理设置，以保证行车的平顺和舒适。

3. 路线横断面设计

公路横断面由横断面设计线和地面线构成，包括行车道、分隔带、路肩、截水沟等。高速公路和一级公路横断面组成中还包括变速车道、爬坡车道和紧急避险车道。

行车道是指供各种车辆安全舒适行驶的公路带状部分，分为快车、慢车和非机动车行车道。行车道宽度指在保证要求车速及道路通行能力的情况下，安全行车所必需的宽度，根据设计车辆的几何尺寸、汽车行驶速度、交通量和车辆之间或车辆与路肩之间的安全间隙等确定。中间带是由两条分设在各个方向行车道左侧的路缘带和中央分隔带组成。路肩设置在行车道的两侧，用以保持行车道的功能和临时停车使用，并可作为路面的横向支撑。

3.2.3　公路路基路面设计

路基和路面是道路的主要工程结构物，承受汽车荷载和气候环境的共同作用。路基是按照道路的设计线形在地表开挖或填筑而成的岩土结构物，它是路面的基础结构，可为路面的使用寿命和服务水平提供重要保证。路面则是用各种混合料在路基顶面铺筑而成的层状结构，它可使下部的路基结构不会直接承受车辆荷载和大气环境的综合作用，保证路基结构在一定程度上处于长期稳定状态。路基和路面是相辅相成的整体结构，在公路工程的设计、施工和后期运维中要综合考虑两者的工程特点。

1. 路基

路基主要由路基本体和路基设施两部分组成，其中路基本体是路基断面中的填方或挖方部分，路基设施是为保证本体的稳定性而修筑的必要附属工程设施。路基工程中的排水设施、支挡结构和加固措施等，均属于路基设施。路基必须具有一定的强度、稳定性和耐久性，同时又要经济合理。根据填筑方式的不同，公路路基横断面有路堤、路堑和半填半挖三种基本形式，如图3.44所示。

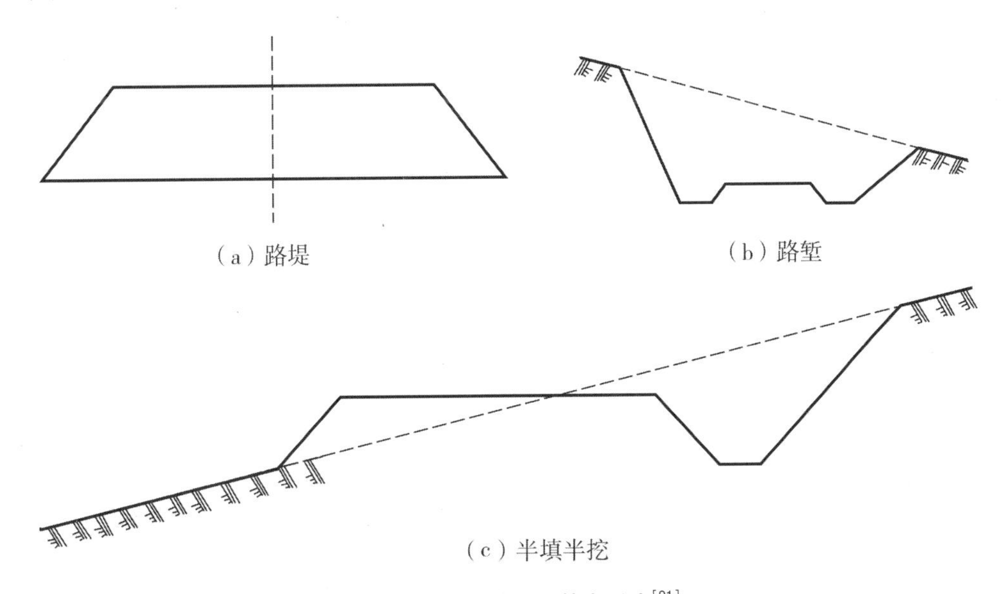

图3.44　路基横断面基本形式[91]

路堤是指经过填方所形成的高于原地面的路基结构形式，其断面由路基宽度、路基边坡坡度、坡面防护、支挡结构等组成。按填土高度的不同，路堤分为一般路堤、高路堤和矮路堤三种形式；按所处环境条件和功能的不同，路堤分为挖沟填筑路堤、沿河路堤和护脚路堤等多种形式。路堑是指经过开挖天然地面而形成的路基结构，包括全路堑、半路堑（又称台口式）和半山洞三种形式[92]，两边设置有排水边沟。半填半挖路基是指横断面同时包括填方和挖方的路基结构，通常用于地面横坡较陡处，兼有路堤和路堑的构造特点和要求，在山区或丘陵地带应用较多。

2. 路面

路面是直接供汽车行驶的，路面状况的优劣对公路运输有较大的影响。良好的路面需具备以下条件：①有足够的强度和刚度，以保证路面结构不发生压碎、断裂、剪切等各种破坏，并将变形量控制在容许范围内；②有足够的稳定性，以保证路面强度在使用期内不致因水文、温度等自然因素影响而产生幅度过大的变化；③有足够的耐久性，以保证路面的使用年限，保持其强度刚度和几何形态经久不衰；④有良好的表面平整度，以减小车轮对路面的冲击力，保证车辆安全舒适地行驶；⑤有适当的抗滑性能，避免车辆在路面上行驶和制动时发生溜滑的危险。[93]

路面结构的工作状况受行车荷载、大气环境和路基的水温状态的综合影响。随着深度的增加，行车荷载产生的动应力和大气因素的影响逐渐减弱，对路面材料的工程特性要求随之逐渐降低。因此，路面结构大多采用不同性质的材料进行分层铺筑。根据各个层位功能的不同，路面可分为面层、基层和垫层三个层次，如图 3. 45 所示。

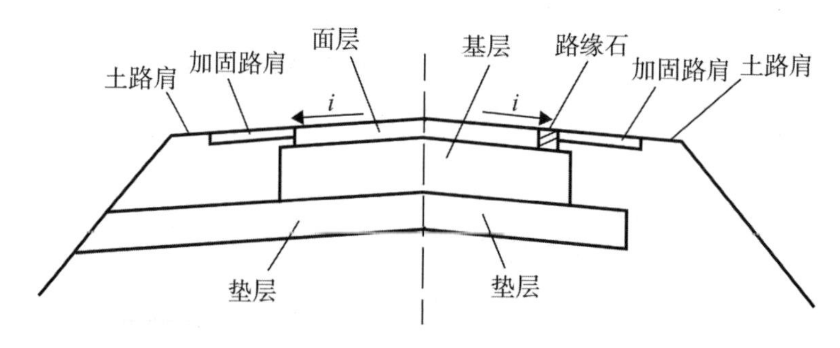

图 3. 45　路面结构层次[94]

面层是直接与汽车车轮和大气环境接触的结构层，承受汽车荷载垂直力、水平力和冲击力的反复作用，同时还受到水热变化的不利影响。因此，面层应具有足够的强度和刚度、良好的水热稳定性，表面应耐磨且不透水，具有良好的抗滑性能和平整度。面层有时可分为两层或三层铺筑。

基层设置在面层之下，是起主要承重作用的层面，主要承受由面层传来的车辆荷载垂直力，并将其扩散到下面的垫层和路基中去。因此，基层除了应具有足够的强度和刚度特性外，还应有良好的扩散应力的性能。高等级公路的基层通常设置两层或三层，可采用不同材料进行修筑。

垫层设置在基层和土基之间，可改善土基的湿度和温度状况，缓解土基水温状况变化对面层和基层所造成的不良影响。由于土基的承载能力和抗变形能力远小于路面结构层，垫层还能起到扩散应力、减小土基的应力和变形，并阻止路基土挤入基层的作用。

路面结构层次不一定如上述那样完备，有时一个层次可起到两个层次的作用，但面层和基层是必不可少的。一般公路的基层宽度要比面层每边至少宽出 25 cm，垫层宽度也应比基层每边至少宽出 25 cm 或与路基同宽，以便于排水。

3.2.4　高速公路

1．国内外高速公路发展概况

随着汽车运输的发展和公路技术标准的逐步提升，普通公路已难以满足交通运输的要求，高速公路应运而生。一般将高速公路定义为具有四个或四个以上车道，并设有中央分隔带，全部立体交叉并具有完善的交通安全设施与管理设施、服务设施，全部控制出入，专供汽车高速行驶的公路。[95]大力发展高速公路已成为当今公路运输发展的一个重要特征。

高速公路的建设和发展是国家经济发展水平的风向标。1932 年，世界上第一条高速公路建成于德国，由波恩至科隆。至 1942 年，德国建造了 3860 km 的高速公路，并有 2500 km 在建；至 1996 年，德国的联邦高速公路长度达 11190 km，占公路总里程的 4.89%。[90]

美国是世界上高速公路最发达的国家之一，于 1937 年在加利福尼亚修建了第一条长 11.2 km 的高速公路，至 1993 年已建成州际高速公路系统 70642 km。1995 年，美国高速公路总里程达到了 8.85 万 km，占世界高速公路总里程的 45% 以上。

日本是世界上高速公路密度最高的国家之一，面积密度约为 3 km/km^2。日本高速公路建设起步较晚，第一条高速公路即名神高速公路于 1963 年建成通车。后期发展速度较快，到 1997 年，已建成 5677 km 的高速公路，初步形成了以东京为中心、纵贯南北的高速公路网。[96]

我国高速公路发展从 20 世纪 80 年代末开始起步，晚于西方发达国家近半个世纪的时间。从 20 世纪 80 年代末至 1997 年，为起步建设阶段；从 1998 年至今，为快速发展阶段。1988 年 10 月建成通车的全长仅 20 km 的沪嘉高速公路是我国内地第一条高速公路，打破了内地高速公路零的纪录。到 2005 年底，我国高速公路总里程达到 4.1 万 km，跃居世界第二位。我国西部地区高速公路建设在西部大开发政策实行后初具成效。第一条沙漠高速公路——榆靖高速公路于 2003 年正式建成通车，主线全长 116 km。穿越秦岭、路线桥隧相连总长占总里程 66% 的西汉高速公路于 2007 年建成通车。根据交通部《国家高速公路网规划》，我国采用放射线与纵横网格相结合的布局方案，形成了“7918 网”。根据该规划，高速公路网包括 7 条首都放射线、9 条南北纵向线和 18 条东西横向线，由中心城市向外放射，并且横连东西、纵贯南北。

2. 高速公路的特点

（1）行车速度高，通行能力大。

除特殊困难地形外，高速公路设计车速均在 80 km/h 以上，车辆通常都能连续、高速地行驶。车速的提高带来了通行能力的提高，也使路网的服务水平大大提高。如 1986 年，占公路总里程仅为 1.2% 的美国州际高速公路承担了 21.3% 的公路交通量；占比仅为 0.81% 的英国高速公路却承担了 30% 的公路总运量；我国台湾地区一条高速公路占公路总里程的 1.92%，却承担了全省约一半的公路运量。

（2）运输效益高。

与普通公路相比，高速公路车辆行驶速度高，因而行程时间大大缩短，油耗及机械损耗也明显减少，运输成本低且效益高，其油耗和运输成本可分别降低 25% 和 53%。

（3）交通事故少，安全性和舒适性好。

高速公路采用全封闭的管理模式，其标准也比普通公路要高，无横向干扰，故行车安全性大大提高，交通事故大幅度下降。同时，高速公路的线性标准和路面质量都较高，因此车辆行驶时更为平稳，乘客的安全舒适性好。

3. 高速公路的线形设计标准

（1）最小平曲线半径及超高横坡限值。

考虑在曲线地段行驶时汽车所受离心力的影响，行驶速度越快，平曲线的半径需设置得越大。例如，当高速公路的设计速度为 120 km/h 时，平曲线的最小半径为 1000 m，极限最小半径为 650 m，超高横坡限值为 10%。

（2）最大纵坡和竖曲线。

高速公路的最大纵坡随地形的不同而不同，一般在平原微丘区为 3%，在山岭区为 5%。竖曲线极限最小半径为凹形 4000 m，凸形 1000 m。

（3）线形要求。

高速公路不应出现急剧的起伏和扭曲的线形，并且线形应保持连续、调和和舒顺，线形彼此有良好的配合，圆滑舒畅，没有过大差比。

（4）横断面要求。

为便于超车，高速公路行车带的单向行驶方向应至少有两个车道，车道宽 3.75 m。在平原微丘区设置中央分隔带宽度、左侧路缘带宽和中间带全宽分别为 0.75 m、3.00 m 和 4.50 m；当地形受限时，应分别设置为 2.00 m、0.50 m 和 3.00 m。在平原微丘区，硬路肩和土路肩的宽度应分别不小于 2.50 m 和 0.75 m。

3.3 铁道工程

铁路运输是现代化运输体系之一，在交通运输领域占有重要的地位。作为最有效的陆上运输方式，铁路运输的优势是运输能力大、安全可靠、速度较快、成本较低，同时对环境的污染小，基本不受气象和气候的影响，能源消耗远低于航空和公路运输。但铁路运输也有一定的缺点，如初始投资高，大量资金、物资用于建筑工程，如路基、站场等，建设周期长，不适用于运距较短的运输业务；灵活性较差，通常与其他运输方式相结合来集散客货；停止运营后不易转让或回收，经济损失较大。[90]

世界上第一条铁路于1825年在英国的斯托克顿和达灵顿之间开通，总里程为36 km，利用蒸汽机车牵引列车，开启了铁路运输时代。此后，美国（1930年）、法国（1932年）、比利时（1935年）、加拿大（1936年）等国家相继开通了铁路运输方式。至20世纪初，世界铁路通车里程已达110万km以上，成为陆上交通的重要方式。

我国铁路建设起步较晚，第一条正式投入运输的铁路是清政府于1881年修建的标准轨运货的唐胥铁路。旧中国铁路建设混乱落后，帝国主义列强在华修建的铁路与官办、商修的铁路标准不一，装备杂乱，铁路的安全状况很差。新中国成立后，百废俱兴，带来了铁路建设事业的发展。1966年至1980年，贵昆、成昆、襄渝、焦枝和太焦等铁路干线相继开通，全国铁路运营里程增加到5万余km。改革开放以后，随着国民经济高速发展，铁路运输迎来了历史性大发展的新时刻。到2001年，全国铁路运营里程达到7万km以上，是1949年底的3.2倍。随着青藏铁路（如图3.46所示）的通车，我国各省、自治区、直辖市均有铁路通达，基本形成了横贯东西、沟通南北的铁路运营网络。

图3.46　青藏铁路

（资料来源：https://weibo.com/ttarticle/p/show?id=2309404644301626802247.）

3.3.1　铁路选线设计

1. 铁路选线设计发展回顾

铁路选线设计是铁路建设总览全局的核心工作，相关研究工作历史悠久。负责铁路线路设计的工程师根据在铁路建设实践中的经验教训，建立了选线设计的理论和方法。

基于在美国和墨西哥积累的铁路设计经验，美国工程师惠灵顿（Wellington）于1877年出版了《铁路选线经济理论》，建立了美国铁路选线设计的理论体系。在欧洲，俄罗斯工程师李比兹（Lipetz）和德国人翁赖恩（Unrein）等于20世纪初推导出绘制列车运行速度－距离曲线和时间－距离曲线的图解方法，优化了确定线路每一点上列车的理论速度和时间。1917年，美国威廉姆斯（Williams）撰写了《铁路选线设计》，基于保障安全、提高铁路收益的目的，建立了当时铁路选线设计完整的理论，并首次提出了线路方案优化的概念。20世纪60年代以后，受信息技术的影响，智能化、自动优化的技术逐步融入选线设计工作，形成了利用航空摄像测量、GIS、GPS等测绘技术手段采集数据、建立数字地理信息模型。[97]

自19世纪中叶，我国铁路建设初期产生了一些诸如粤汉线跨南岭地段的优秀选线设计范例。至1949年新中国成立前夕，实际能勉强维持通车的全国铁路里程仅为11000 km。[98]新中国成立后，铁路建设事业迎来了新的发展机遇，我国铁路勘察设计事业逐渐走向了蓬勃发展、规范化、标准化的道路，先后组建了一系列铁路勘察设计公司，建立了一支稳定的专业配套齐全、技术装备精良的队伍，建立了选线设计研究室，统一了全国铁路勘测设计标准。到2015年底，我国铁路运营里程已超过12万km。高速铁路、重载铁路的发展居于世界先进行列。同时，我国也开发、研究、引进了一大批行之有效的铁路勘测设计的新技术、新工艺和新设备，逐步实现铁路勘测设计数字化、智能化。

2. 铁路选线主要内容

铁路选线在整个铁路工程设计中是一项关系全局的总体性工作，其主要内容包括[96]：

（1）铁路选线时要结合国家政治、经济和国防的需要，根据当地的自然条件、资源分布和经济发展等情况，确定铁路的基本走向和主要技术标准。在规划城市中的铁路线路走向时，要考虑该地区商业或工业等的发展情况。

（2）线路空间位置要结合铁路沿线的工程地质、水文地质等条件进行布置，并考虑基础设施的配套情况。

（3）确定线路中车站、桥梁、隧道、涵洞、路基、支挡结构等设施的空间位置和基本形式，使其总体上相互配合、布局上经济合理。

3. 铁路选线设计主要要素

铁路线路空间位置是指线路平面和纵断面。铁路线路平面是中心线在水平面上的投影，包括直线段和曲线段两种形式。线路平面设计中，除了需节省工程费用和运营成本，还应保证行车安全和平顺性，因此通常要求缩短线路长度，并尽量采用较长直线段和较大的圆曲线半径。在圆曲线的起点和终点处应设置缓和曲线，可以使车辆离心力缓慢增加，同时使得外轨超高，以增加向心力，使其与离心力的增加相配合。

铁路纵断面是铁路中心线在立面上的投影，纵断面设计的基本内容有坡度、坡段长度和坡道的连接。铁路定线就是在一条新建铁路规定的起讫点间，通过必要的控制点，在地形图上或地面上选定线路的走向，并确定线路的空间位置。通过定线，确定有关设备和建筑物的分布和类型。定线时一般需考虑设计线路的意义及其与行政区其他建设的配合关系、线路的经济效益和运量要求、所处的自然条件、主要技术标准和施工条件等。

3.3.2 铁路路基与轨道

1. 铁路路基

铁路路基是经过开挖或填筑而形成的土工结构物，是轨道的基础，主要承受轨道重力及列车动荷载作用并将其传递至地基土中。铁路路基设计中一般应考虑路基横断面和路基稳定性问题。横断面是指垂直线路中心线截取的截面，路基横断面图是路基设计的主要文件之一。路基横断面的基本形式包括路堤、路堑、半路堤、半路堑、半路堤半路堑和不填不挖路基（零断面），如图3.47所示。

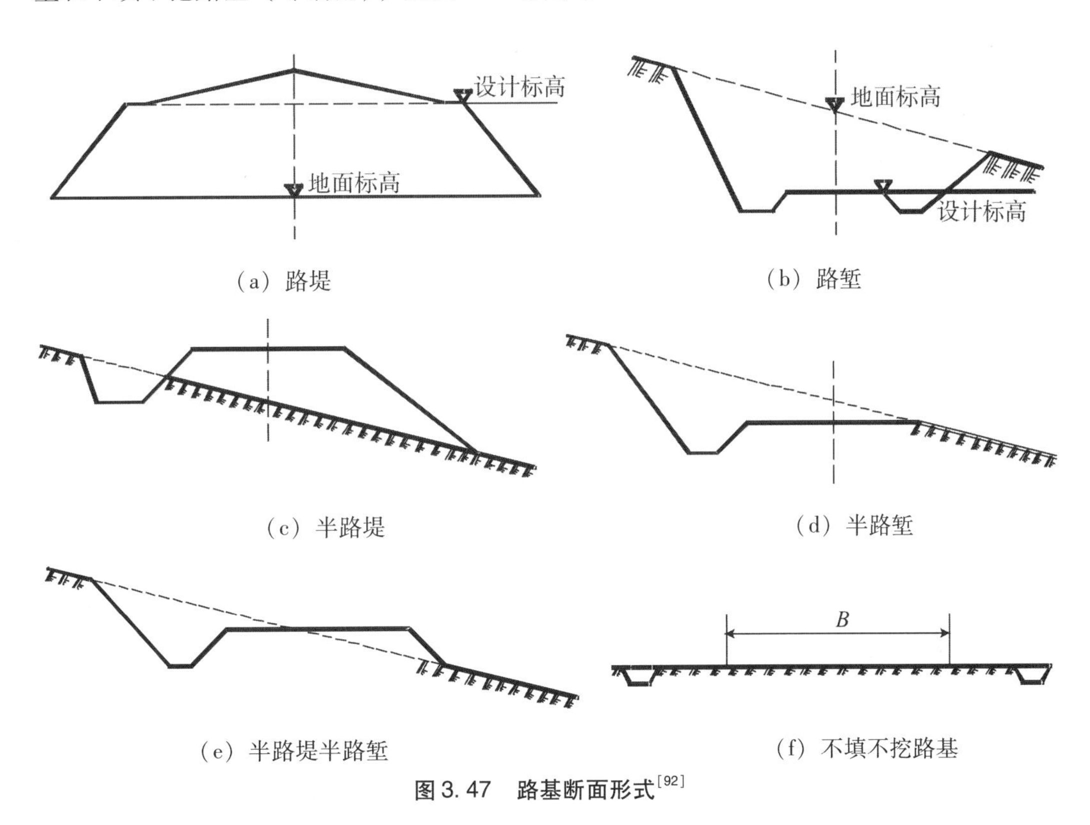

图3.47 路基断面形式[92]

路基横断面的基本内容有路基本体和附属结构两大部分。路基面、路肩、填料、基床、边坡和路基基底等构成路基本体，主要是为了能按线路设计要求铺设轨道而构筑的部分，如图3.48所示。

路基面是指为了轨道的铺设而设置的作业面，又称为路基顶面。在路堤中，经过填

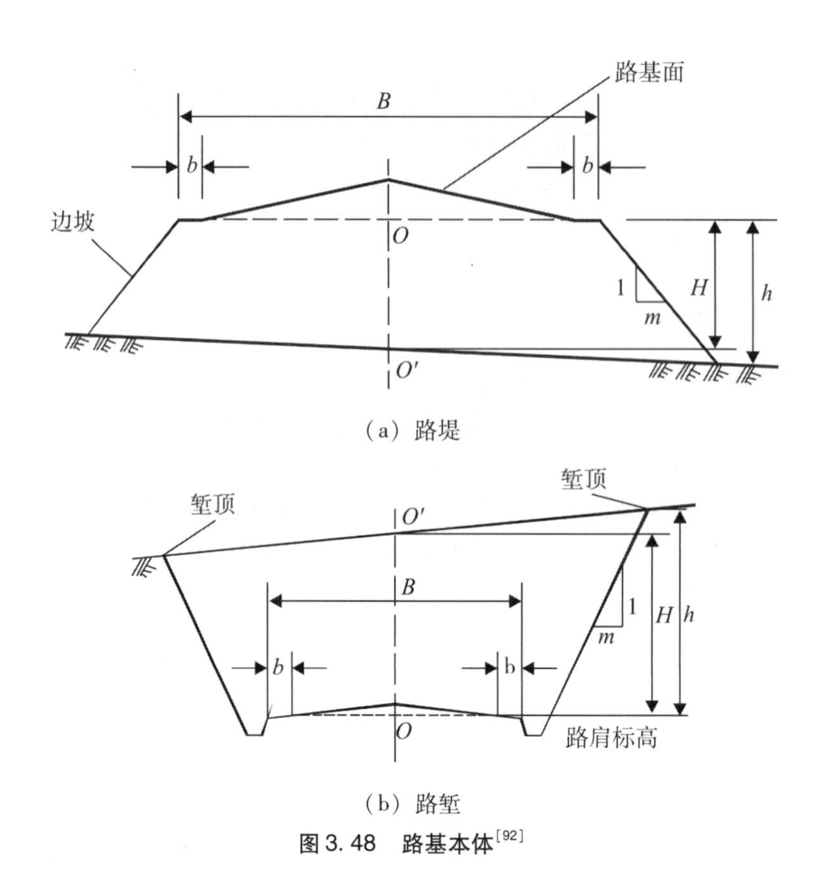

图 3.48　路基本体[92]

筑所形成的路堤堤身的顶面为路基面；在路堑中，经过开挖后形成的构造面即为路基面。路基面的形状应设计为三角形路拱，由路基中心线向两侧设 4% 的人字排水坡，使雨水能够尽快排出，避免路基面积水而使土浸湿软化，保证路基土体的稳定性。单线铁路和双线铁路路基的路拱高分别约为 0. 15 m 和 0. 2 m，如图 3. 49 所示。

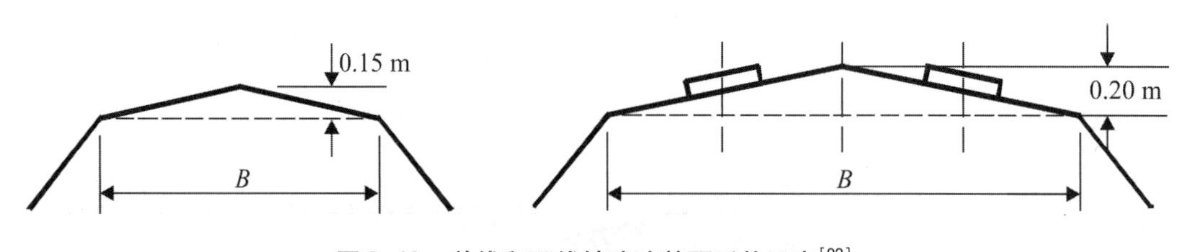

图 3. 49　单线和双线铁路路基面形状示意[92]

为了防止轨道以下的路基土体在列车动荷载的作用下发生侧向挤动，同时也为了保证轨道道床在路基边缘土体塌落时的完整性，在路基顶面两侧自道床坡脚至路基面边缘应设置一定宽度的路肩。用来填筑路基本体的材料称为路基填料。路基的稳定性和变形特性均受路基填料工程优劣的影响。工程特性优良的填料应具有可压实性、较高的强度以及较小的可压缩性，压实后能够尽快稳定，且具有一定的水稳性和温度稳定性，受环境影响较小。选择工程特性优良的路基填料，是保证路基填筑质量的重要手段。

基床是铁路路基面以下直接承受轨道荷载和列车动荷载作用，且受水文、气候四季变化影响较明显的深度范围。作为轨道的直接基础，基床是铁路路基最重要的组成部分。基床的设置可以增强线路强度和稳定性，使列车通过时的变形控制在一定范围内；同时，可以防止冻害、翻浆冒泥等病害的发生。基床厚度一般取为附加应力占自重应力 20% 的深度，该范围内的土层又分为基床表层和基床底层，如图 3.50 所示。对于不同时速的各级铁路，基床各层厚度均有一定要求。

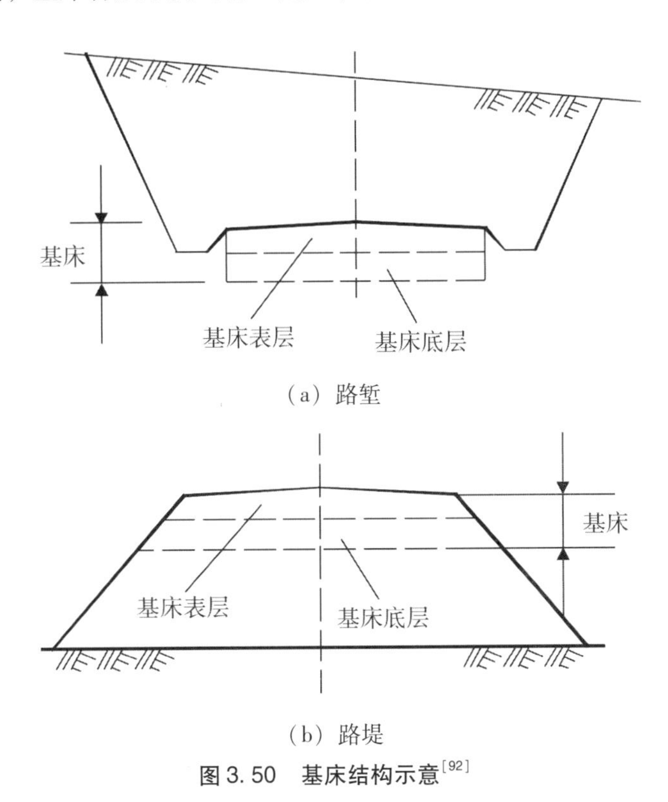

（a）路堑

（b）路堤

图 3.50　基床结构示意[92]

在路堤的路肩边缘以下和在路堑路基面两侧的侧沟外，因填挖而形成的斜坡面，称为路基边坡，可分为路堤边坡和路堑边坡。路堤边坡形式和坡度应根据填料的物理力学性质、边坡高度、列车荷载和地基条件等确定。路堑边坡可分为土质路堑边坡和岩质路堑边坡。对于不同类型的路基土体和不同风化程度的岩石，路堑边坡的坡度均有一定要求。路堤基底是天然地面以下受轨道和填土自重、列车动荷载作用影响的部分，路堑基底是路堑边坡土体内和堑底路基面以下的地基内因开挖而产生应力变化的部分。路基基底相当于建筑物的地基，应满足地基承载力的要求。

路基附属结构是为确保路基本体的稳固性而采取的必要的附属工程措施，包括排水设施、路基防护和加固措施。路基的排水设施分为地面排水设施和地下排水设施。路基防护措施是指用来防止或削弱各种自然因素对路基土体所造成的有害影响所采取的一系列措施。路基加固措施是用以加固路基本体或地基的工程措施，如护堤、抗滑桩、挡土墙等。

2. 轨道

轨道是列车运行的基础，承受机车车辆的压力，并把压力扩散到下部的路基或桥隧结构物上，主要由钢轨、连接零件、轨枕、防爬设备和道床等组成。道床是铺在路基面上的道砟层，在道床上铺设轨枕，在轨枕上架设钢轨。轨枕既要支承钢轨，又要保持钢轨的位置，还要把钢轨传递来的巨大压力再传递给道床。相邻两节钢轨和端部以及钢轨和钢轨之间用连接零件互相扣连。在线路和线路的连接处铺设道岔。

轨道的强度和稳定性受钢轨类型、轨枕类型和密度、道床类型和厚度等因素影响。根据铁路运量和最高行车速度等运营条件，将轨道分为特重、重、次重、中和轻型五个等级。

钢轨需支撑和引导机车车辆，因此不能出现较大的挠曲变形，必须具有足够的刚度；同时应具有一定的韧度，防止在动轮的冲击作用下产生折断。为减轻车轮的压陷和磨损影响，钢轨还应有一定的硬度。钢轨是通过连接零件固定在轨枕上的。两根钢轨头部内侧间与轨道中心线相垂直的距离称为轨距。我国绝大多数线路轨距为 1435 mm，称为标准轨距。

铁路线路和线路间连接和交叉的设备称为道岔，可以使机车车辆从一股道转入另一股道。道岔可分为普通单开、三开、交分道岔等，其中普通单开道岔最为常用，由转辙器、转辙机械、辙叉、连接部分和岔枕组成。

3. 3. 3　高速铁路

1. 高速铁路发展概况

速度是铁路运输的重要技术指标，大幅度提高列车的运行速度是铁路现代化的重要标志。20 世纪 60—70 年代，随着科技水平的提升和社会发展的需要，高速铁路率先在发达国家逐步发展起来。一般来说，铁路速度的分档如表 3. 3 所示。

表 3. 3　铁路速度的分档[96]

分档	常速	中速	准高速	高速	特高速
时速/$(km \cdot h^{-1})$	100 ～ 120	120 ～ 160	160 ～ 200	200 ～ 400	>400

为适应旅客运输高速化的需要，日本于 1964 年建成了速度达 210 km/h 的东海道新干线，突破了保持多年的铁路运行速度的世界纪录。法国的第一条高速铁路，即 TGV 线于 1981 年建成，列车速度高达 270 km/h；后来又建成了速度达 300 km/h 的 TGV 大西洋线，试验最高速度和运营速度分别达到 515. 3 km/h 和 400 km/h。

当今世界上建设高速铁路有以下几种模式[96]：①日本新干线模式，全部修建新线，旅客列车专用；②德国 ICE 模式，全部修建新线，旅客列车和货物列车混用；③英国 APT 模式，不修建新线，也不大量改造旧线，主要采用由摆式车体的车辆组成的动车组，旅客列车和货物列车混用；④法国 TGV 模式，部分修建新线，部分旧线改造，旅客列车专用。

我国高速铁路发展相对较晚，2004 年，中国《中长期铁路网规划》明确了中国铁路网的中长期建设目标。2007 年，我国铁路成功完成了第六次大面积提速，提速后既有线列车最高运营速度提高至 200 km/h，部分区间达到了 250 km/h，标志着中国铁路迈入了高速化运行的时代。2008 年，我国“四纵四横”客运专线以及三个城际客运系统基本形成，我国成为世界上高速铁路运营里程最长的国家。2008 年 8 月，我国首条运行时速达 350 km/h 的高速铁路——京津城际铁路建成通车。2009 年 12 月，武广客运专线正式开通，全长约 1069 km，创造了两车重联情况下的世界高速铁路最高运营速度 394 km/h。2012 年 12 月哈大高铁、2014 年 12 月兰新高铁、2016 年 12 月沪昆高铁相继建成通车。经过十余年的不懈努力，我国 CRH 系列的高速铁路运营里程和运营速度均已位居世界第一，形成了以北京为中心的全国铁路快速客运网。

2. 高速铁路的主要特点

与普通铁路相比，高速铁路对铁路选线设计等提出了更高的要求，需对线路平面、纵断面进行改造，改善轨道结构的平顺性和养护技术等。高速列车车辆采用玻璃纤维强化的塑料及其他重量很轻的且耐疲劳的材料制造，这样可减少轨道磨耗，保证高速列车能在常规轨道上高速行驶。

轨道的平顺性是影响高速列车的行驶速度的重要因素，必须严格控制轨道的几何形状。轨道平顺性不良会导致车辆振动，产生轮轨附加动力。为提高高速列车行驶中的平顺性和乘客的舒适性，高速铁路的轨道已实现了长轨，减少了列车在行驶中由于轨道接口引起的冲击和振动。

高速列车牵引动力是实现高速行车的重要关键技术之一，涉及新型动力装置与传动装置、新的列车制动技术、高速电力牵引时的受电技术、适应高速行车要求的车体及行走部分的结构、减少空气阻力的新外形设计等新技术。高速铁路的信号和控制系统是列车安全高速、高密度运行的基本保证，包括列车自动防护系统、卫星定位系统、车载智能控制系统、列车调度决策支持系统、列车微机自动监测与诊断系统等。

3.4 桥梁工程

桥梁工程是土木工程的一个分支，是指桥梁的勘测、设计、施工、养护和检定等工作过程以及研究这一过程的相关科学和工程技术。桥梁是世界各地交通的进步和发展中不可缺少的重要支柱。随着桥梁技术的进步，一些难度较大的桥梁建造成为现实，推动了交通运输事业向安全、快捷和网络化的高水平方向发展。

3.4.1 桥梁工程发展概况

早在古罗马时期，欧洲的石拱桥技术已在世界桥梁史上谱写过光辉的篇章。18 世纪工业革命促使生产力大幅度提高，推动了工业的发展。19 世纪中叶出现了钢材，促进了桥梁建筑技术方面的空前发展。20 世纪 30 年代预应力混凝土技术的出现，使桥梁建设获得了廉价、耐久且强度和刚度均很大的建筑材料，推动了桥梁的又一次飞跃发展。20 世纪 50 年代以后，随着计算机和有限元技术的迅速发展，桥梁设计工程师能进行复杂结构的计算，桥梁工程的发展获得了再次的飞跃。

我国造桥历史悠久。早在 3000 年前我国就有了木梁桥和浮桥，稍后又有了石梁桥。悬索桥也被公认最早出现在我国。1957 年，武汉长江大桥建成，成为我国桥梁史上的一座里程碑。改革开放以来，我国桥梁建设事业取得突飞猛进的发展和令人瞩目的成就，在桥梁建设上的理论分析、设计、施工等技术水平已接近或达到世界先进水平。1993 年 10 月，总长为 7654 m 的中国上海杨浦大桥竣工通车，其形式为叠合梁斜拉桥。2008 年 5 月，当时的世界第一跨海大桥——中国杭州湾跨海大桥正式通车，全长 36 km。2009 年开工建设、2018 年 10 月开通运营的中国港珠澳大桥（图 3.51）是在“一国两制”框架下、粤港澳三地首次合作共建的超大型跨海通道，分别设有寓意三地同心的“中国结”青州桥、人与自然和谐共处的“海豚塔”江海桥以及扬帆起航的“风帆塔”九洲桥三座通航斜拉桥，全长 55 km，设计使用寿命 120 年。

（a）中国港珠澳大桥全景

（b）中国港珠澳大桥之青州桥

（c）中国港珠澳大桥之江海桥

（d）中国港珠澳大桥之九洲桥

图 3.51　港珠澳大桥

（资料来源：https://www.hzmb.org/Home/Images/Museum/cate_ id/20.）

桥梁建设与工业技术的发展息息相关。1855年起，第一批应用水泥砂浆砌筑的石拱桥开始在法国建造。1890年，英国建造了总长1620 m的福斯铁路桥，这是世界上第一座钢铁桥，成为现代桥梁史上的一个重要里程碑。1960年，世界上第一座预应力混凝土桁架桥在联邦德国建成，总跨径为288 m。1982年建成的美国休斯敦船槽桥，是一座中跨229 m的预应力混凝土连续梁高架桥，用平衡悬臂法施工。在斜拉桥方面，1962年委内瑞拉建成的马拉开波湖桥是世界上第一座公路预应力混凝土斜拉桥，全长8700 m。于1999年竣工的日本多多罗大桥跨度达890 m。在钢板梁和箱型梁桥型方面，1951年联邦德国建成的杜塞尔多夫至诺伊斯桥，是一座正交异性板桥面箱型梁。1966年英国建成的塞文吊桥首次采用梭形正交异性板箱型加劲梁。

近些年来，桥梁的承载力和跨长不断增大，同时结构也逐步向轻巧和纤细方面发展。为了适应交通发展所提出的越来越高的要求，需要建造更多的可以承受更大荷载、跨境更大的跨越大江、海湾的桥梁，推动了桥梁结构向高强、轻型和大跨度的方向发展。

3.4.2 桥梁的基本组成

桥梁一般由上部结构、下部结构和桥面构造三部分组成，如图3.52所示。

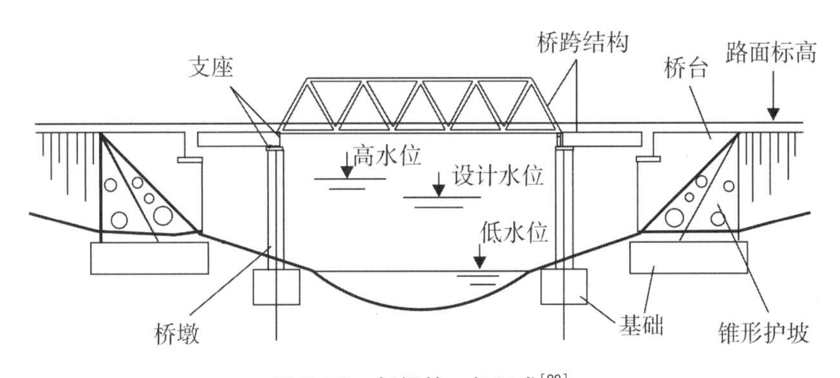

图3.52 桥梁的一般组成[90]

上部结构是桥梁的主要承载结构物，包括桥跨结构和支座系统两大部分。上部结构的主要作用是跨越各种障碍物，并将其承受的荷载传递给桥梁墩台，保证桥上交通在一定条件下安全正常运营。

下部结构是支撑桥跨结构并将恒载和车辆荷载传至地基的建筑物，包括桥墩、桥台和墩台基础。桥台设置在桥跨结构两端，桥墩设置在两桥台之间与桥跨结构对应的部位。墩台基础通常埋入土中或建造在基岩上，是确保桥梁能够安全使用的关键。

桥面构造包括桥面铺装、排水防水系统、栏杆、伸缩缝和灯光照明等，与桥梁服务功能有关。一般把桥梁两端两个桥台的侧墙或八字墙后端点之间的距离称为桥梁全长。桥梁高度是桥面与低水位之间的高差或桥面与桥下线路路面之间的距离。

3.4.3 桥梁的分类

1. 按结构体系分类

按结构体系的不同，桥梁可分为梁式桥、拱式桥、钢架桥、悬索桥和组合体系桥等。

（1）梁式桥。

梁式桥的桥跨结构由梁组成，梁作为承重结构，其内力以弯矩和剪力为主，在竖向荷载作用下支撑处仅产生竖向反力，无水平反力。梁式桥可分为简支梁桥、连续梁桥和悬臂梁桥。简支梁桥的制造、安装都较方便，是一种采用最广泛的梁式桥。连续梁桥和悬臂梁桥的各跨跨中弯矩较小，故跨越能力较强。图 3.53 为一梁式桥示意图。

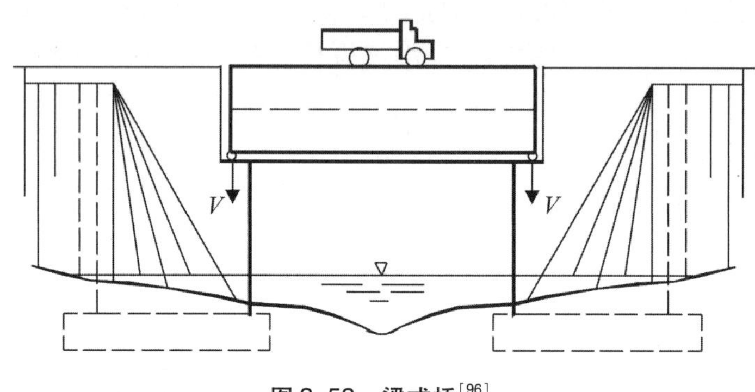

图 3.53　梁式桥[96]

（2）拱式桥。

拱式桥桥跨的承载结构以拱圈或拱肋为主。在竖向荷载作用下，支撑处同时产生竖向反力和水平反力。与梁式桥相比，拱式桥的弯矩和变形要小得多，受力状态良好，跨越能力大。但由于拱脚推力较大，拱式桥对地基要求很高，适用于地质和地基条件良好的工况。图 3.54 为上承式腹拱和中承空腹拱拱式桥。

（3）钢架桥。

钢架桥是由桥跨结构和墩台整体连接而成，介于梁和拱之间的一种结构体系（图 3.55）。在竖向荷载作用下，钢架桥支撑处同时产生竖向反力和水平反力，基础承受较大的推力。钢架桥结构中的梁和柱截面受力复杂，处于弯矩、剪力和轴力共同作用的受力状态。

钢架桥的外形尺寸较小，桥下净空较大，适用于建筑高度受限而又需要较大桥下净空的情况。但钢架桥施工较为复杂，多适用于跨线桥、高架桥、立交桥和跨越 V 形峡谷的桥等。

（4）悬索桥。

悬索桥由桥塔和悬挂在塔上的高强度柔性缆索及吊索、加劲梁和锚碇结构组成，采用锚索作为主要承重构件（图 3.56）。在竖向荷载作用下通过吊杆使缆索承受较大拉力。悬索桥受力性能好、轻型美观，且具有良好的跨越能力和抗震能力，常用于建造跨越大江大河或跨海的特大桥。

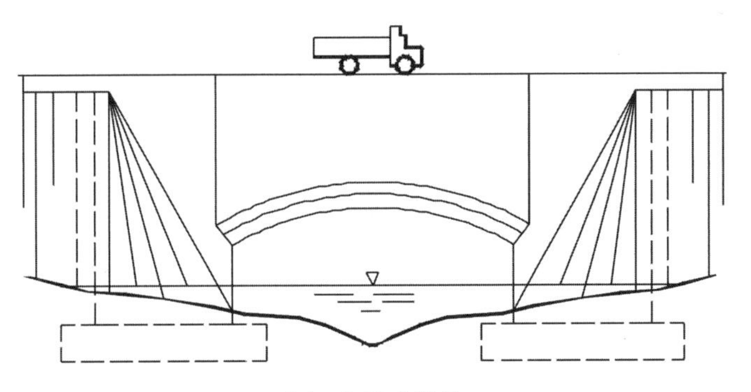

(a) 上承式腹拱

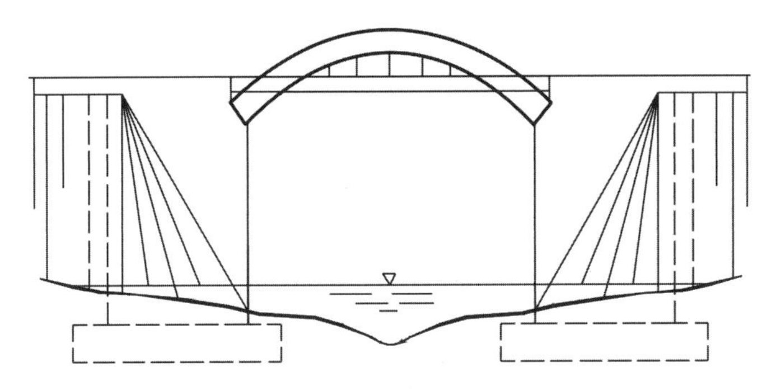

(b) 中承空腹拱

图3.54 拱式桥[96]

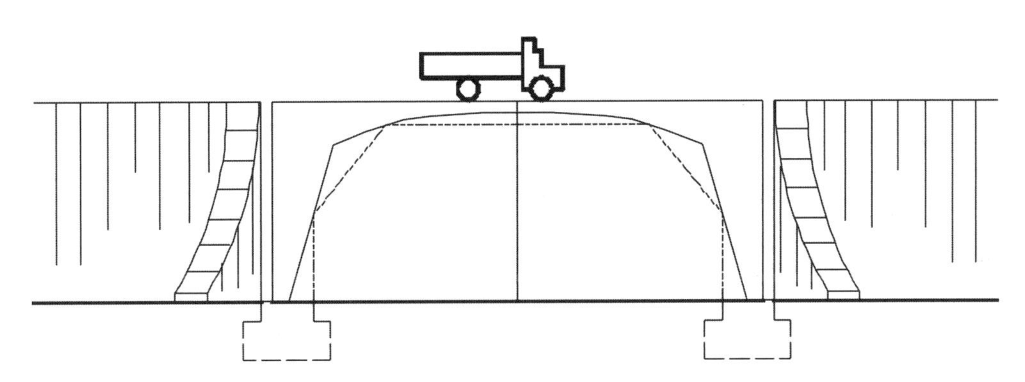

图3.55 钢架桥[96]

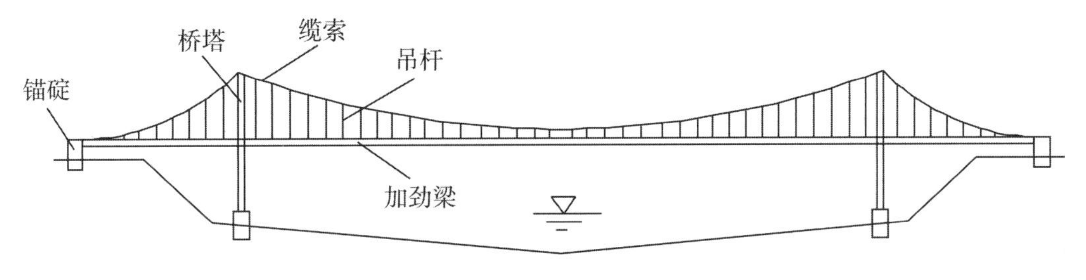

图3.56 悬索桥[99]

（5）组合体系桥。

由几个不同受力体系组合而成的桥梁称为组合体系桥。组合体系桥的种类很多，组合形式不同，其受力特点也不相同。如图 3. 57（a）中拱设置于梁的下方，通过立柱对梁起辅助支撑作用的组合体系桥；图 3. 57（b）为钢构 - 连续组合体系桥。

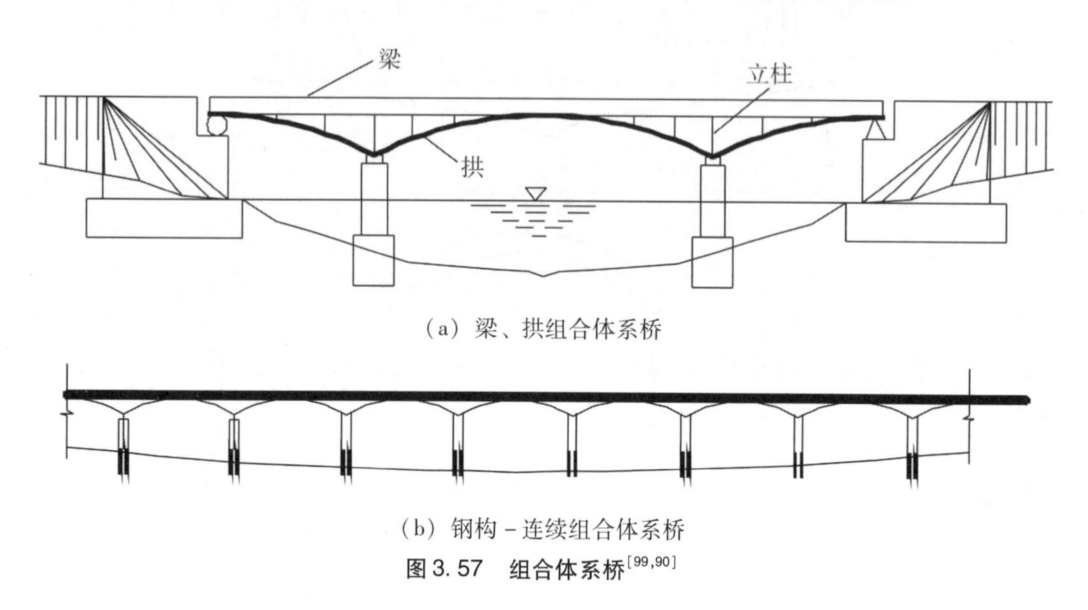

（a）梁、拱组合体系桥

（b）钢构 - 连续组合体系桥

图 3. 57　组合体系桥[99,90]

斜拉桥是典型组合体系桥，由悬索结构和梁式结构组合，包括斜拉索、索塔和主梁（图 3. 58）。在竖向荷载作用下，主梁以受弯为主，索塔以受压为主，斜拉索则承受拉力。斜拉桥的斜拉索直接作用于主梁结构，增大了结构的抗弯、抗扭刚度。同时，斜拉索在梁结构中提供了预压应力和弹性支承，使斜拉桥中主梁结构的内力分布更为均匀合理。

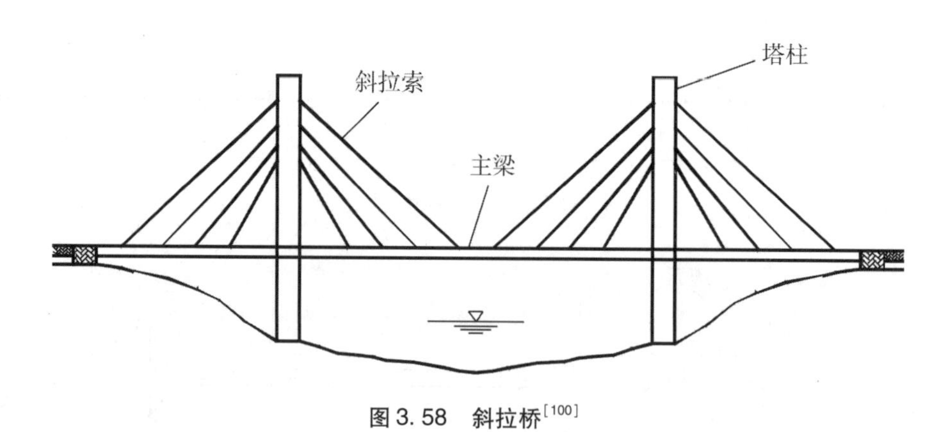

图 3. 58　斜拉桥[100]

2. 桥梁的其他分类

除了按受力特点和结构类型分类外，还可以根据桥梁所用材料、用途、跨径大小等对桥梁进行分类。

（1）根据主要承重结构所用材料的不同，桥梁可分为木桥、圬工桥（砖、石、混凝土桥）、钢筋混凝土桥、预应力混凝土桥和钢桥。

（2）根据用途的不同，桥梁可分为公路桥、铁路桥、公铁两用桥、人行桥、运水桥、专用桥等。铁路桥荷载相对较大，沿轨道运行，在桥上横向位置不变，容许挠度较小。公路桥的荷载一般比铁路桥小，在桥横向上的荷载作用点是离散变化的，桥梁的容许挠度较大。对于公铁两用桥，公路和铁路一般分别布置在上、下两个平面上；也可以布置在同一平面上，将公路设置在铁路两侧，但运营性能较差。

（3）根据多孔桥梁全长和单孔跨径的大小，桥梁可分为特大桥、大桥、中桥和小桥，在《公路工程技术标准》中的规定如表 3.4 所示。

表 3.4　桥梁按全长、跨径分类[90]

桥梁分类	多孔桥梁全长 L/m	单孔跨径 l/m
特大桥	$L \geqslant 500$	$l \geqslant 100$
大桥	$L \geqslant 100$	$l \geqslant 40$
中桥	$30 < L < 100$	$20 \leqslant l < 40$
小桥	$8 \leqslant L \leqslant 30$	$5 \leqslant l < 20$

（4）根据桥跨结构和桥面相对位置的不同，桥梁可分为上承式桥、中承式桥和下承式桥。上承式桥是桥面布置在桥跨结构上面的桥梁，下承式桥则反之，中承式桥则是桥面布置在桥跨高度中间的桥梁形式。

（5）按桥跨结构的平面布置，桥梁可分为正交桥、斜交桥和曲线桥。正交桥是指桥梁的纵轴线与其跨越的河流流向或线路轴向相垂直的桥梁，斜交桥是指桥梁的纵轴线与其跨越的河流流向或线路轴向不相垂直的桥梁，曲线桥是指桥面中心线在平面上为曲线的桥梁。

3.5　特种工程

特种工程是指具有特殊用途且结构复杂的工程，包括高耸结构、海洋工程结构、管道结构、核电站、电视塔、水塔、筒仓及各种支挡工程。本节将介绍几种常见的特种结构，其他特种结构可参阅 3.1.7 节。

3.5.1　电视塔

电视塔是用于广播电视发射传播的建筑，是现代最高的建筑物之一。由于电视信号要传给每户人家，因此电视塔的位置一般在市区内，基本是城市里最高的建筑物。由于电视塔是城市的最高点且外形美观，因此经常与旅游业相结合，成为一种多功能用途的建筑。世界上最高的电视塔是高度为646.38 m的波兰华尔扎那电视塔（图3.59），第二高的是日本东京晴空塔，高度为634 m。我国也建成了多个电视塔，比较著名的是1995年建成的上海东方明珠电视塔和2009年建成的我国最高的电视塔（600 m）——广州新电视塔（广州塔）（图3.60）。

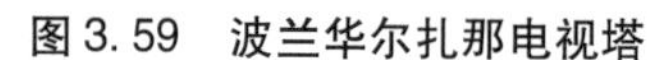

图3.59　波兰华尔扎那电视塔

图3.60　中国广州塔

我国目前所建造的电视塔基本为钢筋混凝土结构，主要有塔基、塔身、桅杆、塔楼、梯井和塔座等组成部分。电视塔的设计通常十分美观且新颖。以广州塔为例，塔身设计为椭圆形的渐变网格结构，其造型、空间和结构由两个向上旋转的椭圆形钢外壳形成，一个在基础平面，一个在假想的450 m高的平面上，两个椭圆彼此扭转135°，扭转到腰部位置收缩变细。广州塔塔身的特点为整体采用大量的网状漏风空洞，并设置特质透明玻璃漏出窗景，外部钢结构体系由24根立柱、斜撑和圆环交叉构成。其塔身的漏风空洞可有效减少塔身的笨重感和风荷载。塔身采用特一级抗震设计，可抵御烈度7.8级的地震和12级台风，设计使用年限超过100年。广州塔的体型特殊、结构超高且具有偏扭的结构等特征，因此采用了三维空间测量技术、综合安全防护隔离技术、异性钢结构预变形技术等创新技术。

3.5.2　烟囱

烟囱一般为桶状结构，底部直径大而上部直径小，呈圆台形［图3.61（a）］。根据材料不同，烟囱可分为砖烟囱、钢筋混凝土烟囱和钢烟囱。砖烟囱的高度不超过60 m，钢烟囱最高可达到379.6 m。进入烟囱的烟气温度高达上百摄氏度，故烟囱内要设置内衬和隔热层。内衬一般采用耐火砖；隔热层一般采用高炉水渣、硅藻土砖等填料，也可采用空气层。

由于筒壁内外存在温度差，筒壁环向产生拉应力，故需要在砖筒壁的环向配置环向钢筋承受拉应力。当烟囱较高时，水平风荷载产生的弯矩可能引起筒壁横截面拉应力超

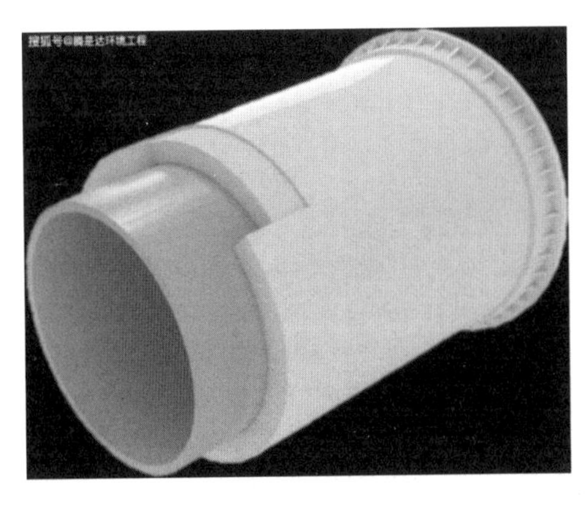

（a）内衬（中间夹层）

（b）砖筒壁纵向配筋

图3.61　烟囱

过烟囱自重产生的横截面压应力，所以砖烟囱纵向也需配置钢筋［图3.61（b）］。

3.5.3　冷却塔

冷却塔是用于冷却循环水的建筑，呈双曲面。为了达到通风的目的，塔身底部落在柱上（图3.62）。柱向内倾斜，与冷却塔表面平行，以减小柱内弯矩；柱呈倒V形，以增强抵抗竖向扭转能力。

图3.62　冷却塔

3.6 防灾减灾工程

3.6.1 灾害的范围及危害

从古至今，人类都在不停地与各种各样的灾害做抗争。在与灾害抗争的过程中，人们不断总结经验教训并研究分析，形成一门新的科学——防灾减灾学。防灾减灾学是以防止灾情为目的，综合运用自然科学、工程学、社会学等各种科学理论知识，以维护社会安定和经济可持续发展为目的的一门学科。

1. 灾害的含义和类型

灾害是指能够对人类和人类赖以生存的环境造成破坏性伤害的事物的统称。联合国的专家组对“灾害”一词有明确的定义：灾害是指自然发生或人为发生的，对人类和人类社会具有危害后果的事件与现象。值得一提的是，从人类的角度来说，必须是对人类的生命财产或生物界生命造成了损失的事情才可定义为灾害。例如，由于降雨量过多而造成某处荒无人烟的山脉发生山体滑坡，但并未造成人员伤亡和建筑物破坏，不可称之为灾害；如果山体滑坡发生在人类居住的城镇或村庄，导致了人员伤亡、农田被淹、房屋受损，这就构成了灾害事件。

灾害的分类方法有很多，如果从灾害发生的原因来给灾害进行分类，可分为人为灾害和自然灾害两大类。人为灾害是指由于人类主动或意外造成的失控行为给人类自身造成的损害，自然灾害是指由于自然界中的物质变化、运动等造成的灾害。

2. 灾害对人类社会造成的危害

自然灾害会对人类生命、公共设施、自然环境、城市居住环境造成破坏性影响。如赤潮可引起海洋异变，局部中断海洋食物链，威胁海洋生物的生存；森林火灾、生物病虫直接破坏人类需要的自然资源和农作物；泥石流、滑坡等地质灾害破坏房屋建筑；等等。因此，坚持不懈地推进全人类的减灾事业，不仅可以有效地保护当代人的生命安全，而且可以全面提高人类的可持续发展能力。

3. 土木工程防灾减灾的主要内容

灾害通常会造成人员伤亡和财产损失，这与土建工程有很大的关系。如唐山地震时死伤的绝大部分人并非“震死”，而是由于房屋倒塌等因素致死，且财产损失有很大部分也是集中于室内。因此，土木工程对防灾减灾有巨大责任。

土木工程防灾减灾是社会防灾减灾的重要组成部分，同时也是应对自然灾害和人为灾害最直接和最有效的对策。土木工程防灾减灾主要包括灾害监测、灾害预报、防灾、抗灾、救灾、灾后重建和生产恢复等一系列环节，每个环节之间有紧密联系的子系统，如土木工程防灾技术、土木工程减灾技术、灾后检测与重建、灾后加固措施、高新技术在防灾减灾中的应用等。

与土木工程直接相关的自然灾害有地震、火山爆发、风灾、自然地质灾害等，人为灾害有工程事故、恐怖袭击等。后续小节将对各类工程灾害与防灾进行描述。

3.6.2　土木工程防震减灾

1. 地震灾害

地震又称地动、地震动，是地壳快速释放能量过程中造成的振动。地球上的相邻板块之间的相互挤压，造成板块边缘及内部发生错动和摩擦，进而引发地震。据统计，地球上每年发生500多万次地震，即每天要发生上万次地震。其中绝大多数太小或太远，以至于人们感觉不到；真正能对人类造成严重危害的地震有十几二十次；能造成特别严重灾害的地震有一两次。由于地震的突发性极高，且破坏力巨大，因此对土木工程结构的影响相当大，可造成大量的房屋倒塌（图3.63）、桥体坍塌等现象。震级较高的地震甚至可以引发火灾、水灾、泥石流、海啸等其他自然灾害。

图3.63　唐山大地震造成的房屋倒塌

地震除了对建筑结构造成巨大破坏之外，也会对城市的管道和线路工程（供水、供电、煤气、通信等）造成直接破坏。管道和线路的失效会使整个社会的正常运营停滞，同时造成巨额经济损失。由于城市内的管道与线路工程是相互关联的，如果其中一个环节遭到破坏，很可能会牵一发而动全身使大量工程遭到破坏。

一般而言，能对地面造成极大破坏性的地震为浅源地震，其震源（地震波发源处）距离地面小于60 km。震源距离地面越近，地震的破坏力越大；反之亦然。

我国处于世界上最活跃的两个地震带——环太平洋地震带和欧亚地震带之间，是全世界发生地震灾害较多且较严重的国家之一，其中1920年的海原地震和1976年的唐山地震，是世界上死亡人数最多的两次大地震。自21世纪以来，我国又发生了8次7级以上的地震，其中2008年的汶川地震是21世纪以来我国遭遇的破坏性最强、受难最严重的一次地震。

2. 抗震措施

为了减少地震给人民生命财产造成损失，我国在1976年后加强了地震监测和预报，在全国各地都建立了大量的监测机构。不仅如此，我国还建立了许多大型振动台实验室，为我国对结构抗震研究提供了试验手段，而且对一批重要建筑和典型结构进行了抗震试验，为工程设计提供了可靠的技术支持。上海世茂国际广场和上海环球国际金融中心都曾经进行过抗震模型试验。

为了更好地实现工程抗震，我国多次修订了各地区的抗震设防烈度，并提出抗震设防目标。目前，减震控制方法在工程抗震方面得到了广泛的研究和应用。为了更有效和更经济地做到土木工程防震减灾，可从工程抗震设防、非工程防御措施、建立救援体系等方面展开。

（1）工程抗震设防。

建筑物结构主要由地面结构和基础所组成，因此提高抗震性能可以用以下几种方法：①选择在高强度地基土上建造建筑物，地基可选用坚实地基土或对软土和松散砂土进行了地基处理后的地基土，避免在震动过程中造成地基液化或开裂。②建筑材料需要有足够的强度，在连接部位和应力集中点需要适当加强；在建筑前期需规划好建筑物的整体性能，施工当中需要注意施工质量。③建筑物的高度、宽度需符合规定要求，避免过于空旷、隔墙多，以增强建筑物的水平抗剪性能。

建筑结构的抗震设计对房屋的抗震性能影响很大。在进行建筑物结构设计时，可采用结构隔震、结构耗能减震的方法来减少地震对建筑物的影响。结构隔震是将隔震装置放置在建筑物的基础或桥梁的墩台处，使得地震能量在隔震层的位置便大大耗尽，传递到上部结构的地震能量减少，从而减轻地震对上部结构的危害。结构耗能减震是在结构的主体位置设置耗能装置，给主体结构提供足够的刚度和阻尼，吸收或消耗地震传给主体结构的能量，从而减轻建筑结构的振动。耗能减震装置一般不会对结构的承载能力有影响，并且可以减轻结构物水平和竖直的振动，而且不受结构类型和高度的限制，因此在建筑领域被广泛运用。耗能减震方法特别适用于高层建筑和超高层建筑。

世界上采用抗震设计的著名建筑物有很多，如美国犹他州议会大厦（图3.64），它的基础隔离系统安置在由建筑物基础上的层压橡胶制成的280个隔离器网络上。这些铅橡胶轴承在钢板的帮助下附着在建筑物及其基础上。发生地震时，这些隔离器轴承垂直而不是水平，允许建筑物来回轻轻摇动，从而移动建筑物，但不会移动建筑物的基础。还有中国台北101大厦（图3.65），这座508 m高的摩天大楼使用了一个调谐质量阻尼器来抵御地震和台风。阻尼器由钢索悬挂，在发生地震和台风时，阻尼器作为摆锤在建筑物摆动的相反方向上移动，从而耗散能量，减弱地震和台风引起的振动效应，降低结构的动态响应。

图3.64　美国犹他州议会大厦

图3.65　中国台北101大厦

施工质量也会对房屋的抗震性能有很大影响。在进行建筑施工时，要重点注意建筑材料、施工方法等的选择来提高房屋的抗震性能。选用建筑材料时，应选择强度大的材料，同时考虑轻质材料如石膏板、玻璃钢制品、草纤维板等；浇筑混凝土时需连续、均匀地浇筑，避免出现混凝土离析；在施工作业面上浇筑混凝土时需布料均衡，在浇筑完成后要时刻进行检查和维护；砌筑砂浆要严格按照规定配比进行配置，保证砌体有足够的结实程度和耐久性；在墙体砌砖时需犬牙交错，使相邻砖块互相咬合，不能出现通缝，尤其是在转角等可能出现应力集中点的地方更需要牢固的施工措施。总而言之，在施工的过程中必须保证施工的质量，施工质量的保障是保证建筑物抗震性能的重要方面。即便抗震设计、场地布置都做得很好，施工出现了问题，那么结构的抗震性能也不会好；相反，如果施工质量到位且有保障，反而可能弥补建筑材料稍差、场地布置略差的缺陷，增强建筑物的抗震性能。

（2）非工程防御措施。

非工程防御措施是地震监测和工程建设之外的一些政府举措或社会防范方法，可以减轻地震给人们生活带来的损害。非工程性防御措施主要包括了灾害预防和应急对策。我国于1998年通过了《中华人民共和国防震减灾法》，并于2008年第六次修订。该法的目的是防御和减轻地震灾害，保护人民生命和财产安全，主要包括组织开展防震减灾知识的宣传教育、各地区政府对地震应急预案的制定和模拟地震时的应急预演等。

（3）建立救援体系。

由于地震的时间很短且威力巨大，即便工程建设和非工程防御措施做得很到位，也可能无法阻止灾害对人们生命财产造成损害。如果地震发生在半夜，大部分人都在室内休息，加上地震造成的停电停水等问题，紧急救援措施是挽救受灾民众生命的重要举措。许多过往的地震案例证明，紧急救援需要有充分的事前准备、正确的临场指挥、出色的团队合作和各种先进的救援设备，而最重要的是平时的地震模拟救援演练，平时多进行地震模拟救援演练可使地震来临时的救援工作事半功倍。

3.6.3 滑坡灾害与防治

1. 滑坡的成因及条件

滑坡是指斜坡上的土体或岩体受河流冲刷、地下水活动、雨水浸泡、地震及人工切坡等因素影响，在重力作用下，沿着一定的软弱面或者软弱带，整体地或者分散地顺坡向下滑动的自然现象。运动的岩（土）体称为变位体或滑移体，未移动的下伏岩（土）体称为滑床（如图 3.66 至图 3.70）。

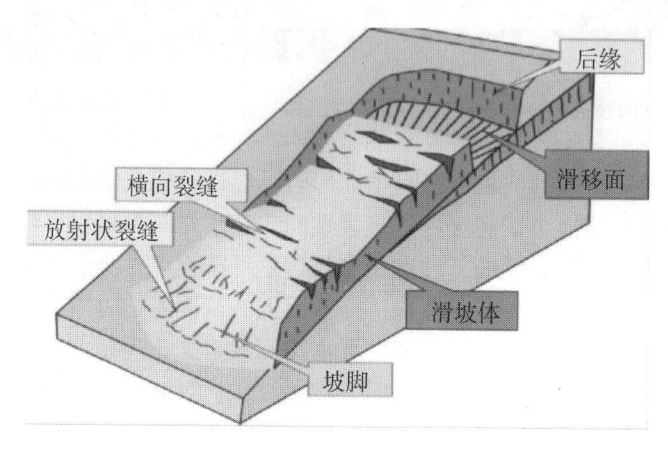

图 3.66 滑坡

滑坡的产生是岩（土）体运动的结果，滑坡的活动强度主要与滑坡的规模、滑移速度、滑移距离及其蓄积的位能和产生的动能有关。一般讲，滑坡体的位置越高、体积越大、移动速度越快、移动距离越远，滑坡的活动强度就越高，危害程度也就越大。大规模的滑坡甚至可以阻塞河道、毁坏村庄、破坏公路。具体来讲，影响滑坡活动强度的因素有如下几点：

图 3.67 高差较大形成的滑坡

图 3.68 滑坡掩埋山脚的房屋

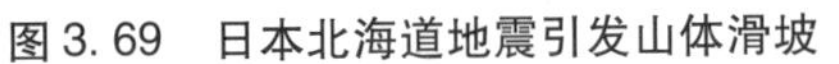

图3.69　日本北海道地震引发山体滑坡

图3.70　广西龙胜特大暴雨引发山体滑坡

（1）地形。

坡度、高差越大，滑坡位能越大，所形成滑坡的滑速越高。斜坡前方地形的开阔程度是影响滑移距离的主要因素。地形越开阔，滑移距离越大。

（2）地质构造。

切割、分离坡体的地质构造越发育，形成滑坡的规模往往也就越大。

（3）岩性。

通常而言，当岩（土）体的力学强度越高，发生滑坡的概率就会越低。滑坡体的滑速也与滑坡滑面的岩（土）体性质相关，滑坡面的力学强度越低，滑速也就越高。

（4）诱发因素。

诱发滑坡活动的外界因素越强，滑坡的活动强度越大。如强烈地震、特大暴雨所诱发的滑坡多为大的高速滑坡。典型案例就是2008年汶川地震时由地震引起的滑坡。

（5）人为因素。

A. 开挖坡脚。在修建铁路、公路，依山建房、建厂等工程时，常常会造成坡体下部失去支撑而发生土体滑移。例如，我国西南、西北的一些铁路、公路在建造时因大力爆破、强行开挖，事后使得边坡上发生滑坡，造成了不小的危害。

B. 蓄水、排水。水的漫溢和渗漏、工业生产用水和废水的排放、农业灌溉等，均易使水流渗入坡体，使岩（土）体软化，从而促使或诱发滑坡的发生。水库水位的急剧波动，会加大岩（土）体的动水压力，也可促使滑坡的发生。此外，劈山开矿会使斜坡受振动，进而使岩（土）体破碎从而产生滑坡。如果上述的人为因素与不利的自然作用互相结合，就更容易促进滑坡的发生。

2. 滑坡防治

滑坡的防治需要结合边坡失稳的因素和滑坡形成的内外部条件，通常可以从以下两个方面着手。

（1）消除和减轻水的危害。

滑坡的发生常和水的作用有密切的关系，水通常是引起滑坡的主要因素。因此，消除或减轻水对边坡的危害尤其重要。减轻水的作用的目的是降低孔隙水压力和动水压力，防止岩（土）体的软化。具体做法有：在滑坡边界修截水沟，防止水进入滑坡区；在滑坡区内，可在坡面修筑排水沟。为防止地表水下渗，可在覆盖层上人造植被铺盖。排除地下水的措施很多，应根据边坡的地质结构特征和水文地质条件来选择。

（2）通过工程施工改善边坡的力学条件。

通过一定的工程技术措施，可以改善边坡岩（土）体的力学强度，提高其抗滑力，减小滑动力。常用的措施有：

A. 削坡减载，降低坡高或放缓坡角。削坡设计时尽可能地削减不稳定岩（土）体的高度。

B. 边坡人工加固。常用的方法有：

a. 修筑挡土墙、护墙（图 3.71）；

b. 修筑抗滑桩或钢筋桩阻止岩（土）体滑动（图 3.72）；

图 3.71　修筑挡土墙防止滑坡

图 3.72　修筑抗滑桩防止滑坡

c. 对于有裂隙或软弱结构面的岩质边坡，可布置预应力锚杆或锚索（图 3.73）；

d. 利用固结灌浆或电化学加固法，加强边坡岩（土）体的强度；

e. 边坡柔性防护技术等（图 3.74）；

图 3.73　预应力锚索抗滑

图 3.74　边坡柔性防护技术

f. 镶补沟缝，对坡体中的裂隙或空洞，可采用片石等材料填补空洞，或采用水泥砂浆沟缝。

3.6.4　泥石流及其防治

1. 泥石流的成因及危害

泥石流是指在山区或者深沟、地形险峻的地区，因为暴雨或其他自然灾害引发的山体滑坡，形成含有大量泥沙、石块的特殊洪流。泥石流具有突然暴发以及流速快、流量大和破坏力强等特点。泥石流暴发时，常常会冲毁公路铁路、淹没农田、摧毁房屋，造成巨大损失（图3.75、图3.76）。

图3.75　山体滑坡造成泥石流

图3.76　中国甘肃舟曲特大泥石流

泥石流是在松散的固体物质来源丰富和地形条件有利的前提下，通过暴雨、融雪、冰川等因素的激发而产生的。典型的泥石流由悬浮着粗大固体碎屑物并富含粉砂及黏土的黏稠泥浆组成。在适当的地形条件下，大量的水体包含着山坡或沟床中的固体堆积物质，这时山体的稳定性降低，饱含水分的固体堆积物质在自身重力作用下发生运动，就形成了泥石流。泥石流是一种具有较强灾害性的地质现象。泥石流经常突然暴发，携带巨大的石块高速流动，有极强的冲击性，因而破坏性极大。

泥石流的主要危害是冲毁城镇、工厂、矿山、乡村、道路铁路，造成人畜伤亡，破坏房屋及其他工程设施，破坏农作物、森林及田地（图3.77、图3.78）。此外，泥石流有时也会淤塞河道，不但阻断航运，还可能引起水灾。影响泥石流强度的因素较多，如暴雨雨量和泥石流容量、流速、流量等，其中泥石流流量对泥石流成灾程度的影响最为主要。此外，多种人为活动也在多方面加剧上述因素的作用，促进泥石流的形成。我国曾多次发生泥石流灾害：2010年8月7日22时左右，甘肃甘南藏族自治州舟曲县城东北部山区突降特大暴雨，降雨量达97 mm，持续40多分钟，引发三眼峪、罗家峪等四条沟系特大山洪地质灾害，泥石流长约5 km，平均宽度300 m，平均厚度5 m，总体积750万 m^3，流经区域被夷为平地；2011年9月18日，西安市灞桥区泥石流滑坡灾害造成17人死亡，15人失踪；2013年4月23日，贵州省思南县省道青杠坡段在山体泥石流滑坡路段抢修过程中发生二次滑坡，正在抢救的施工人员被埋，造成6人死亡，2人受伤，5人失踪。

图 3.77　泥石流淹没房屋

图 3.78　泥石流破坏公路

2. 泥石流的防治

防治泥石流灾害的主要措施有如下几点：

（1）在土质较差、气候较差、易发生泥石流的地段修筑护坡、挡墙等可以防治泥石流的工程；

（2）修筑急流槽、排导沟、拦挡坝等建筑措施以控制泥石流运动，顺利排走泥石流（图 3.79 至图 3.81）；

（3）修筑放置泥石流固体物质的停淤场（图 3.82）；

（4）建立预测、预报和救灾体系，在地质条件较差的地区做好预防工作，泥石流发生后及时搬迁、疏散，有效地做好善后工作，减少灾害带来的破坏损失。

图 3.79　急流槽

图 3.80　泥石流拦挡坝

图 3.81　舟曲泥石流拦挡坝——三眼峪 1 号坝

图 3.82　某泥石流停淤场

3.6.5 风灾及抗风

风灾的来源主要是台风和龙卷风。台风是发生在热带或副热带洋面上的低压涡旋，直径可达600～1000 km，由中心到边缘风力逐渐减弱（图3.83）。龙卷风是一股气流急速上升的空气漩涡，风速通常为30～130 m/s，最大可达300 m/s。龙卷风是一种具有超强破坏力的自然现象，常将地面的水、尘土、泥沙挟卷而起，风力强的龙卷风甚至可以将房屋“连根拔起”（图3.84）。

图3.83 台风

图3.84 龙卷风

台风和龙卷风的发生通常会引发其他灾害，如风暴潮、强暴雨、病虫灾害和传染病。在一些地质条件不好的区域，强风和暴雨又会引发滑坡、泥石流、崩塌等地质灾害。如果是在城市等繁华地段发生风灾，会对建筑和城市生命线工程系统造成毁灭性破坏，造成管道堵塞、断水断电等问题。

中高强度的风也会对建筑结构有严重影响，原因是风对结构的作用不仅与风压、风速、结构受风面积有关，而且还受到结构体型和环境的影响。如图3.85所示的1940年美国华盛顿州塔科马悬索桥风毁失事，就是大跨度柔性桥梁在风中的振动及风雨激振对桥梁造成严重破坏。我国广东、福建等地区经常受到台风的打击，时常会因为强风而造成门窗损坏、树木折断、水管爆裂等问题。

图3.85 塔科马悬索桥风毁失事

为了减少台风、龙卷风的破坏，在经常出现强风的地区应建立预报系统；为避免风灾引起的沙尘暴、暴风雨对城镇造成损害，应建立防风固沙林和防风护岸植被；同时应提高工程结构的抗风性能，并对城市管道、水电供给渠道进行防风设计。对于高层建筑、大跨度结构、柔性大跨桥梁、输电塔等受风面积较大的结构，须有相对应的抗风设计。可在高层建筑里采用裙楼结构隔断下冲气流，并在大楼主要出入口设置防护顶棚，以加强高层建筑迎风面的下冲漩涡风防护。目前，振动控制技术是结构抗风的有效方法，在结构上设置控制装置以减小结构振动时的振幅，保证结构的安全性、使用性和适用性。

3.6.6　火灾及防火

火灾是在时间或空间上失去控制的灾害性燃烧现象。火灾是各种灾害中最经常、最普遍的威胁公众安全和人身财产安全的灾害之一。

在森林、草原等地区自然发生的火灾称为自然火灾。引起自然火灾的原因通常有火山爆发、高温自燃以及一些人为的不合法燃烧物质等。这类火灾发生的频率较低，但一般火势较大且危险性巨大，通常难以扑灭，严重的火势甚至可以蔓延到城镇，如“10·8”澳大利亚新南威尔士州北部森林火灾事故。除此之外，还有一种叫建筑物火灾，是指发生在各种人造建筑物内的火灾。建筑物火灾通常源于人类生产生活的意外过失或恶意行为，如2001年“9·11”恐怖袭击事件。据联合国世界火灾统计中心的不完全统计，每年全世界的火灾次数为500万～700万起，有6.5万～7.5万人死于火灾，每年由火灾造成的经济损失可达社会生产总值的0.2%。这些火灾中大部分是建筑物火灾。因此，防止建筑物火灾的发生以及火灾发生后的及时救援是需要人们认真研究的重要课题。

对于建筑物火灾的防治可从各个方面入手。例如，在设计阶段就要做好建筑物的防火设计，可以在建筑设计中考虑建筑物的消防通道、防火分区和防火间距，同时设置防火墙、排烟道、紧急出口等；在施工过程中要选用耐火性好的材料；按照消防设计，配备消防系统；多普及防火知识和火灾发生时的急救指南，减少火灾发生时的伤亡。

3.6.7　其他灾害

除了自然灾害外，许多人为灾害给人类生命财产造成的损失也十分严重。由于在勘察、设计、施工过程中出现工作或管理上的失误，很多工程达不到质量标准而发生坍塌；在2001年美国“9·11”事件后，防恐怖袭击已成为国际安全最重要的关注点之一；进入工业时代以来人类疯狂掠夺自然资源，消费化石燃料，导致温室气体排放过量，气温升高，海平面上升。另外，建筑物内部或附近发生爆炸也会对建筑物产生重大影响。如今，土木工程防灾、减灾、救灾能力还需要继续提升。

第3章部分图片资料来源

图3.1　梁

https://graph.baidu.com/pcpage/similar?originSign=126fa027ecb06b030da6a01637388523&srcp=crs_pc_similar&tn=pc&idctag=gz&sids=10004_10511_10526_10916_10913_11005_10924_10904_10018_10901_10942_10907_11012_10971_10968_10974_11032_17851_17070_18013_18101_17201_17202_18301_18312_18330_19300_19190_19162_19220_19216_19230_19268_19281_19550_19560_19660_19670_19680_19781_19792_9999_10000&logid=3961562688&gsid=&entrance=general&tpl_from=pc&pageFrom=graph_upload_pcshitu&image=http%3A%2F%2Fimg2.baidu.com%2Fit%2Fu%3D1429021364,2349610241%26fm%3D253%26app%3D138%26f%3DJPEG%3Fw%3D667%26h%3D500&carousel=503&index=0&page=1&shituToken=70cd33

图3.3　钢梁的截面

https://image.baidu.com/search/detail?ct=503316480&z=0&ipn=d&word=%E9%92%A2%E6%A2%81%E7%9A%84%E6%88%AA%E9%9D%A2&step_word=&hs=0&pn=2&spn=0&di=157410&pi=0&rn=1&tn=baiduimagedetail&is=0%2C0&istype=0&ie=utf-8&oe=utf-&in=&cl=2&lm=-1&st=undefined&cs=1304053677%2C1869204502&os=2105809199%2C3189253897&simid=1304053677%2C1869204502&adpicid=0&lpn=0&ln=1903&fr=&fmq=1637388772645_R&fm=&ic=undefined&s=undefined&hd=undefined&latest=undefined©right=undefined&se=&sme=&tab=0&width=undefined&height=undefined&face=undefined&ist=&jit=&cg=&bdtype=0&oriquery=&objurl=https%3A%2F%2Fgimg2.baidu.com%2Fimage_search%2Fsrc%3Dhttp%3A%2F%2Fwww.51wendang.com%2Fpic%2Fb36fe4805cfeb0b65eee0f90%2F5-810-jpg_6-1080-0-0-1080.jpg%26refer%3Dhttp%3A%2F%2Fwww.51wendang.com%26app%3D2002%26size%3Df9999%2C10000%26q%3Da80%26n%3D0%26g%3D0n%26fmt%3Djpeg%3Fsec%3D1639980796%26t%3Dfbb7a9c1720debdcb923d7a0e3243c09&fromurl=ippr_z2C%24qAzdH3FAzdH3Fooo_z%26e3Bc8ojg1wg2_z%26e3Bv54AzdH3F15vAzdH3Fknmuj9bacvujkakmcjjjaulaAzdH3Fc&gsm=3&rpstart=0&rpnum=0&islist=&querylist=&nojc=undefined&dyTabStr=MCw0LDUsMSw2LDMsNyw4LDIsOQ%3D%3D

图3.4　钢筋混凝土梁截面形式

https://image.baidu.com/search/detail?ct=503316480&z=0&ipn=d&word=%E9%92%A2%E7%AD%8B%E6%B7%B7%E5%87%9D%E5%9C%9F%E6%A2%81%E6%88%AA%E9%9D%A2%E5%BD%A2%E5%BC%8F&step_word=&hs=0&pn=0&spn=0&di=143220&pi=0&rn=1&tn=baiduimagedetail&is=0%2C0&istype=2&ie=utf-8&oe=utf-8&in=&cl=2&lm=-1&st=-1&cs=3060893685%2C3473638681&os=1789066799%2C2638318124&simid=3060893685%2C3473638681&adpicid=0&lpn=0&ln=1650&fr=&fmq=1637388925932_R&fm=result&ic=&s=undefined&hd=&latest=©right=&se=&sme=&tab=0&width=&height=&face=undefined&ist=&jit=&cg=&bdtype=0&oriquery=&objurl=https%3A%2F%2Fgimg2.baidu.com%2Fimage_search%2Fsrc%3Dhttp%3A%2F%2Fm.wendangwang.com%2Fpic%2F1106a2b793e8332cabf74b59%2F6-810-jpg_6-1080-0-0-1080.jpg%26refer%3Dhttp%3A%2F%2Fm.wendangwang.com%26app%3D2002%26size%3Df9999%2C10000%26q%3Da80%26n%3D0%26g%3D0n%26fmt%3Djpeg%3Fsec%3D1639980929%26t%3D11e473a3ac607fd8bdb7be99631433da&fromurl=ippr_z2C%24qAzdH3FAzdH3F4_z%26e3Bojg1wg2owg2_z%26e3Bv54AzdH3F15vAzdH3F88amwdk0lnjbnndvwku09kclAzdH3Fm&gsm=1&rpstart=0&rpnum=0&islist=&querylist=&nojc=undefined&dyTabStr=MCw0LDUsMSw2LDMsNyw4LDIsOQ%3D%3D

图 3.6 梁板式楼覆盖结构

https://image. baidu. com/search/detail?ct = 503316480&z = 0&ipn = d&word = % E4% B8% BB% E6% AC% A1% E6% A2% 81% E7% AE% 80% E5% 9B% BE&step_ word = &hs = 0&pn = 318&spn = 0&di = 16060&pi = 0&rn = 1&tn = baiduimagedetail&is = 0% 2C0&istype = 2&ie = utf - 8&oe = utf - 8&in = &cl = 2&lm = - 1&st = - 1&cs = 863145429% 2C283755177&os = 3158089562% 2C1074335497&simid = 3401373984% 2C251628970&adpicid = 0&lpn = 0&ln = 625&fr = &fmq = 1633068801406_ R&fm = result&ic = &s = undefined&hd = &latest = ©right = &se = &sme = &tab = 0&width = &height = &face = undefined&ist = &jit = &cg = &bdtype = 0&oriquery = &objurl = https% 3A% 2F% 2Fgimg2. baidu. com% 2Fimage_ search% 2Fsrc% 3Dhttp% 3A% 2F% 2Ff. zhulong. com% 2Fv1% 2Ftfs% 2FT1A7_ B5YT1RCvBVdK_ 0_ 0_ 780_ 0. png% 26refer% 3Dhttp% 3A% 2F% 2Ff. zhulong. com% 26app% 3D2002% 26size% 3Df9999% 2C10000% 26q% 3Da80% 26n% 3D0% 26g% 3D0n% 26fmt% 3Djpeg% 3Fsec% 3D1636023302% 26t% 3D341e5a6a443bf5955b9f55318ab17b86&fromurl = ippr_ z2C% 24qAzdH3FAzdH3F15ogm_ z% 26e3Bzi7s5g2 _ z% 26e3Bv54AzdH3F8adaca_ 2657r_ daal8nAzdH3FdlAzdH3FwssAzdH3F% 3Ff56p% 3Dft4rsj&gsm = 13 f&rpstart = 0&rpnum = 0&islist = &querylist = &nojc = undefined

图 3.7 十字形柱

https://gz. bcebos. com/shitu - query - gz/2021 - 11 - 20/14/e99a345204e86d80?authorization = bce - auth - v1% 2F7e22d8caf5af46cc9310f1e3021709f3% 2F2021 - 11 - 20T06% 3A19% 3A35Z% 2F300% 2F% 2F820a 3237d37b5a3d59e68f0976177e89064fe69c3fb5740fa1ed25f7180e70e0

图 3.11 空心板

https://image. baidu. com/search/detail?ct = 503316480&z = 0&ipn = d&word = % E7% A9% BA% E5% BF% 83% E6% 9D% BF&step_ word = &hs = 0&pn = 1&spn = 0&di = 110330&pi = 0&rn = 1&tn = baiduimag edetail&is = 0% 2C0&istype = 0&ie = utf - 8&oe = utf - 8&in = &cl = 2&lm = - 1&st = undefined&cs = 321509 4862% 2C3050451633&os = 890784608% 2C1688894262&simid = 4127494653% 2C584136150&adpicid = 0&lpn = 0&ln = 1840&fr = &fmq = 1637389874671_ R&fm = &ic = undefined&s = undefined&hd = undefined& latest = undefined©right = undefined&se = &sme = &tab = 0&width = undefined&height = undefined&face = undefined&ist = &jit = &cg = &bdtype = 0&oriquery = &objurl = https% 3A% 2F% 2Fgimg2. baidu. com% 2Fimage_ search% 2Fsrc% 3Dhttp% 3A% 2F% 2Fwww. gyxjzpgj. cn% 2Fupload% 2F201806% 2F15% 2F 20180615140332O134. jpg% 26refer% 3Dhttp% 3A% 2F% 2Fwww. gyxjzpgj. cn% 26app% 3D2002% 26size% 3Df9999% 2C10000% 26q% 3Da80% 26n% 3D0% 26g% 3D0n% 26fmt% 3Djpeg% 3Fsec% 3D1639981901% 26t% 3Dbe7e1df0ca5c3ec7a4af57278c7c5892&fromurl = ippr_ z2C% 24qAzdH3FAzdH3Fooo_ z% 26e3B2yx3 zr23_ z% 26e3BvgAzdH3Fr6517vpfAzdH3Ffi5o - ccc_ z% 26e3Bip4s&gsm = 1&rpstart = 0&rpnum = 0&islist = &querylist = &nojc = undefined&dyTabStr = MCwzLDgsMiw1LDQsMSw2LDcsOQ% 3D% 3D

图 3.12 槽形板

https://pic. sogou. com/d?query = http% 3A% 2F% 2Fimg01. sogoucdn. com% 2Fapp% 2Fa% 2F100520146% 2F344fc8a4ae51b4dece4f4581ee93cfb0&did = 1&category_ from = ris&risType = sim&flag = 1

图 3.13 美国圣路易斯拱门

https://pic. sogou. com/d?query = http% 3A% 2F% 2Fimg03. sogoucdn. com% 2Fapp% 2Fa% 2F100520146% 2Fe22c3De523f6cb76344eea1524c4b72a&did = 2&category_ from = ris&risType = sim&flag = 1

图 3.14 中国石家庄市赵州桥

https://www. sohu. com/a/143168540_ 346232

图3.15 建筑物按建筑材料分类

（a） https://pic. sogou. com/d?query = http% 3A% 2F% 2Fimg04. sogoucdn. com% 2Fapp% 2Fa% 2F100520146% 2F10d8bb4bb624c479adbd2cf5f2ffe3e9&did = 1&category_ from = ris&risType = sim&flag =

（b） https://pic. sogou. com/d?query = http% 3A% 2F% 2Fimg01. sogoucdn. com% 2Fapp% 2Fa% 2F100520146% 2Fb03D85b02382d0d8a1b402a64ffa1923&did = 1&category_ from = ris&risType = sim&flag = 1

（c） https://pic. sogou. com/d?query = http% 3A% 2F% 2Fimg02. sogoucdn. com% 2Fapp% 2Fa% 2F100520146% 2F6a2680db4ffd16049c0a78d17f334e7e&did = 1&category_ from = ris&risType = sim&flag = 1

（d） https://www. cqrb. cn/content/2019 -04/20/content_ 191695. htm

（e） https://pic. sogou. com/d?query = http% 3A% 2F% 2Fimg01. sogoucdn. com% 2Fapp% 2Fa% 2F100520146% 2F7ae42851d95fb186c9a01ab57ea5da0a&did = 1&category_ from = ris&risType = sim&flag = 1

图3.17 工业单层厂房

（左） http://www. globalimporter. net/cdetail_ 4606_ 5280158. html

（右） https://pic. sogou. com/d?query = http% 3A% 2F% 2Fimg01. sogoucdn. com% 2Fapp% 2Fa% 2F100520146% 2F6533845e5134980a692ba149769cfa87&did = 1&category_ from = ris&risType = sim&flag = 1

图3.18 民用大跨度建筑

（a） http://www. serengeseba. com/w/% E5% 8C% 97% E4% BA% AC% E5% 9B% BD% E5% AE% B6% E5% A4% A7% E5% 89% A7% E9% 99% A2% E5% AE% 98% E7% BD% 91/

（b） https://pic. sogou. com/d?query = http% 3A% 2F% 2Fimg01. sogoucdn. com% 2Fapp% 2Fa% 2F100520146% 2F6f2affeb6a429daba7d10e43c472585b&did = 1&category_ from = ris&risType = sim&flag = 1

图3.19 工业用大跨度建筑

（a） http://www. changankeji. com/htm/ali-cn/2011_ 0905_ 33. html

（b） https://gangjeigou56789. bmlink. com/supply-8081634. html

图3.21 桁架结构的应用

（a） http://www. serengeseba. com/w/% E7% 81% AB% E8% BD% A6% E7% AB% 99% E6% 91% 84% E5% BD% B1

（b） https://graph. baidu. com/pcpage/similar?originSign = 1268226aa9e924de259dd01627391611&srcp = crs_ pc_ similar&tn = pc&idctag = gz&sids = 10006_ 10803_ 10600_ 10902_ 10913_ 11006_ 10924_ 10903_ 10018_ 10901_ 10940_ 10907_ 11012_ 10970_ 10968_ 10974_ 11031_ 12202_ 17851_ 17070_ 18003_ 18101_ 19103_ 17200_ 17202_ 18300_ 18311_ 18332_ 18412_ 19110_ 19123_ 19131_ 19300_ 19132_ 19193_ 19162_ 19175_ 19220_ 19180_ 19200_ 19210_ 19212_ 19215_ 19216_ 19218_ 19230&logid = 2850324501&entrance = general&tpl_ from = pc&pageFrom = graph_ upload_ pcshitu&image = https% 3A% 2F% 2Fss0. baidu. com% 2F6ON1bjeh1BF3odCf% 2Fit% 2Fu% 3D7394954,4184516155% 26fm% 3D15% 26gp% 3D0. jpg&carousel = 503&index = 0&page = 1

图3.22 中国杭州黄龙体育馆

https://gimg2. baidu. com/image_ search/src = http% 3A% 2F% 2Flialighting. net% 2FPublic% 2FEditor% 2Fphp% 2F. . % 2Fattached% 2Fimage% 2F20161031% 2F20161031160443_ 90878. jpg&refer = http% 3A% 2F% 2Flialighting. net&app = 2002&size = f9999, 10000&q = a80&n = 0&g = 0n&fmt = jpeg? sec = 1630119414&t = be40f7bbe13754c4a6a346761364eb61

图 3.23　网架结构

（a）http://www. c-c. com/sale/view-51786479. html

（b）https://m. sohu. com/a/279453803_ 186732

图 3.24　网架节点连接

（a）https://graph. baidu. com/pcpage/similar? originSign = 126c814ad213438c83D4b01627391781&srcp = crs_ pc_ similar&tn = pc&idctag = gz&sids = 10006_ 10803_ 10600_ 10902_ 10913_ 11006_ 10924_ 10903_ 10018_ 10901_ 10940_ 10907_ 11012_ 10970_ 10968_ 10974_ 11031_ 12202_ 17851_ 17070 _ 18003_ 18101_ 19103_ 17200_ 17202_ 18300_ 18311_ 18332_ 18412_ 19110_ 19123_ 19131_ 19300_ 19132_ 19193_ 19162_ 19175_ 19220_ 19180_ 19200_ 19210_ 19212_ 19215_ 19216_ 19218 _ 19230&logid = 2867313882&entrance = general&tpl_ from = pc&pageFrom = graph_ upload_ pcshitu&image = https% 3A% 2F% 2Fgraph. baidu. com% 2Fthumb% 2Fv4% 2F383808 1159910593. jpg&carousel = 503&index = 1&page = 1

（b）http://www. sv-wangjia. com/case/wangjiapeijian/33. html

图 3.25　薄壳结构建筑

（a）https://gimg2. baidu. com/image_ search/src = http% 3A% 2F% 2Fimage04. 71. net% 2Fimage04% 2F00% 2F48% 2F79% 2F17% 2F4b5809cf - eb4c - 4989 - 8ad8 - e40665a403Da. jpg&refer = http% 3A% 2F% 2Fimage04. 71. net&app = 2002&size = f9999, 10000&q = a80&n = 0&g = 0n&fmt = jpeg? sec = 1630118487&t = 91be524e97db3b2eab9cbc568af705cb

（b）https://gimg2. baidu. com/image_ search/src = http% 3A% 2F% 2Fphotos. tuchong. com% 2F386017% 2Ff% 2F25435240. jpg&refer = http% 3A% 2F% 2Fphotos. tuchong. com&app = 2002&size = f9999, 10000&q = a80&n = 0&g = 0n&fmt = jpeg?sec = 1630118756&t = 41cdaa4ed8af96d00560b0e08d9ebde6

图 3.26　法国巴黎联合国教科文组织会议大厅

https://gimg2. baidu. com/image_ search/src = http% 3A% 2F% 2Fimg2. emeiju. com% 2Fbdimages% 2Fupload1% 2F6e08ed35b06b3D1d40abeb1da40a249d. jpg&refer = http% 3A% 2F% 2Fimg2. emeiju. com&app = 2002&size = f9999, 10000&q = a80&n = 0&g = 0n&fmt = jpeg? sec = 1630119329&t = 54c550a4e81fb731f6619279baaea3ad

图 3.27　悬索结构

（a）https://www. 51wendang. com/doc/88ddfd856337b9315c8d2eea/37

（b）https://www. sohu. com/a/224204441_ 650060

图 3.28　膜结构

（a）https://graph. baidu. com/pcpage/similar? originSign = 1263f77dc6c709c628c2001627392053&srcp = crs _ pc_ similar&tn = pc&idctag = gz&sids = 10006_ 10803_ 10600_ 10902_ 10913_ 11006_ 10924_ 10903 _ 10018_ 10901_ 10940_ 10907_ 11012_ 10970_ 10968_ 10974_ 11031_ 12202_ 17851_ 17070_ 18003_ 18101_ 19103_ 17200_ 17202_ 18300_ 18311_ 18332_ 18412_ 19110_ 19123_ 19131_ 19300 _ 19132_ 19193_ 19162_ 19175_ 19220_ 19180_ 19200_ 19210_ 19212_ 19215_ 19216_ 19218_ 19230&logid = 2894545540&entrance = general&tpl_ from = pc&pageFrom = graph_ upload_ pcshitu&image = https% 3A% 2F% 2Fgraph. baidu. com% 2Fthumb% 2Fv4% 2F1979062773426083606l. jpg&carousel = 503&index = 0&page = 1

（b）https://graph. baidu. com/pcpage/similar? originSign = 126c9ace8cb1c01aeb30201627392105&srcp = crs

_ pc_ similar&tn = pc&idctag = gz&sids = 10006_ 10803_ 10600_ 10902_ 10913_ 11006_ 10924_ 10903 _ 10018_ 10901_ 10940_ 10907_ 11012_ 10970_ 10968_ 10974_ 11031_ 12202_ 17851_ 17070_ 18003_ 18101_ 19103_ 17200_ 17202_ 18300_ 18311_ 18332_ 18412_ 19110_ 19123_ 19131_ 19300 _ 19132_ 19193_ 19162_ 19175_ 19220_ 19180_ 19200_ 19210_ 19212_ 19215_ 19216_ 19218_ 19230&logid = 2899744603&entrance = general&tpl_ from = pc&pageFrom = graph_ upload_ pcshitu&image = https% 3A% 2F% 2Fgraph. baidu. com% 2Fthumb% 2Fv4% 2F1077710444343077296. jpg&carousel = 503&index = 4&page = 1

(c) https://graph. baidu. com/pcpage/similar?originSign = 126c788954fe628be7ef401627392145&srcp = crs _ pc_ similar&tn = pc&idctag = gz&sids = 10006_ 10803_ 10600_ 10902_ 10913_ 11006_ 10924_ 10903 _ 10018_ 10901_ 10940_ 10907_ 11012_ 10970_ 10968_ 10974_ 11031_ 12202_ 17851_ 17070_ 18003_ 18101_ 19103_ 17200_ 17202_ 18300_ 18311_ 18332_ 18412_ 19110_ 19123_ 19131_ 19300 _ 19132_ 19193_ 19162_ 19175_ 19220_ 19180_ 19200_ 19210_ 19212_ 19215_ 19216_ 19218_ 19230&logid = 2903746969&entrance = general&tpl_ from = pc&pageFrom = graph_ upload_ pcshitu&image = https% 3A% 2F% 2Fss0. baidu. com% 2F6ON1bjeh1BF3odCf% 2Fit% 2Fu% 3D2939493303708872558% 26fm% 3D15% 26gp% 3D0. jpg&carousel = 503&index = 2&page = 1

图 3.29 杂交结构体系

(a) https://graph. baidu. com/pcpage/similar?originSign = 126b803726bbf73ade84a01627392387&srcp = crs _ pc_ similar&tn = pc&idctag = gz&sids = 10006_ 10803_ 10600_ 10902_ 10913_ 11006_ 10924_ 10903 _ 10018_ 10901_ 10940_ 10907_ 11012_ 10970_ 10968_ 10974_ 11031_ 12202_ 17851_ 17070_ 18003_ 18101_ 19103_ 17200_ 17202_ 18300_ 18311_ 18332_ 18412_ 19110_ 19123_ 19131_ 19300 _ 19132_ 19193_ 19162_ 19175_ 19220_ 19180_ 19200_ 19210_ 19212_ 19215_ 19216_ 19218_ 19230&logid = 2927909960&entrance = general&tpl_ from = pc&pageFrom = graph_ upload_ pcshitu&image = https% 3A% 2F% 2Fss0. baidu. com% 2F6ON1bjeh1BF3odCf% 2Fit% 2Fu% 3D2062481493338232467% 26fm% 3D15% 26gp% 3D0. jpg&carousel = 503&index = 0&page = 1

(b) https://bbs. zhulong. com/102050_ group_ 200912/detail38109103/

图 3.30 中国深圳国际贸易中心大厦

https://gimg2. baidu. com/image _ search/src = http% 3A% 2F% 2Fgss0. baidu. com% 2F9vo3DSag _ xI4khGko9WTAnF6hhy% 2Fzhidao% 2Fpic% 2Fitem% 2Fa71ea8d3fd1f4134eea804ab221f95cad0c85e43. jpg&refer = http% 3A% 2F% 2Fgss0. baidu. com&app = 2002&size = f9999,10000&q = a80&n = 0&g = 0n&fmt = jpeg?sec = 1630119936&t = b33b3565e4ca1d6eb5117bd04c8e7a19

图 3.31 中国上海金茂大厦

https://img1. baidu. com/it/u = 1412762534,3830008413&fm = 26&fmt = auto&gp = 0. jpg

图 3.32 中国北京长富宫中心

https://graph. baidu. com/pcpage/similar?originSign = 1269d20bca112e6928eb001627392563&srcp = crs_ pc _ similar&tn = pc&idctag = gz&sids = 10006_ 10803_ 10600_ 10902_ 10913_ 11006_ 10924_ 10903_ 10018_ 10901_ 10940_ 10907_ 11012_ 10970_ 10968_ 10974_ 11031_ 12202_ 17851_ 17070_ 18003 _ 18101_ 19103_ 17200_ 17202_ 18300_ 18311_ 18332_ 18412_ 19110_ 19123_ 19131_ 19300_ 19132_ 19193_ 19162_ 19175_ 19220_ 19180_ 19200_ 19210_ 19212_ 19215_ 19216_ 19218_ 19230&logid = 2945513817&entrance = general&tpl_ from = pc&pageFrom = graph_ upload_ pcshitu&image = https% 3A% 2F% 2Fss1. baidu. com% 2F6ON1bjeh1BF3odCf% 2Fit% 2Fu% 3D3461444061, 1182703147%

26fm%3D27%26gp%3D0. jpg&carousel = 503&index = 0&page = 1

图 3.33 巨型框架结构

https://image. baidu. com/search/detail?ct = 503316480&z = 0&ipn = d&word = % E5% B7% A8% E5% 9E% 8B% E6% A1% 81% E6% 9E% B6% E7% BB% 93% E6% 9E% 84&step_ word = &hs = 0&pn = 4&spn = 0&di = 8800&pi = 0&rn = 1&tn = baiduimagedetail&is = 0% 2C0&istype = 0&ie = utf - 8&oe = utf - 8&in = &cl = 2&lm = - 1&st = undefined&cs = 1084461590% 2C4081585149&os = 924845865% 2C1610878790&simid = 4214234834% 2C805914174&adpicid = 0&lpn = 0&ln = 1925&fr = &fmq = 1627392729732_ R&fm = &ic = undefined&s = undefined&hd = undefined&latest = undefined©right = undefined&se = &sme = &tab = 0&width = undefined&height = undefined&face = undefined&ist = &jit = &cg = &bdtype = 0&oriquery = &objurl = https% 3A% 2F% 2Fgimg2. baidu. com% 2Fimage_ search% 2Fsrc% 3Dhttp% 3A% 2F% 2F5b0988e595225. cdn. sohucs. com% 2Fimages% 2F20190724% 2F6ec94885f7e846f098002b1af3a2bcd1. jpeg% 26refer% 3Dhttp %3A% 2F% 2F5b0988e595225. cdn. sohucs. com% 26app% 3D2002% 26size% 3Df9999% 2C10000% 26q% 3Da80% 26n% 3D0% 26g% 3D0n% 26fmt% 3Djpeg% 3Fsec% 3D1629984747% 26t% 3D4198a2e4f0beb29dd5 cf54908fd5507a&fromurl = ippr_ z2C% 24qAzdH3FAzdH3Fooo_ z% 26e3Bf5i7_ z% 26e3Bv54AzdH3FwAzdH 3Fndbbld0a9_ d0bdab&gsm = 5&rpstart = 0&rpnum = 0&islist = &querylist = &nojc = undefined

图 3.34 中国广州白云宾馆

（a） https://graph. baidu. com/pcpage/similar?originSign = 1265d88e40e5a984819430l627392950&srcp = crs _ pc_ similar&tn = pc&idctag = gz&sids = 10006_ 10803_ 10600_ 10902_ 10913_ 11006_ 10924_ 10903 _ 10018_ 10901_ 10940_ 10907_ 11012_ 10970_ 10968_ 10974_ 11031_ 12202_ 17851_ 17070_ 18003_ 18101_ 19103_ 17200_ 17202_ 18300_ 18311_ 18332_ 18412_ 19110_ 19123_ 19131_ 19300 _ 19132_ 19193_ 19162_ 19175_ 19220_ 19180_ 19200_ 19210_ 19212_ 19215_ 19216_ 19218_ 19230&logid = 2984180519&entrance = general&tpl_ from = pc&pageFrom = graph_ upload_ pcshitu&image = http% 3A% 2F% 2Fvdposter. bdstatic. com% 2F6058de09810a58920d28851118c6919a. jpeg&carousel = 503&index = 0&page = 1

（b） https://max. book118. com/html/2018/0110/148175699. shtm

图 3.35 中国深圳国际贸易中心

（a） https://graph. baidu. com/pcpage/similar?originSign = 1262a46753cf3b89ecdd701627393507&srcp = crs _ pc_ similar&tn = pc&idctag = gz&sids = 10006_ 10803_ 10600_ 10902_ 10913_ 11006_ 10924_ 10903 _ 10018_ 10901_ 10940_ 10907_ 11012_ 10970_ 10968_ 10974_ 11031_ 12202_ 17851_ 17070_ 18003_ 18101_ 19103_ 17200_ 17202_ 18300_ 18311_ 18332_ 18412_ 19110_ 19123_ 19131_ 19300 _ 19132_ 19193_ 19162_ 19175_ 19220_ 19180_ 19200_ 19210_ 19212_ 19215_ 19216_ 19218_ 19230&logid = 3039918769&entrance = general&tpl_ from = pc&pageFrom = graph_ upload_ pcshitu&image = https% 3A% 2F% 2Fss1. baidu. com% 2F6ON1bjeh1BF3odCf% 2Fit% 2Fu% 3D768558281, 3278064581% 26fm% 3D27% 26gp% 3D0. jpg&carousel = 503&index = 0&page = 1

（b） 黄耀莘等:《深圳国际贸易中心大厦的结构设计》,《建筑结构学报》1984 年第 5 期

图 3.36 美国西尔斯大厦

（a） https://graph. baidu. com/pcpage/similar?originSign = 126374b79a2e39386944f01627393757&srcp = crs _ pc_ similar&tn = pc&idctag = gz&sids = 10006_ 10803_ 10600_ 10902_ 10913_ 11006_ 10924_ 10903 _ 10018_ 10901_ 10940_ 10907_ 11012_ 10970_ 10968_ 10974_ 11031_ 12202_ 17851_ 17070_ 18003_ 18101_ 19103_ 17200_ 17202_ 18300_ 18311_ 18332_ 18412_ 19110_ 19123_ 19131_ 19300

_ 19132_ 19193_ 19162_ 19175_ 19220_ 19180_ 19200_ 19210_ 19212_ 19215_ 19216_ 19218_ 19230&logid = 3064895044&entrance = general&tpl_ from = pc&pageFrom = graph_ upload_ pcshitu&image = https% 3A% 2F% 2Fss0. baidu. com% 2F6ON1bjeh1BF3odCf% 2Fit% 2Fu% 3D4055780924, 2431799913% 26fm% 3D15% 26gp% 3D0. jpg&carousel = 503&index = 0&page = 1

（b） https://www. zhihu. com/question/68095501/answer/260809243

图 3. 37　中国香港中银大厦

https://graph. baidu. com/pcpage/similar?originSign = 126b737b7f76b398829ed01627393868&srcp = crs_ pc _ similar&tn = pc&idctag = gz&sids = 10006_ 10803_ 10600_ 10902_ 10913_ 11006_ 10924_ 10903_ 10018_ 10901_ 10940_ 10907_ 11012_ 10970_ 10968_ 10974_ 11031_ 12202_ 17851_ 17070_ 18003 _ 18101_ 19103_ 17200_ 17202_ 18300_ 18311_ 18332_ 18412_ 19110_ 19123_ 19131_ 19300_ 19132_ 19193_ 19162_ 19175_ 19220_ 19180_ 19200_ 19210_ 19212_ 19215_ 19216_ 19218_ 19230&logid = 3076014495&entrance = general&tpl_ from = pc&pageFrom = graph_ upload_ pcshitu&image = https% 3A% 2F% 2Fss2. baidu. com% 2F6ON1bjeh1BF3odCf% 2Fit% 2Fu% 3D3766005342, 2217799048% 26fm% 3D15% 26gp% 3D0. jpg&carousel = 503&index = 0&page = 1

图 3. 38　中国北京民族饭店

https://pic. sogou. com/d?query = http% 3A% 2F% 2Fimg01. sogoucdn. com% 2Fapp% 2Fa% 2F100520146% 2Fc7e603bf526d0555d6131cee28e40601&did = 1&category_ from = ris&risType = sim&flag = 1

图 3. 39　中国南京金陵饭店

（a） https://graph. baidu. com/pcpage/similar?originSign = 12613595551992083e23601627394189&srcp = crs _ pc_ similar&tn = pc&idctag = gz&sids = 10005_ 10801_ 10600_ 10919_ 10913_ 11006_ 10924_ 10905 _ 10018_ 10901_ 10942_ 10907_ 11012_ 10970_ 10968_ 10974_ 11031_ 12201_ 17850_ 17071_ 18013_ 18101_ 19107_ 17201_ 17202_ 18300_ 18312_ 18332_ 18412_ 19113_ 19120_ 19131_ 19300 _ 19132_ 19196_ 19162_ 19220_ 19200_ 19211_ 19213_ 19215_ 19216_ 19218_ 19230_ 19241_ 19251_ 9999&logid = 3108140344&entrance = general&tpl_ from = pc&pageFrom = graph_ upload_ pcshitu&image = https% 3A% 2F% 2Fss0. baidu. com% 2F6ON1bjeh1BF3odCf% 2Fit% 2Fu% 3D1828692903, 4058758205% 26fm% 3D15% 26gp% 3D0. jpg&carousel = 503&index = 1&page = 1

（b）谢庭雩：《南京金陵饭店建筑设计》，《建筑学报》1984 年第 3 期

图 3. 40　框架－支撑结构体系

https://graph. baidu. com/pcpage/similar?originSign = 126406f85ce57eba637eb01627394567&srcp = crs_ pc _ similar&tn = pc&idctag = gz&sids = 10006_ 10803_ 10600_ 10902_ 10913_ 11006_ 10924_ 10903_ 10018_ 10901_ 10940_ 10907_ 11012_ 10970_ 10968_ 10974_ 11031_ 12202_ 17851_ 17070_ 18003 _ 18101_ 19103_ 17200_ 17202_ 18300_ 18311_ 18332_ 18412_ 19110_ 19123_ 19131_ 19300_ 19132_ 19193_ 19162_ 19175_ 19220_ 19180_ 19200_ 19210_ 19212_ 19215_ 19216_ 19218_ 19230&logid = 3145943777&entrance = general&tpl_ from = pc&pageFrom = graph_ upload_ pcshitu&image = https% 3A% 2F% 2Fss2. baidu. com% 2F6ON1bjeh1BF3odCf% 2Fit% 2Fu% 3D2932989700, 2639738290% 26fm% 3D27% 26gp% 3D0. jpg&carousel = 503&index = 0&page = 1

图 3. 41　转换结构体系

https://graph. baidu. com/pcpage/similar?originSign = 126991c092358069c5ee001627394590&srcp = crs_ pc _ similar&tn = pc&idctag = gz&sids = 10006_ 10803_ 10600_ 10902_ 10913_ 11006_ 10924_ 10903_

10018_ 10901_ 10940_ 10907_ 11012_ 10970_ 10968_ 10974_ 11031_ 12202_ 17851_ 17070_ 18003_ 18101_ 19103_ 17200_ 17202_ 18300_ 18311_ 18332_ 18412_ 19110_ 19123_ 19131_ 19300_ 19132_ 19193_ 19162_ 19175_ 19220_ 19180_ 19200_ 19210_ 19212_ 19215_ 19216_ 19218_ 19230&logid = 3148160163&entrance = general&tpl_ from = pc&pageFrom = graph_ upload_ pcshitu&image = https% 3A% 2F% 2Fss0. baidu. com% 2F6ON1bjeh1BF3odCf% 2Fit% 2Fu% 3D334490312, 4212774688% 26fm% 3D27% 26gp% 3D0. jpg&carousel = 503&index = 0&page = 1

图 3. 42　地面以上圆形蓄水池

https://graph. baidu. com/pcpage/similar? originSign = 12655edfd7b13f93a237c01627395900&srcp = crs_ pc_ similar&tn = pc&idctag = gz&sids = 10006_ 10803_ 10600_ 10902_ 10913_ 11006_ 10924_ 10903_ 10018_ 10901_ 10940_ 10907_ 11012_ 10970_ 10968_ 10974_ 11031_ 12202_ 17851_ 17070_ 18003_ 18101_ 19103_ 17200_ 17202_ 18300_ 18311_ 18332_ 18412_ 19110_ 19123_ 19131_ 19300_ 19132_ 19193_ 19162_ 19175_ 19220_ 19180_ 19200_ 19210_ 19212_ 19215_ 19216_ 19218_ 19230&logid = 3279222107&entrance = general&tpl_ from = pc&pageFrom = graph_ upload_ pcshitu&image = https% 3A% 2F% 2Fss1. baidu. com% 2F6ON1bjeh1BF3odCf% 2Fit% 2Fu% 3D3227775137, 3344852395% 26fm% 3D15% 26gp% 3D0. jpg&carousel = 503&index = 0&page = 1

图 3. 43　塔桅结构

（a） https://graph. baidu. com/pcpage/similar? originSign = 126056b104496957029ed01627395960&srcp = crs_ pc_ similar&tn = pc&idctag = gz&sids = 10006_ 10803_ 10600_ 10902_ 10913_ 11006_ 10924_ 10903_ 10018_ 10901_ 10940_ 10907_ 11012_ 10970_ 10968_ 10974_ 11031_ 12202_ 17851_ 17070_ 18003_ 18101_ 19103_ 17200_ 17202_ 18300_ 18311_ 18332_ 18412_ 19110_ 19123_ 19131_ 19300_ 19132_ 19193_ 19162_ 19175_ 19220_ 19180_ 19200_ 19210_ 19212_ 19215_ 19216_ 19218_ 19230&logid = 3285195470&entrance = general&tpl_ from = pc&pageFrom = graph_ upload_ pcshitu&image = https% 3A% 2F% 2Fss2. baidu. com% 2F6ON1bjeh1BF3odCf% 2Fit% 2Fu% 3D1430823401 1841488698% 26fm% 3D15% 26gp% 3D0. jpg&carousel = 503&index = 0&page = 1

（b） https://pic. sogou. com/d? query = http% 3A% 2F% 2Fimg03. sogoucdn. com% 2Fapp% 2Fa% 2F100520146% 2F48c33Dabdc501026da8123bdccd0ec6c&did = 1&category_ from = ris&risType = sim&flag = 1

图 3. 59　波兰华尔扎那电视塔

https://up. 66152. com/files/2022/22_ 10367. jpg

图 3. 60　中国广州塔

https://bkimg. cdn. bcebos. com/pic/c8ea15ce36d3D5398aba29223187e950342ab04f? x - bce - process = image/watermark, image_ d2F0ZXIvYmFpa2U4 mA = = , g_ 7, xp_ 5, yp_ 5/format, f_ auto

图 3. 61　烟囱

（a） https://image. baidu. com/search/detail? ct = 503316480&z = 0&ipn = d&word = % E7% 83% 9F% E5% 9B% B1% E7% BB% 93% E6% 9E% 84% 20% E5% 86% 85% E8% A1% AC&step_ word = &hs = 0&pn = 283&spn = 0&di = 102740&pi = 0&rn = 1&tn = baiduimagedetail&is = 0% 2C0&istype = 2&ie = utf - 8&oe = utf - 8&in = &cl = 2&lm = - 1&st = - 1&cs = 1133886089% 2C2924869976&os = 3985904645% 2C4045164517&simid = 4093308969% 2C673100084&adpicid = 0&lpn = 0&ln = 1841&fr = &fmq = 1627395053391_ R_ d&fm = detail&ic = &s = undefined&hd = &latest = ©right = &se = &sme = &tab =

0&width = &height = &face = undefined&ist = &jit = &cg = &bdtype = 0&oriquery = &objurl = https% 3A% 2F% 2Fgimg2. baidu. com% 2Fimage _ search% 2Fsrc% 3Dhttp% 3A% 2F% 2Fp0. itc. cn% 2Fimages01% 2F20200619% 2F0493Da8400a64cfdaf1aa8cdc75e8b45. png% 26refer% 3Dhttp% 3A% 2F% 2Fp0. itc. cn% 26app% 3D2002% 26size% 3Df9999% 2C10000% 26q% 3Da80% 26n% 3D0% 26g% 3D0n% 26fmt% 3Djpeg% 3Fsec% 3D1629987544% 26t% 3D8a532227cbe85744b0ca9ac3740f4236&fromurl = ippr _ z2C% 24qAzdH3FAzdH3Fooo_ z% 26e3Bf5i7 _ z% 26e3Bv54AzdH3FwAzdH3F9adla0b98 _ 8dambmanm&gsm = 11c&rpstart = 0&rpnum = 0&islist = &querylist = &nojc = undefined

(b) https://image. baidu. com/search/detail?ct = 503316480&z = 0&ipn = d&word = % E7% 83% 9F% E5% 9B% B1% E7% 8E% AF% E5% 90% 91% E9% 85% 8d% E7% AD% 8B&step_ word = &hs = 0&pn = 60&spn = 0&di = 87780&pi = 0&rn = 1&tn = baiduimagedetail&is = 0% 2C0&istype = 2&ie = utf - 8&oe = utf - 8&in = &cl = 2&lm = - 1&st = - 1&cs = 465534382% 2C2726955182&os = 2705818051% 2C651485172&simid = 0% 2C0&adpicid = 0&lpn = 0&ln = 1328&fr = &fmq = 1627395775452_ R&fm = result&ic = &s = undefined&hd = &latest = ©right = &se = &sme = &tab = 0&width = &height = &face = undefined&ist = &jit = &cg = &bdtype = 0&oriquery = &objurl = https% 3A% 2F% 2Fgimg2. baidu. com% 2Fimage _ search% 2Fsrc% 3Dhttp% 3A% 2F% 2Fimg4. 99114. com% 2Fgroup10% 2FM00% 2F8A% 2F61% 2FrBADsloyq1aAYXxNAACRGx49IEc713. jpg% 26refer% 3Dhttp% 3A% 2F% 2Fimg4. 99114. com% 26app% 3D2002% 26size% 3Df9999% 2C10000% 26q% 3Da80% 26n% 3D0% 26g% 3D0n% 26fmt% 3Djpeg% 3Fsec% 3D1629987787% 26t% 3D4948283f615a7990879a47e270f06c2e&fromurl = ippr _ z2C% 24qAzdH3FAzdH3Fko3v _ z% 26e3Bll889 _ z% 26e3Bv54AzdH3Ff _ 8dnm dn08 _ 8d9bb90aa _ z% 26e3Bip4s&gsm = 3D&rpstart = 0&rpnum = 0&islist = &querylist = &nojc = undefined

图3.62 冷却塔

https://graph. baidu. com/pcpage/similar? originSign = 126e77bf2c9d60fc0fa4501627395882&srcp = crs_ pc _ similar&tn = pc&idctag = gz&sids = 10005_ 10801_ 10600_ 10919_ 10913_ 11006_ 10924_ 10905_ 10018_ 10901_ 10942_ 10907_ 11012_ 10970_ 10968_ 10974_ 11031_ 12201_ 17850_ 17071_ 18013 _ 18101_ 19107_ 17201_ 17202_ 18300_ 18312_ 18332_ 18412_ 19113_ 19120_ 19131_ 19300_ 19132_ 19196_ 19162_ 19220_ 19200_ 19211_ 19213_ 19215_ 19216_ 19218_ 19230_ 19241_ 19251 _ 9999&logid = 3277365857&entrance = general&tpl_ from = pc&pageFrom = graph_ upload_ pcshitu&image = https% 3A% 2F% 2Fss1. baidu. com% 2F6ON1bjeh1BF3odCf% 2Fit% 2Fu% 3D2068398070,2519436052% 26fm% 3D15% 26gp% 3D0. jpg&carousel = 503&index = 0&page = 1

图3.63 唐山大地震造成的房屋倒塌

https://gimg2. baidu. com/image_ search/src = http% 3A% 2F% 2Finews. gtimg. com% 2Fnewsapp_ bt% 2F0% 2F13821868189% 2F1000&refer = http% 3A% 2F% 2Finews. gtimg. com&app = 2002&size = f9999, 10000&q = a80&n = 0&g = 0n&fmt = jpeg?sec = 1630120080&t = c9490afacacb67400d4e8a519d3D9c1a

图3.64 美国犹他州议会大厦

https://gimg2. baidu. com/image_ search/src = http% 3A% 2F% 2Fimages. cdn. uniqueway. com% 2Fuploads % 2F2016% 2F03% 2F11e8cee5 - 53e3 - 4a27 - bee5 - a660453Dee68. jpg&refer = http% 3A% 2F% 2Fim ages. cdn. uniqueway. com&app = 2002&size = f9999, 10000&q = a80&n = 0&g = 0n&fmt = jpeg? sec = 1630120262&t = b2fbac54fe89d57ee1f29478d7d6a30d

图3.65 中国台北101大厦

https://gimg2. baidu. com/image_ search/src = http% 3A% 2F% 2Fn. sinaimg. cn% 2Fsinacn10115% 2F287%

2Fw641h446%2F20190717%2F716e - hzxsvnn8902698. jpg&refer = http%3A%2F%2Fn. sinaimg. cn&app = 2002&size = f9999, 10000&q = a80&n = 0&g = 0n&fmt = jpeg? sec = 1630120347&t = 5d61cdcd8f5680c09869089590121d73

图 3.66 滑坡
https://gimg2. baidu. com/image_ search/src = http% 3A% 2F% 2Fimg. 51wendang. com% 2Fpic% 2Fc4fb6bdbf14a99ffc94f0325%2F3 - 810 - jpg_ 6 - 1080 - 0 - 0 - 1080. jpg&refer = http%3A%2F%2Fimg. 51wendang. com&app = 2002&size = f9999, 10000&q = a80&n = 0&g = 0n&fmt = jpeg?sec = 1630120514&t = a7ef88d25b4216eeaa04ef802a9662d2

图 3.67 高差较大形成的滑坡
https://gimg2. baidu. com/image_ search/src = http% 3A% 2F% 2Fn. sinaimg. cn% 2Fsinak d202071s% 2F520%2Fw600h720% 2F20200701% 2F2ff1 - ivrxcey1092574. jpg&refer = http% 3A% 2F% 2Fn. sinaimg. cn&app = 2002&size = f9999, 10000&q = a80&n = 0&g = 0n&fmt = jpeg? sec = 1630121438&t = c817ce94999b68e4d0a34d1ef43bed32

图 3.68 滑坡掩埋山脚的房屋
https://gimg2. baidu. com/image_ search/src = http%3A%2F%2Fgdaiguo. waheaven. com%2FUploadFiles% 2FFCKedior%2FImages% 2F1% 28812% 29. jpg&refer = http% 3A% 2F% 2Fgdaiguo. waheaven. com&app = 2002&size = f9999, 10000&q = a80&n = 0&g = 0n&fmt = jpeg? sec = 1630121048&t = f0bea236592199780931a59b605d9673

图 3.69 日本北海道地震引发山体滑坡
https://gimg2. baidu. com/image_ search/src = http% 3A% 2F% 2Fimage. freshnewsasia. com% 2F2018% 2F113%2Ffn - 2018 - 09 - 09 - 09 - 44 - 19 - 0. jpg&refer = http% 3A% 2F% 2Fimage. freshnewsasia. com&app = 2002&size = f9999, 10000&q = a80&n = 0&g = 0n&fmt = jpeg? sec = 1630121505&t = 2192b7edb71b38b3Dff5418dbda92c05

图 3.70 广西龙胜特大暴雨引发山体滑坡
https://gimg2. baidu. com/image_ search/src = http% 3A% 2F% 2Fi2. chinanews. com% 2Fsimg% 2Fhd% 2F2016% 2F08% 2F07% 2F5a770ef5480b42e4861c6b151bbcb651. jpg&refer = http% 3A% 2F% 2Fi2. chinanews. com&app = 2002&size = f9999, 10000&q = a80&n = 0&g = 0n&fmt = jpeg? sec = 1630121606&t = ecd2c91dfe922347ad62de69c6f20a3a

图 3.71 修筑挡土墙防止滑坡
https://gimg2. baidu. com/image_ search/src = http%3A%2F%2Ff. zhulong. com%2Fv1%2Ftfs%2FT1zcV _ BX_ T1RCvBVdK. png&refer = http% 3A% 2F% 2Ff. zhulong. com&app = 2002&size = f9999, 10000&q = a80&n = 0&g = 0n&fmt = jpeg?sec = 1630121881&t = 2ff14469f4f5ea9f61f3976c7e572a2d

图 3.72 修筑抗滑桩防止滑坡
https://gimg2. baidu. com/image_ search/src = http% 3A% 2F% 2Fdpic. tiankong. com% 2Fh9% 2Fzk% 2FQJ9128425097. jpg% 3Fx - oss - process% 3Dstyle% 2F794ws&refer = http% 3A% 2F% 2Fdpic. tiankong. com&app = 2002&size = f9999, 10000&q = a80&n = 0&g = 0n&fmt = jpeg? sec = 1630121823&t = 22548bfb2aafbfec85aa8aabfbe6e5d1

图 3.73　预应力锚索抗滑

https://gimg2.baidu.com/image_search/src=http%3A%2F%2Fzgjiagu.com%2Fimages_1%2F2011090437798689.jpg&refer=http%3A%2F%2Fzgjiagu.com&app=2002&size=f9999,10000&q=a80&n=0&g=0n&fmt=jpeg?sec=1630121911&t=7751527b2a1762f113c1fca53ad28ba0

图 3.74　边坡柔性防护技术

https://gimg2.baidu.com/image_search/src=http%3A%2F%2Fimg005.hc360.cn%2Fk2%2FM0d%2FFC%2FFA%2FcIV0aaf624B93C83694Ef2f97CD5266d744.jpg&refer=http%3A%2F%2Fimg005.hc360.cn&app=2002&size=f9999,10000&q=a80&n=0&g=0n&fmt=jpeg?sec=1630121969&t=87bf7b4aa1ed40a407bffe4d7d108527

图 3.75　山体滑坡造成泥石流

https://gimg2.baidu.com/image_search/src=http%3A%2F%2Fwww.xinhuanet.com%2Fpolitics%2F2016-07%2F11%2F129134535_14681996366711n.jpg&refer=http%3A%2F%2Fwww.xinhuanet.com&app=2002&size=f9999,10000&q=a80&n=0&g=0n&fmt=jpeg?sec=1630122112&t=9bcd00ef2a8280b5494a2454d52a0b45

图 3.76　中国甘肃舟曲特大泥石流

https://gimg2.baidu.com/image_search/src=http%3A%2F%2F1832.img.pp.sohu.com.cn%2Fimages%2Fblog%2F2010%2F8%2F23%2F17%2F21%2F12b51863D62g213.jpg&refer=http%3A%2F%2F1832.img.pp.sohu.com.cn&app=2002&size=f9999,10000&q=a80&n=0&g=0n&fmt=jpeg?sec=1630122154&t=1da9c899fb7ec003f134dc28d7467f46

图 3.77　泥石流淹没房屋

https://gimg2.baidu.com/image_search/src=http%3A%2F%2Fnimg.ws.126.net%2F%3Furl%3Dhttp%253A%252F%252Fdingyue.ws.126.net%252F2021%252F0723%252Fc3130ec9j00qwnnwv0019c000hs00bug.jpg%26thumbnail%3D650x2147483647%26quality%3D80%26type%3Djpg&refer=http%3A%2F%2Fnimg.ws.126.net&app=2002&size=f9999,10000&q=a80&n=0&g=0n&fmt=jpeg?sec=1630122272&t=42d5c167d3ae8a88675ea91f6eb77da6

图 3.78　泥石流破坏公路

https://gimg2.baidu.com/image_search/src=http%3A%2F%2Fres.dutenews.com%2Fa%2F10001%2F201908%2F8ac9caf8f7ab926802996067a481d8cb.jpeg&refer=http%3A%2F%2Fres.dutenews.com&app=2002&size=f9999,10000&q=a80&n=0&g=0n&fmt=jpeg?sec=1630122328&t=4608565ff8ac7d08755906d655bb6a74

图 3.79　急流槽

https://gimg2.baidu.com/image_search/src=http%3A%2F%2Fimg.mp.sohu.com%2Fq_mini%2Cc_zoom%2Cw_640%2Fupload%2F20170725%2Fd725008852084b6f90e26672898a2247_th.jpg&refer=http%3A%2F%2Fimg.mp.sohu.com&app=2002&size=f9999,10000&q=a80&n=0&g=0n&fmt=jpeg?sec=1630122477&t=72c39644953adafca7c33b33c9e45162

图 3.80　泥石流拦挡坝

https://gimg2.baidu.com/image_search/src=http%3A%2F%2Fwww.gsgcdz.cn%2Fueditor%2Fphp%2Fupload%2Fimage%2F20190513%2F1557729972544486.jpg&refer=http%3A%2F%2Fwww.gsgcdz.

cn&app = 2002&size = f9999, 10000&q = a80&n = 0&g = 0n&fmt = jpeg? sec = 1630122545&t = 43ba90e14ac3D56658b9e6017e3e0f3f

图 3.81 舟曲泥石流拦挡坝——三眼峪 1 号坝
https://gimg2. baidu. com/image _ search/src = http% 3A% 2F% 2Fs14. sinaimg. cn% 2Fmw690% 2F9db49f89gx6BbcfVLg98d% 26690&refer = http% 3A% 2F% 2Fs14. sinaimg. cn&app = 2002&size = f9999, 10000&q = a80&n = 0&g = 0n&fmt = jpeg?sec = 1630122602&t = 22ee243D87ce437d15ae91c29e37ebb0

图 3.82 某泥石流停淤场
https://graph. baidu. com/thumb/v4/147870448,2168003949. jpg

图 3.83 台风
http://n. sinaimg. cn/translate/366/w700h466/20180913/l8P1 - fzrwica4211819. jpg

图 3.84 龙卷风
http://pics4. baidu. com/feed/e7cd7b899e510fb3f1251d6853eb3793D0430c74. jpeg? token = 6a574bd5a7f0ace9d8e06648d090def9

图 3.85 塔科马悬索桥风毁失事
https://bdn. 135editor. com/uploadword/6464509/202004/5ea67b82 - 0134 - 4669 - a9e4 - 4c93ac100069. jpg

第4章　地下空间工程

4.1　隧道工程

1970年，世界经济合作与发展组织从技术层面将隧道定义为修建于地面以下内部净空断面在2 m^2 以上的条形建筑物。随着人类社会及现代工程技术的发展，隧道已被广泛应用于交通、矿山、水利及国防等领域。

4.1.1　隧道的发展历程

隧道的产生和发展历程，是人类文明的具体映射之一，大致可以分为以下四个时代[101]：

（1）原始时代。从人类的出现到公元前3000年的新石器时代，是人类利用隧道来防御自然威胁的穴居时代。隧道在稳固而无须支撑的地层中由兽骨、石器等工具开挖而成。

（2）远古时代。从公元前3000年到5世纪，即所谓的文明黎明时代，是人类为生产生活和军事防御需要而修建隧道的时代。例如，古埃及金字塔的地下隧道，古巴比伦王国修建的横穿幼发拉底河以连通宫殿和神殿的水底隧道。

（3）中世纪时代。约从5世纪到14世纪，该时期欧洲文明处于低潮，隧道技术发展缓慢，但由于对铜、铁等矿产资源的需求，人类开始建设地下巷道以开采矿石。

（4）近代和现代。从16世纪以后的产业革命开始至今。炸药的发明和应用，极大地促进了隧道技术的发展；隧道被广泛应用于矿物开采、水利灌溉、城市排涝与交通等各个领域。

4.1.2　隧道的分类及其作用

隧道种类繁多，依区分角度的不同，分类方法迥异。如按地层条件，可分为岩石（软岩、硬岩）隧道和土质隧道；按建造位置，可分为山岭隧道、城市隧道、水底隧道；按施工方法，可分为矿山法隧道、明挖法隧道、盾构法隧道、沉管法隧道等；按埋置深度，可分为浅埋隧道和深埋隧道；按断面形式，可分为圆形隧道、马蹄形隧道、矩形隧道等；按断面尺寸，根据国际隧道协会的标准，可分为特大断面（100 m^2 以上）隧道、大断面（50～100 m^2）隧道、中等断面（10～50 m^2）隧道、小断面（3～10 m^2）隧道、极小断面（3 m^2 以下）隧道。一般按照用途分类比较明确，可分为交通隧道、水工隧道、市政隧道和矿山隧道。

1. 交通隧道

交通隧道是应用最为广泛的一种隧道形式，其作用是提供运输和人行的通道，主要包括以下几种：

（1）公路隧道，是专供汽车运输行驶的通道。如图4.1所示的秦岭终南山隧道，全长18.02 km，为目前世界上最长的双洞单向公路隧道。

图4.1 秦岭终南山公路隧道

（资料来源：https://www.sohu.com/a/141785300_527468.）

（2）铁路隧道，是专供火车运输行驶的通道。铁路经由隧道穿越山岭地区，可以缩短线路、降低坡度、改善运营条件、提高牵引定数，是克服高程障碍的一种合理选择。我国崇山峻岭绵亘，修建了大量隧道供铁路穿行。如2017年12月通车的广惠城际铁路松山湖隧道，全长38.81 km，是我国已建成的最长铁路隧道。

（3）水底隧道，是修建于江河湖海等水体下的隧道，供汽车和火车通行。与桥梁和轮渡相比，水下隧道具有受气候影响小、不影响通航、引线占地少及通行量大等诸多优势，目前已在我国得到越来越广泛的应用，如在长江、钱塘江、黄浦江及珠江等流经城市已修建了大量的水下隧道，以缓解越江交通压力。

（4）地下铁道，是修建于城市地层中，供地铁列车穿行的地下隧道。地下铁道可以快速、安全、准时地大量输送乘客，现已成为我国各大城市解决交通拥堵问题的有力手段。

（5）人行隧道，是专供行人穿行的地下通道。一般修建于行人众多、车辆密集的城市闹区，或用以穿越铁路、高速公路等交通要道，其作用是方便行人和缓解地面交通压力，同时规避交通事故。

2. 水工隧道

水工隧道是水利工程和水力发电枢纽的重要组成部分，其包括以下几种类型：

（1）引水隧道，是为将水引入水电站的发电机组或水资源的调动而修建的孔道。如珠江三角洲水资源配置工程，从广东省西江水系向珠江三角洲东部地区引水，以解决广州南沙区、深圳市和东莞市城市生活生产缺水问题；输水线路全长 113. 1 km，主要采用盾构隧道的方式，在埋深 40 ～ 60 m 的深部地层建造，以节约粤港澳大湾区地面及浅层地下空间资源。

（2）尾水隧道，是为排送水电站发电机组输出的废水而修建的隧道。

（3）导流隧道或泄洪隧道，是水利工程中疏导水流或泄放洪水的隧道。

（4）排沙隧道，是多沙河流的水利枢纽中为减小水库淤积而建造的排泄挟沙水流的隧道。

3. 市政隧道

在城市的建设和规划中，为将各种不同市政设施安置在地下而修建的地下孔道，称为市政隧道，其类型主要有：

（1）给水隧道，是为城市自来水管网铺设系统修建的隧道。

（2）污水隧道，是为城市污水排送系统修建的隧道。

（3）管路隧道，是为城市能源供给（煤气、暖气、热水等）系统修建的隧道。

（4）线路隧道，是为电力、通信系统修建的隧道。

在现代化城市规划中，将以上 4 种具有共性的市政隧道，经统一布局和规划，建成一个公用隧道，称为综合管廊（图 4. 2）。

图 4. 2　综合管廊

（资料来源：http://pc. nfapp. southcn. com/13178/4468592. html.）

（5）人防隧道，是为战时的防空避难目的而修建的隧道。

4．矿山隧道

矿山隧道是在矿山开采中，供人员、设备通往矿床以及开挖矿石的运输通道，主要为采矿服务，包括运输巷道、给水隧道和通风隧道。[102]

4.1.3 隧道施工方法概述

在近百年来的工程实践中，世界各国的隧道工作者创造出能够适应各种地层条件的多种隧道施工方法（图4.3）。

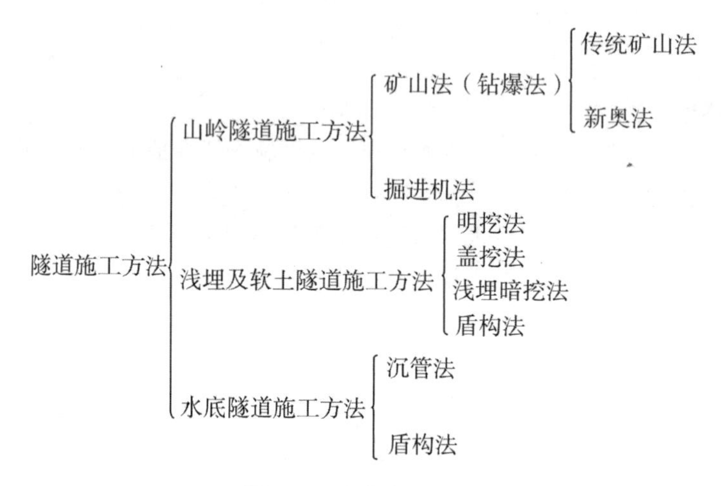

图4.3 隧道施工方法

矿山法因最早应用于矿石开采而得名，它包括传统矿山法和新奥法；由于该方法通常采用钻眼爆破进行开挖，故又称为钻爆法。掘进机法包括隧道掘进机法和盾构掘进机法，分别主要应用于岩石和土质地层。此外，明挖法、浅埋暗挖法与沉管法也被广泛用于修建地下铁道、市政隧道及水底隧道。

隧道施工方法的选择应根据工程地质与水文地质条件、施工技术水平和机械设备状况及施工中动力和原材料供应情况等综合评判，并需要考虑工程投资和运营后的社会经济效益以及在振动、噪声、污染及地面沉降等环境方面的要求和限制。[103]

在我国隧道工程实践中，新奥法和盾构法目前已分别成为修建山岭公路隧道和城市地铁隧道的主要施工方法。此外，沉管法被广泛地应用于水底隧道建设。下面对这三种隧道施工方法作简要介绍。

1．新奥法

新奥法是新奥地利隧道施工方法的简称，由奥地利学者拉布西维兹（L. V. Rabcewicz）于20世纪50年代提出。其基本原理是充分利用围岩的自承能力和开挖面的空间约束作用，以锚杆和喷射混凝土为主要支护手段来及时加固围岩并约束其松弛变形，并通过对围岩和支护结构的监控量测来指导地下工程的设计与施工。该方法从20世纪60年代开始在西欧、北欧、美国、日本及中国等国家和地区获得广泛应用并迅速发展，现已成为现代隧道工程的标志性技术之一。[30]

新奥法的技术特点是在开挖面及时施作密贴于围岩的薄层柔性喷射混凝土和锚杆支护，以控制围岩变形和应力释放，从而在支护和围岩的共同变形过程中，调整围岩应力重分布而达到新的平衡，以求最大限度地保持围岩的固有强度和利用其自承能力。施工中一般应及时修筑仰拱，以使围岩断面快速闭合成圆环状承载结构。新奥法适用于各种不同的地质条件，在软弱围岩中更为有效。

对于山岭隧道的修建，起初普遍认为隧道开挖必然引起围岩坍塌掉落，从而成为作用于支护结构上的荷载。因此，传统方法倡导应用厚壁混凝土支护松动围岩。新奥法则认为围岩是一种承载机构，通过构筑薄壁、柔性且紧贴围岩的支护结构（以喷射混凝土、锚杆为主要手段）以使围岩与支护结构共同承载，从而最大限度地保持围岩稳定且不致松动破坏。为保全围岩的整体性，施工中可采用光面爆破、微差爆破等措施以降低振动影响；同时注意隧道表面应尽可能平滑，以避免局部应力集中。在施工的各个阶段，应对围岩动态和支护结构工作状态作现场量测监视，如隧道围岩的收敛和接触应力等，以指导施工和修改设计。

综上所述，新奥法的基本原则可概括为：少扰动、早喷锚、勤量测、紧封闭。[104]

按开挖断面的大小及位置，新奥法可分为全断面法、台阶法、分部开挖法及若干变化方案。

（1）全断面法[2]。

全断面法是指整个隧道开挖断面一次钻孔、一次爆破成型、一次初期支护到位的隧道开挖方法。其施工顺序是：①用钻孔台车钻眼，然后装药、连接导火线；②退出钻孔台车，引爆炸药，开挖出整个隧道断面；③排除危石，安设拱部锚杆和喷第一层混凝土；④用装碴机将石碴装入出碴车，运出洞外；⑤安设边墙锚杆和喷混凝土；⑥必要时可喷拱部第二层混凝土和隧道底部混凝土；⑦开始下一轮循环；⑧在初期支护变形稳定后，或按施工组织中规定日期灌注内层衬砌。

全断面法的优点是：工序少，相互干扰少，便于组织施工和管理；工作空间大，便于大型机械化施工。[105]鉴于此，全断面法施工进度一般较快。目前，我国公路隧道一般可月均成洞 150 m 左右，快者可达 300 m。

采用全断面法应注意：探明开挖面前方地质情况，提前做好应急预案，以确保施工安全；各种施工机械设备务求配套，以充分发挥其效率；加强各项辅助作业，如施工通风以保证工作面新鲜空气供应；同时，应加强对施工人员的技术与安全培训。

（2）台阶法[106]。

台阶法是指先开挖隧道上部断面（上台阶），待其超前一定距离后再开挖下部断面（下台阶），上下台阶同时并进的施工方法。根据台阶长度不同，可细分为长台阶法、短台阶法和超短台阶法等（图 4.4）。长台阶法上、下断面相距较远，一般上台阶超前大于 50 m 或 5 倍洞跨；短台阶法上台阶长度小于 5 倍但大于 1 ～ 1.5 倍洞跨；超短台阶法上台阶一般超前 3 ～ 5 m。

（3）分部开挖法[106,107]。

分部开挖法常用于开挖软弱岩层或土层隧道，其将隧道断面分部开挖逐步成型，可

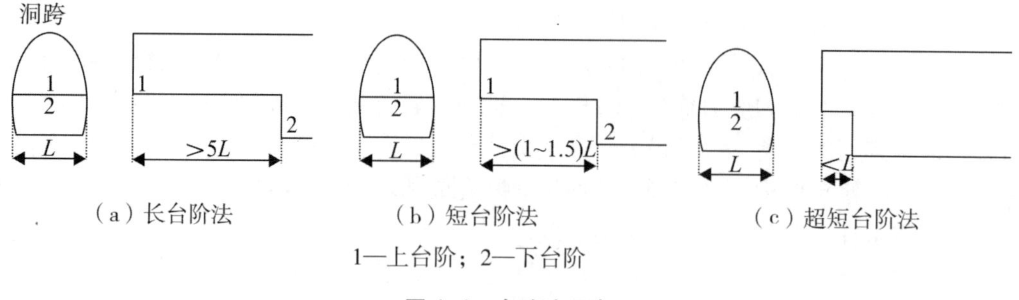

（a）长台阶法　（b）短台阶法　（c）超短台阶法

1—上台阶；2—下台阶

图 4.4　台阶法示意

细分为台阶分部开挖法、单侧壁导坑法和双侧壁导坑法等（图 4.5）。

A. 台阶分部开挖法，又称环形开挖留核心土法，一般将断面分成为环形拱部、上部核心土、下部台阶等三部分。

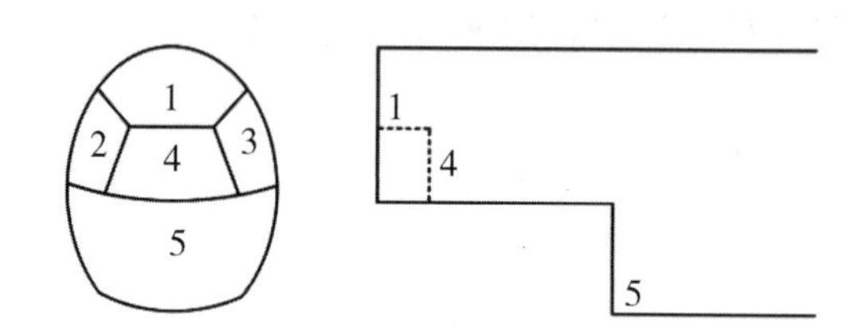

1、2、3—环形拱部；4—上部核心土；5—下部台阶

（a）台阶分部开挖法

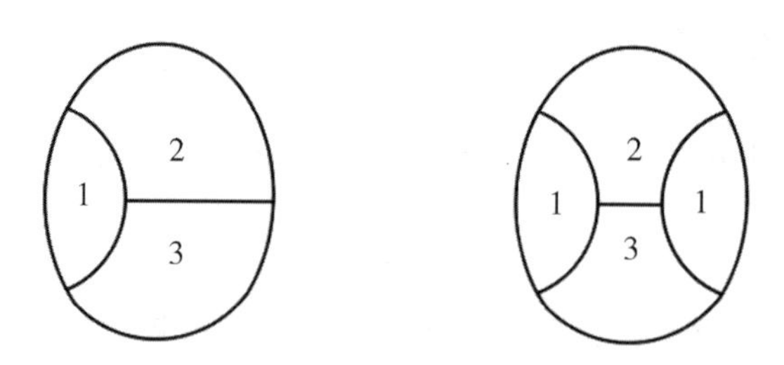

1—侧壁导坑；2—上部核心土；3—下部台阶

（b）单侧壁导坑法　（c）双侧壁导坑法

图 4.5　分部开挖法示意

B. 单侧壁导坑法，先在隧道断面一侧开挖导坑，并始终超前一定距离，再开挖隧道其余部分，从而使开挖断面由大跨变为小跨。其适用于隧道断面跨度大、地表沉陷难于控制的软弱松散围岩中。施工作业顺序为：①开挖侧壁导坑，进行初期支护（锚杆加钢筋网、锚杆加钢支撑或钢支撑，喷射混凝土），应尽快使其闭合；②开挖上台阶，进行拱部初期支护，使其一侧支承在导坑的初期支护上，另一侧支承在下台阶上；③开挖下台阶，进行另一侧边墙的初期支护，并尽快建造底部初期支护，使全断面闭合；④拆除导坑临空部分的初期支护；⑤建造内层衬砌。

C. 双侧壁导坑法，又称眼镜工法，将断面分成左右侧壁导坑、上部核心土和下部台阶。其施工作业顺序为：先开挖左右侧壁，施作初期支护，再采用台阶法开挖中部核心土。

2．盾构法

（1）基本含义。

盾构法是使用盾构机在地下掘进，在护盾的保护下进行开挖和衬砌作业，从而构筑隧道的施工方法，由切口稳定、土体挖掘和衬砌拼装三大功能组成。

盾构法如图4.6所示。在隧道的一端建造竖井，盾构安装就位后从竖井墙壁开孔出发，在地层中沿设计轴线向另一竖井推进。盾构机是盾构法的主要施工机具，它通过千斤顶将掘进中所受到的地层阻力传至尾部已拼装成型的衬砌管片上。

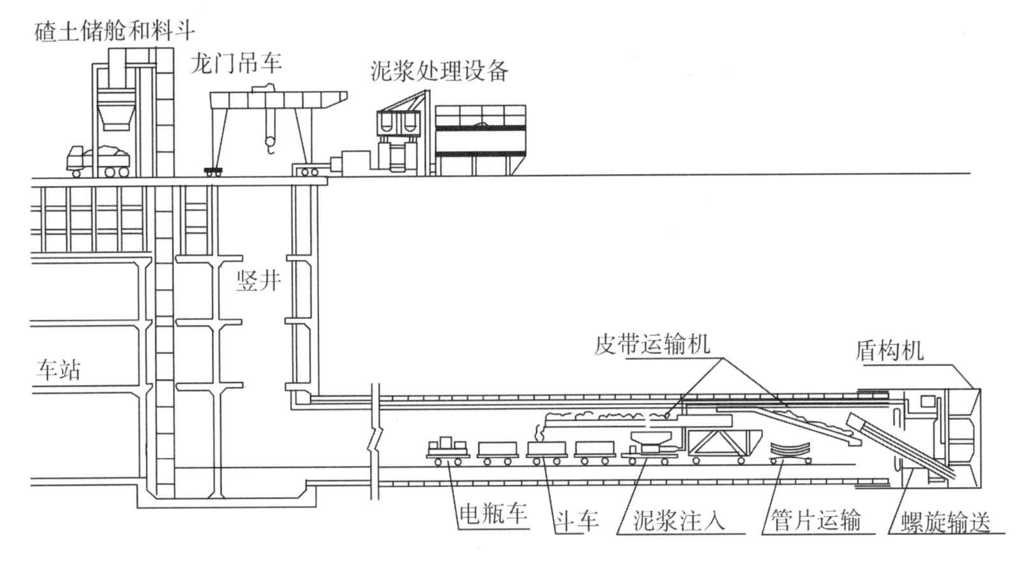

图4.6　盾构法施工概貌

（2）盾构法特点[108]。

A．地下铁道盾构法在城市浅埋地下进行，不影响地面交通，并可减轻对周边环境的噪音和振动影响；

B．盾构机推进、出土、拼装衬砌等主要工序循环进行，易于管理，机械化程度高；

C．穿越江海时，不影响航运，施工不受风雨等气候条件影响；

D．成型隧道尺寸受控于盾构机直径，区间隧道尺寸不能改变；

E．盾构机施工时不可后退。

（3）盾构法发展史[109]。

初期的盾构法使用手掘式或机械开挖式盾构机，结合压气施工方法保持开挖面稳定；在地下水较丰富的地层，采用注浆法止漏；在软弱地层，则采用掌子面封闭式施工。随着技术的不断革新，目前最为盛行的是泥水平衡式和土压平衡式盾构机。这两种机型的最大优点是在开挖功能中加入了稳定开挖面的措施，将盾构法三大功能的前两者融为一体，无须辅助施工措施。此外，通过在刀盘配置不同类型的刀具，可用于多种地质条件。最近，盾构技术正朝着超大断面和多种断面形式发展，如多圆盾构机、双圆盾构机及矩形盾构机等。

（4）盾构机的种类和构造。

盾构机按开挖面与作业室之间的隔墙构造可分为全开敞式、半开敞式及密封式三种。

A. 全开敞式。全开敞式盾构机是指无隔墙、开挖面呈敞露状态的盾构机。根据开挖方式的不同，它可细分为手掘式、半机械化式及机械式三种。这种盾构机适用于开挖面自稳性较好的地层；当开挖面无法自稳时，需采用地层超前加固等辅助工法，以防止开挖面坍塌。

如图 4.7 所示，手掘式盾构机正面开敞，通常设置防止开挖顶面塌陷的活动前檐和上承千斤顶、工作面千斤顶及防止开挖面塌陷的挡土千斤顶。[110]施工中工人使用铁锹、镐、碎石机等工具实施开挖作业。目前手掘式盾构机一般用于开挖断面有障碍物、巨砾石等特殊场合，而且应用逐渐减少。

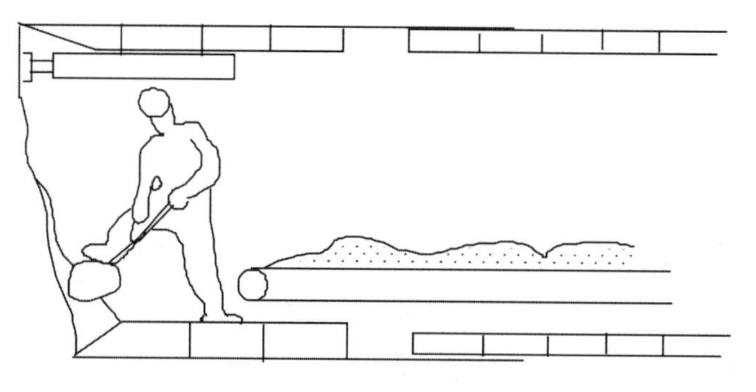

图 4.7　手掘式盾构机构造

如图 4.8 所示，半机械式盾构机进行开挖及石碴装运均采用专用机械，如配备液压铲土机、臂式刀盘等挖掘机械和皮带运输机等出碴机械，或配备具有开挖与出碴双重功能的机械。为防止开挖面顶部塌陷，盾构机内装备了活动前檐和半月形千斤顶。适应土质以洪积层的砂、砂砾、固结粉砂和黏土为主；亦可用于软弱冲积层，但须同时采用超前加固，或采取降低地下水位、改良地基等辅助措施。

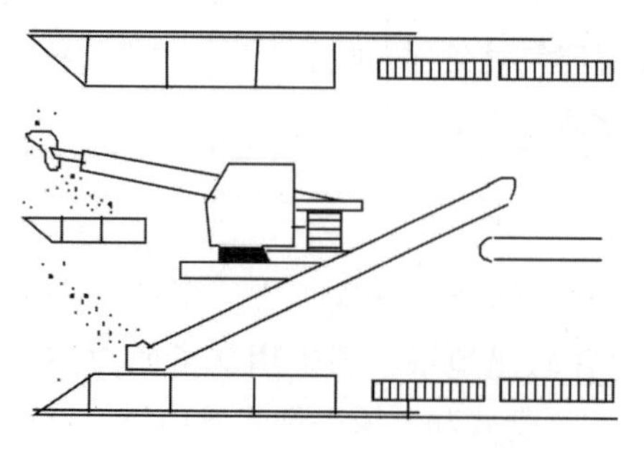

图 4.8　半机械式盾构机构造

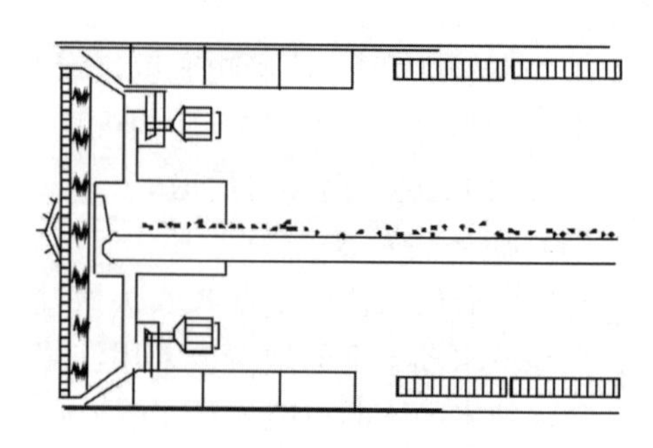

图 4.9　机械式盾构机构造

如图4.9所示，机械式盾构机前面装备有旋转式刀盘，增强了盾构机的挖掘能力；碴土经旋转铲斗连续排出，提高了施工效率，减少了作业人员。

B. 半开敞式。

半开敞式是指挤压式盾构机，在全开敞式盾构机的切口环与支撑环之间设置胸板，以支挡正面土体；胸板留有部分开口，伴随盾构机推进，碴土将从开口处挤入盾构机内，然后装车外运（图4.10）。这种盾构机适用于软弱黏土层，在推进过程中会引起较大的地面隆起。

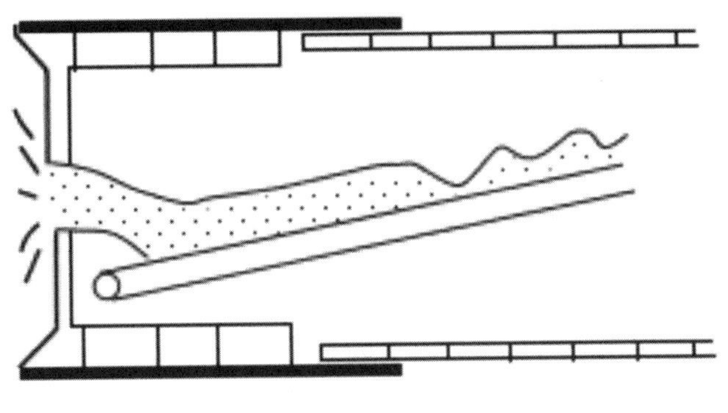

图4.10　半开敞式盾构机构造

C. 密封式[111]。

密封式是在机械开挖式盾构机内设置隔墙，由气压、泥水压力或土压提供维持开挖面稳定的压力。

a. 局部气压式盾构机。在机械式盾构机支承环的前边安装隔板，使切口环成为一个密封舱，其中充满压缩空气，起疏干和稳定开挖面土体的作用（图4.11）。由于这种盾构机是靠压缩空气对开挖面进行密封，故要求地层透水性小。此外，在密封舱、盾尾及管片接缝处易产生漏气，进而引发工作面坍塌和地面沉陷。

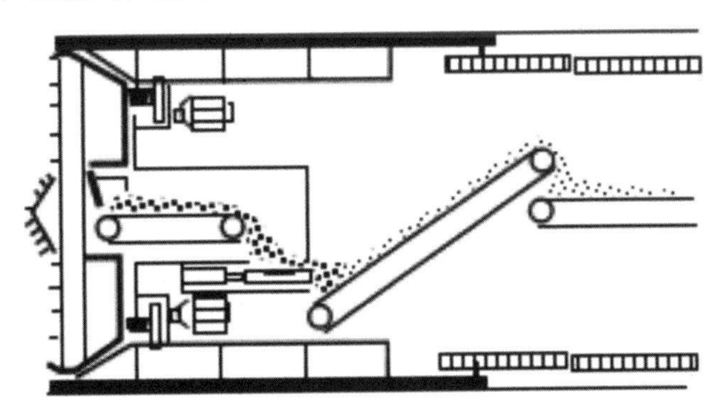

图4.11　局部气压式盾构机构造

b. 土压平衡式盾构机。图4.12为土压平衡式盾构机的构造，其前端为全断面切削刀盘，后接贮留切削土体的密封舱，在其中心处或下方装有长筒形的螺旋输送机。

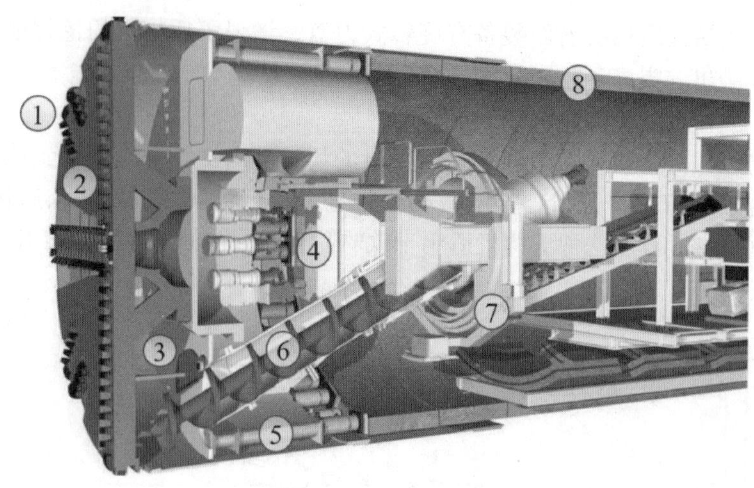

图 4.12　土压平衡式盾构机构造

（资料来源：https://www.sohu.com/a/385943506_120275274.）

c. 泥水加压式盾构机。泥水加压式盾构机的总体构造与土压平衡式盾构机相似，仅开挖面支护方法和排碴方式有所不同。在泥水加压式盾构机的密封舱内充满压力泥浆，刀盘（面板型）浸没在泥浆中工作。开挖面的支护，通常是由压力泥浆和刀盘面板共同承担，两者分别在掘进中和停止掘进时起主要支护作用。刀盘切削下的碴土在密封舱内与泥浆混合后，用排泥泵及管道输送至地面泥浆处理系统，经处理后的泥浆再由供泥泵和管道输回盾构重复使用。泥水加压式盾构机排出的泥浆通常要进行振动筛、旋流器和压滤机或离心机等三级分离处理，才能将碴土从泥浆中分离出来以便排除，而清泥水流至调整槽重复循环使用。

泥水加压式盾构机按泥浆系统压力控制方式可分为直接控制型（日本型）和间接控制型（德国型）两种基本类型。

直接控制型（日本型）泥水加压式盾构机的泥浆压力控制由一套自动控制泥浆平衡的装置来实现（图 4.13）。图中，P_1 为供泥泵，从泥浆处理厂的泥水调整槽将泥浆压入盾构机密封舱，供入泥浆比重在 1.05 ～ 1.25 之间；在密封舱内与开挖碴土混合后的重泥浆由排泥泵 P_2、P_3、P_4 排至泥浆处理厂，排出泥浆比重在 1.1 ～ 1.4 之间。密封舱的泥浆压力通过调节供泥泵 P_1 的转速或节流阀的开口比值来实现控制。在盾构机推进时，进泥管、排泥管需不断延长，管阻亦随之增大。为了保证管内的流速恒大于临界流速，排泥浆泵 P_2 的转速应随时调整，故排泥浆泵 P_2 需自动调速。当 P_2 泵达到最大扬程时，再加 P_3、P_4 接力泵。为保证盾构机推进质量、减少地面沉降，需要严格控制排土量，故应在进、排泥浆管路上分别装设流量计和比重计，以实时监测计算实际排土量。

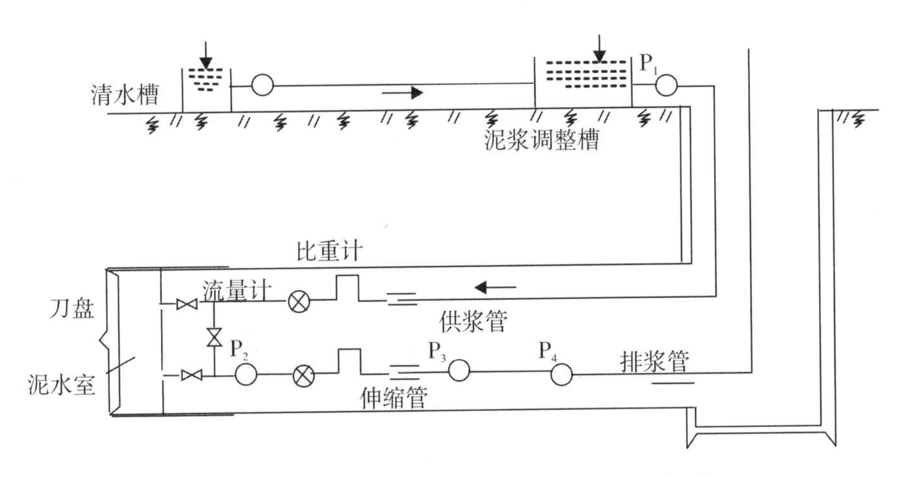

图4.13　直接控制型泥水加压盾构机泥浆自动控制输送系统

间接控制型[112]（德国型）泥水加压式盾构机的泥浆压力控制由空气和泥水双重系统实现（图4.14）。在盾构机密封舱内，装有半道隔板，将密封舱分隔成两部分。在隔板的前面充满压力泥浆，隔板后面盾构机轴线以上部分充满压缩空气，形成气压缓冲层，因此，在隔板后面的泥浆上表面作用有空气压力。由于在两者的接触面上气压和液压相等，故仅需调节空气压力，即可确定全开挖面上的支护压力。在盾构机推进时，由于泥浆流失或盾构机推进速度变化，进、出泥浆量将会失去平衡，空气和泥浆接触面的位置就会发生上下波动现象。通过液位传感器，即可根据液位变化来控制供泥浆泵的转速和流量，使液位恢复到设定位置，以保持开挖面支护压力的稳定。当液位达到最高极限位置时，供泥浆泵自动停止；当液位达到最低极限位置时，排泥浆泵自动停止。

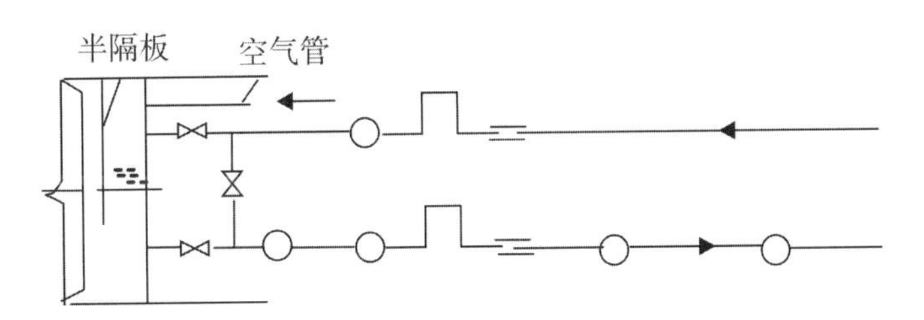

图4.14　间接控制型泥水加压盾构机泥浆压力控制系统

如图4.15所示为间接控制式泥水加压盾构机的构造。[110]密封舱空气室的空气压力可根据开挖面需要的支护泥浆压力而设定。不论盾构机是否掘进或液面位置是否波动，空气压力始终可以通过空气调节阀来保持恒定；而且，由于空气缓冲层有弹性作用，在液位波动时也不会影响开挖面的支护液压。因此，和直接控制型泥水加压式盾构机相比，该种盾构机对开挖面地层的支护更为稳定；即使在盾构机推进时，支护压力也不会产生脉动变化，对地面沉降的控制更为有利。

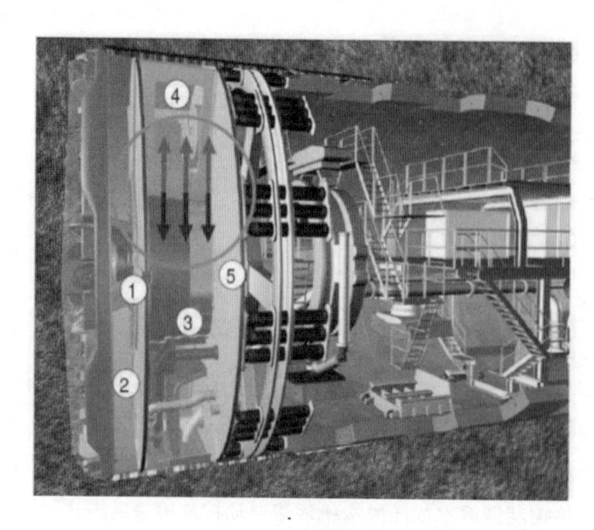

1—沉浸墙；
2—开挖舱；
3—调节舱；
4—压缩空气泡；
5—压力舱壁

图 4.15　间接控制式泥水加压盾构机构造

（资料来源：https://www.sohu.com/a/301272443_161325?sec=wd.）

d. 混合盾构机[113]。混合盾构机主要是针对欧洲的地质条件，由德国制造商从 1985 年开始研发。该种盾构机可以构成一台泥水加压式盾构机、气压式盾构机或土压平衡式盾构机；当地层条件发生变化时，盾构机型可以随地层变化而相应调整。

e. 双圆盾构机。20 世纪 80 年代后期，日本开始双圆盾构机的研发，用于修建双线区间隧道。

3. 沉管法

(1) 基本定义[114]。

沉管隧道是将隧道管段分段预制，每段两端设置临时止水头部，然后浮运至隧道设计轴线处，沉放在预先挖好的基槽内，完成管段间的水下连接，移去临时止水头部，回填基槽保护沉管，铺设隧道内部设施，从而形成一个完整的水下通道（图 4.16）。

图 4.16　沉管隧道示意

（资料来源：http://www.dutenews.com/p/76913.html.）

沉管隧道对地基要求较低，特别适用于软基、河床或海床较浅且易于用水上疏浚设备进行基槽开挖的工程地点。由于其埋深小，包括连接段在内的隧道线路总长较采用矿山法和盾构法修建的隧道显著缩短。沉管断面形状可圆可方，选择灵活；管段预制质量易于控制。基槽开挖、管段预制、浮运沉放和内部铺装等各工序可平行作业，彼此干扰较少。

用沉管法修建水下隧道，对建设地点的水文、泥沙、床面土质和场地有一定的要求。[115] 若水流速过大或河床有深沟、地形陡峭，或水深过深（超过 40 m），则管段的浮运和沉放较为困难。为保证水下基槽成型，水下床面的土质应相对稳定。泥沙条件应至少满足施工期间不会在基槽内形成快速淤积。潮汐水域应有足够长的平潮期以便于管段沉放。此外，应有合适的场地用于管段预制和疏浚排出物的处置。

（2）历史发展。

19 世纪末，沉管隧道开始用于排水管道工程。第一条用沉管法施工成功的是美国波士顿的雪莉排水管隧洞，于 1894 年建成，直径 2.6 m，长 96 m，由 6 节钢壳加砖砌的管段连接而成。1910 年，美国底特律水底铁路隧道的建成，标志着沉管法修建水底隧道技术的成熟。自香港跨港沉管隧道（1972 年）和高雄海底沉管隧道（1984 年）兴建后，我国建成的沉管隧道有广州珠江隧道（1993 年）、宁波甬江沉管隧道（1995 年）、宁波常洪沉管隧道（2002 年）、上海外环线越江沉管隧道（2003 年）、杭州湾海底沉管隧道（2004 年）、天津海河沉管隧道（2011 年）、广州洲头咀沉管隧道（2011 年）等 10 多座。[116]

进入 21 世纪以来，我国沉管隧道的建造技术已跃居世界前列。如 2018 年建成的港珠澳大桥是我国境内一座连接香港、广东珠海和澳门的桥隧工程，位于珠江口伶仃洋海域内，为珠江三角洲环线高速公路南环段。港珠澳大桥沉管隧道长 5664 m，是我国首条于外海建设的沉管隧道，是目前世界上唯一的深埋大回淤节段式沉管工程，也是世界上最长的公路沉管工程。[117]

（3）沉管法施工[118]。

采用沉管法修建隧道时，其主要施工工序如图 4.17 所示。其部分工序简述如下。

A. 干坞修筑[119]。

干坞是专门预制管段的场所，按其活动性有固定干坞和移动干坞两种形式，按预制的方式分为一次预制管段干坞和分批预制管段干坞。干坞主要由坞墙、坞底、坞首及坞门、排水系统、车道等部分组成。干坞内主要设备有混凝土搅拌站、起重设备、运输设备、托运管段设备及其他土建常用设备。

B. 管段预制。

管段预制是沉管隧道施工的关键项目之一，关键技术包括：①容重控制技术。为了保证管段浮运的稳定性及干舷高度，必须对混凝土容重进行控制，具体措施包括配合比控制、计量衡器控制、配料控制、容重抽查等。②几何尺寸控制[120]。几何尺寸误差将引起浮运时管段的干舷及重心变化，进而增加浮运沉放的施工风险。③结构裂缝预防。管段混凝土裂缝控制是保证隧道稳定运行的决定性因素，因此需要在所有施工环节对裂缝控制予以充分考虑。④结构裂缝处理。对于表面裂缝，可采用表面封堵方案处理；对

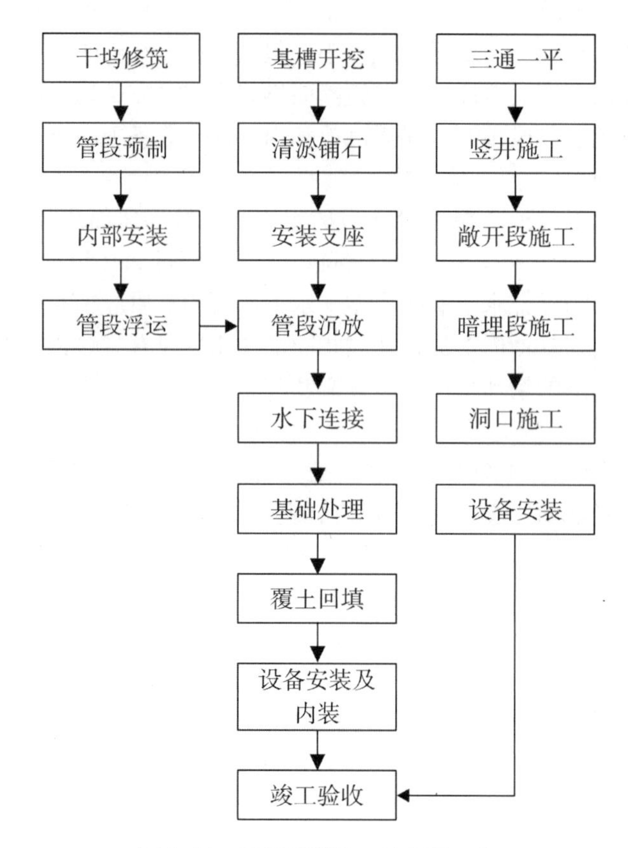

图 4.17 沉管隧道施工的主要工序

于贯穿性裂缝，可采取化学灌浆方案处理。

C. 管段沉放[121]。

沉放作业分为三个阶段进行，初次下沉、靠拢下沉和着地下沉。在沉放前，应对气象、水文条件等进行监测、预测，确保在安全条件下进行作业。

（4）管段的水下连接。

管段的水下连接采用水下压接法完成。该法是利用静水压力压缩 GINA 止水带，使其与被对接管段的端面间形成密闭隔水效果。水下连接的主要工序包括对位、拉合、压接内部连接、拆除端封墙等。

（5）管段基础处理。

沉管隧道基础处理主要是解决基槽开挖作业所造成的槽底不平整问题、地基土特别软弱或软硬不均等工况、施工期间基槽回淤或流砂管涌等问题。[119]从沉管隧道基础发展来看，早期采用的是刮铺法（先铺法），即在疏浚地基沟槽后，在两边打桩并设立导轨，然后在沟槽上投放砂石，用刮铺机进行刮铺。它适用于底宽较小的钢壳圆形、八角形或花篮形管段。美国早期的沉管隧道常用此法。该法对矩形宽断面隧道不适用，而逐渐被淘汰，取而代之的是后填法。后填法是将管段先沉放并支承于钢筋混凝土临时垫块上，再在管段底面与地基之间垫铺基础。后填法克服了刮铺法在管段底宽较大时施工困难的缺点，并随着沉管隧道的广泛应用不断得到改进和发展，现有灌砂法、喷砂法、灌囊法和压注法。

（6）管段防水设计[120]。

沉管隧道的防水包括管段的防水和接头的密封防水。管段结构形式有圆形钢壳式和矩形钢筋混凝土式两大类：钢壳管段以钢壳为防水层，其防水性能的好坏取决于拼装成钢壳的焊缝质量；钢筋混凝土管段的防水包括管段混凝土结构的防水和接缝防水。自防水是隧道防水的根本，对于混凝土管段而言，渗漏主要与裂缝的发展有关。因此，在提高混凝土抗渗等级的同时，要采用低水化热水泥并严格进行大体积混凝土浇筑的温升控制，将管段混凝土的结构裂缝和收缩裂缝控制在允许范围内。除了管段的自防水以外，通常还需敷设管段外防水层。

4.2 地下铁道工程

地下铁道，简称地下铁或地铁，是在城市中修建的快速轨道交通。[121]其线路通常设在地下隧道内，也有的在城市中心以外地区从地下转到地面或者高架上。它是一种独立的有轨交通系统，不受地面道路状况的影响，能够按照设计的能力正常运行，具有良好的社会效益。

4.2.1 地铁的特点

1．地铁的优点[121]

（1）列车运行快速。列车最高时速现已超过 100 km，平均运行时速为 40 km。

（2）列车运行准时。城市地面交通工具受地面交通状况或天气的影响；地铁却不受干扰，在交通繁忙时段可每 2 min 开出一班。

（3）列车行驶安全。列车采用安全自动控制系统来操作，严格保证列车行车间隔；地铁供电采用双电源，停电的可能性甚微；地铁同样重视防火措施，设有足够的灭火设备，且各站均安装有闭路监控系统，以便实时了解车站情况。

（4）运营环境舒适。车站美观明亮，环境洁净，列车与车站均有空气调节装置，将温度与湿度均保持在较舒适的范围。

（5）节省土地。将铁路建于地下，可以节约日益紧张的地面空间。

（6）节约能源，减少污染。公共轨道交通运力大，单位乘客的能耗低；地铁使用电能，与汽车相比没有尾气排放，环境污染少。

2．地铁的缺点[121]

（1）建造成本高。由于要进行地下开挖，建造成本比地面建筑高。

（2）建设周期长。同样，由于要开挖隧道，铺设铁轨、设备等，以及进行各种调试工作，地铁从开始动工到投入运营需要很长的时间。

（3）前期时间长。由于需要规划和政府审批，甚至还需要试验，地铁从开始酝酿到破土动工需要非常长的时间，短则几年，长则十几年。

4.2.2　地下铁道发展状况[120－122]

地下铁道作为一项庞大复杂的交通系统工程已有150多年历史。世界上第一条地下铁路于1863年在英国伦敦建成通车，它采用明挖法施工，列车由蒸汽机牵引。1890年，英国又建成了一条由电气机车牵引的地下铁道并投入运营，采用盾构法施工。此后，随着城市的快速发展，地下铁道发展极为迅速，但大部分是在第二次世界大战之后建成。

我国地铁建设起步虽然较晚，但是发展速度较快。20世纪90年代之前，还只有北京、香港和天津拥有地铁。我国第一条地铁线路始建于1965年7月1日，1969年10月1日建成通车，使北京成为我国第一个拥有地铁的城市。天津地铁1970年动工，1980年通车。香港地铁始建于1975年，1980年全线通车运行。上海南北地铁一号线（长14.57 km）于1995年正式通车。从1990年到2020年短短30年，我国从仅有3座地铁城市增加到超过40座，而这一数字还在持续增长。截至2019年底，我国内地累计有40个城市开通城轨交通，运营线路达6730.27 km；其中运营里程超过400 km的城市有4个，分别为上海、北京、广州、成都。

伴随着社会的发展以及目前城市功能要求的日益复杂，未来地铁的发展趋势是：①地铁建设与城市规划相结合；②地下铁道在较大的交通枢纽处，设置一定规模的立交地铁站，与地下街、地下车库衔接；③地下铁道已经不单纯设在地下，同时与地面轻轨、高架桥相结合，形成地下、地面与高架桥融为一体的立体交通系统，将城市中心与远郊串联起来；④地下铁道在防灾能力方面将更加合理安全。因此，未来的地铁已不是单一的地下铁道，而是与城市的其他功能协同发展。

4.2.3　地铁车站

地下铁道建筑物的组成根据其功能、使用要求、设置位置的不同，划分为车站、区间隧道和车辆段三个部分。[120]车站是供旅客乘降、换乘和候车的场所，与乘客的关系极为密切，同时对保证地铁安全运行起着关键作用。区间隧道是连接相邻两个车站的行车通道，直接关乎列车的安全运行。车辆段是地铁列车停放和进行日常检修维修的场所，它也是技术培训的基地。

1. 地铁车站的组成[120]

地铁车站是乘客在地铁线路上能够直接接触到的建筑空间，在使用和感官上对乘客有直接的影响。车站的建筑组成和内容比较复杂，一般包括乘客使用、运营管理、技术设备和生活辅助等四大部分。地铁车站由车站主体［包括站台层、站厅层（图4.18），生产、生活、管理用房等]、出入口及通道、通风道及地面通风亭等三大部分组成。车站主体是列车在线路上的停车点，其作用是供乘客集散、候车、换车及上下车，它又是地铁运营设备设置的中心和办理运营业务的地方。出入口及通道是供乘客进、出车站的口部建筑设施。通风道及通风亭的作用是保证地下车站具有一个舒适的地下环境。对于地下车站来说，这三部分必须具备；高架车站一般由车站、出入口及通道组成；地面车站则包括车站和出入口。

图4.18 车站的站台层和站厅层

（资料来源：http://k.sina.com.cn/article_2287707595_885ba5cb019009rjf.html.）

2. 地铁车站的类型[120]

（1）地铁车站按其所处位置不同，可以分为地下车站、地面车站（图4.19）及高架车站（图4.20）。

图4.19 地面车站（挪威奥斯陆 Ullevål 站）

图 4.20　高架车站（深圳木棉湾站）

（资料来源：http://3gs. crecgz. cn/tabid/2973/InfoID/56518/frtid/3784/.）

（2）车站按其运用功能，可分为一般站、换乘站、折返站和尽端站。一般站仅供乘客上下车之用。换乘站设在两条或多条运营线路的相交处，除供车站吸引范围内（包括地面交通换乘）的乘客上、下车外，还为各线间需要换乘的乘客提供方便的换乘条件，如换乘通道等。折返站站内设有道岔折返设备，除供乘客上、下车外，根据折返能力和列车作业的需要，还设置相应形式的折返线、尽端线或存车线，以供列车折返、停放之用。尽端站是地铁线路两端的车站，除了供乘客上下车外，通常还供列车停留、折返、临修及检修使用。

（3）车站按照站台形式，可分为岛式站台、侧式站台和由侧式、岛式组成的混合式车站。[123]

A. 岛式站台（图 4.21）。站台位于上下行车线路之间的布置形式称为岛式站台。具有岛式站台的车站称为岛式站台车站（简称岛式车站）。

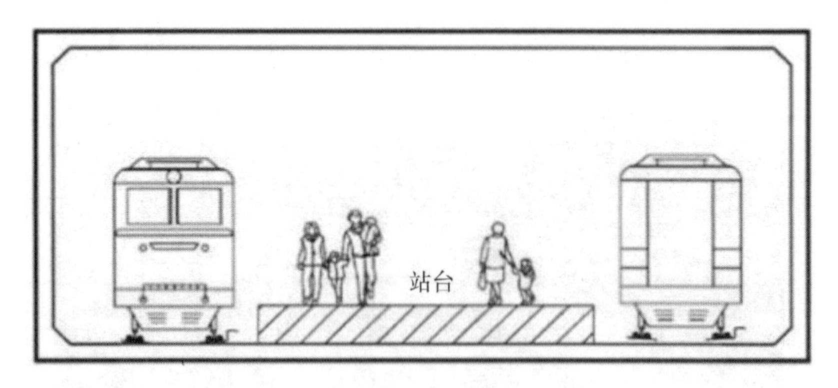

图 4.21　岛式站台

（资料来源：https://www. sohu. com/a/282086835_ 803224.）

岛式站台拥有以下优点：占地面积小，较易于监控，乘客换乘方便，旅客搭错路线或方向时较易于换线返回；与站台相关的设备（如升降机、电动扶梯等）只需购置一组，可降低投资及营运成本。岛式站台的一大缺点就是站台面积受到限制，因而造成了旅客动线复杂及站台扩建不易的问题。如上海地铁2号线的广兰路站就有这种问题，在高峰期对冲换乘时容易发生事故。

B. 侧式站台（图4.22）。侧式站台是位于一条轨道线路侧边的站台，即站台没有被两条轨道包围，只能服务于一条轨道线路上的列车。其中成对设计的侧式站台又被称为相对式站台或对向式站台，轨道线路在两个侧式站台的中间铺设。

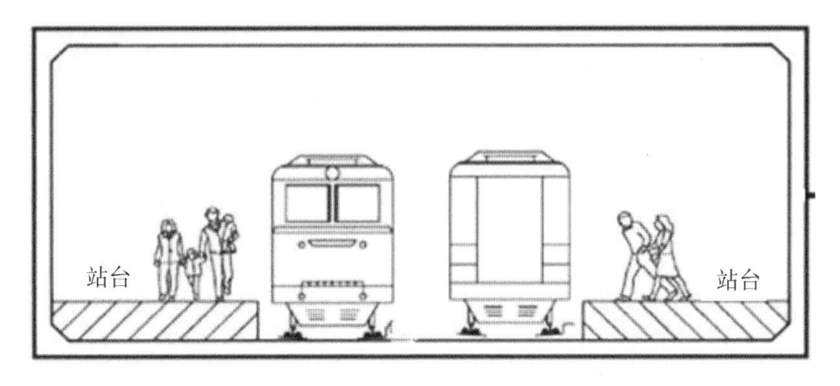

图4.22　侧式站台

（资料来源：https://www.sohu.com/a/282086835_803224.）

相较于岛式站台，侧式站台拥有面积不受轨道限制的优点，因此只要周边环境许可，站台无须更改现有轨道即可扩建；但是由于站台被轨道分隔，因此乘客必须利用行人天桥、地下道或车站大堂才能往来于两站台。[124]

C. 混合式站台（图4.23）。在一个车站同时设有岛式站台及侧式站台时，称为混合式站台或侧岛式站台。混合式站台通常造价高且管理复杂。

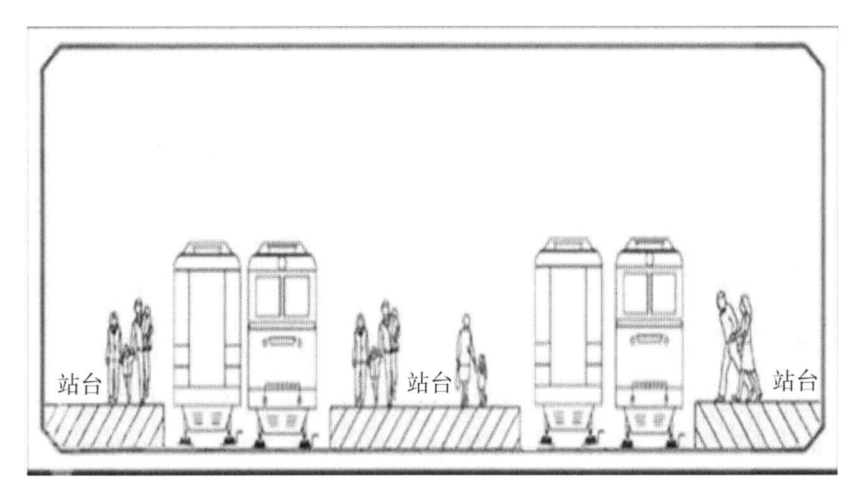

图4.23　混合式站台

（资料来源：https://www.sohu.com/a/282086835_803224.）

4.2.4 轨道交通的线路布设

城市轨道交通线路通常沿城市的主干道或人流量较大的道路布设。其敷设方式需根据实际情况而定，并要考虑线路周围环境及城市的可持续发展等因素。

1. 选线[125]

选线就是选择城市轨道交通的行走路线，可以分为经济选线和技术选线。

经济选线就是选择行车路线的起讫点和控制点。线路起讫点常选择在火车站、码头、机场、城乡接合部等客流量大的地方。轨道交通的开通将改善相应地段的交通条件，形成新的投资热点，进而引起客流的新变化，经济选线应当与城市的总体规划相结合，充分考虑城市未来的发展。

技术选线就是按照行车路线，结合有关的设计技术规范，落实线路的位置。其要点是先定点，后定线，最后点线结合。定点就是选定车站；车站选定后，再确定线路的连接和位置。有时线路为了迁就站位，可适当降低标准；有时将站位稍加调整，线路状况就有较好的改善。这就是点线结合。

2. 线路敷设的方式

城市轨道交通的线路敷设方式分为地下、地面、高架三种方式。

（1）地下线一般在城市中心的繁华地区，是对城市环境影响最小的一种敷设方式，一般采用盾构法施工。[126]它的线路布设原则一般是尽可能沿城市道路敷设，尽量不侵入两侧的规划红线。

地下线设计时应注意：①穿越河流地段时，要了解河道的现有河底高程和规划河底高程，然后根据隧道的施工方法来确定隧道结构顶部与河床底部的安全距离。②要探明地下市政管线，以合理确定线位和站位，尽量减少管线拆迁改移。③线路经过有桩基的建筑物时，要探明桩基类型和深度，以确定采用的施工方法和安全距离，并根据建筑物性质采取合理的加固保护措施，确保工程安全。④线位尽量布置在城市道路红线以内，隧道体不要侵入道路两侧的地块，以避免影响两侧土地的开发利用。除上述注意事项外，由于施工难度大和造价高，选线时要尽量避免从多层、高层房屋建筑下方通过。

（2）地面线是轨道交通造价最低的一种敷设方式，为了保证城市轨道交通的畅通运行，一般要采用专用道的形式。[126]由于城市市区的用地比较紧张，道路交叉口较多，干扰较大，穿越市中心的城市轨道交通一般很少设置为地面线。在连接中心城与卫星城之间或城市边缘地带，应尽可能创造条件设置地面线，以降低工程造价。

地面线的优点是土建工程造价最低；其缺点是隔断线路两侧的交通，使线路两侧难以通行，不利于两侧土地的商业开发利用，同时运行时噪声较大。

（3）高架线是城市轨道交通中一种重要的线路敷设方式，既保持了专用道的形式，又占地较少，对城市交通干扰也小。高架线一般在市区外建筑稀少及空间开阔的地段采用，其线位一般沿道路的一侧或路中布置。桥梁的净空一般由沿线所跨越的道路通车高度及河流的通航高度要求来确定。高架线的突出缺点是运行噪声大，对城市景观影响也较大，市区一般不采用。

总之，这三种敷设方式的选择应结合城市的总体规划、线路所穿越的地区环境、工程技术要求及造价总和比选后确定，一般在城市中心地区宜采用地下线，其他地区条件许可时宜采用高架线或地面线。[127]另外，选线布站要重视对沿线生态环境的保护，坚持可持续发展的原则，结合沿线的土地规划和开发性质，采用适宜的线路形式；对振动和噪声敏感的地段要尽可能绕避，或采取合理的减振降噪措施。

3. 线路走向与布设

城市轨道交通线路以服务城市内部为主并适当外延至相邻组团，加强城市内中心城区与各组团之间的有机联系，拉近了相互之间的时空距离。线路的走向和路径的选择要考虑城市建设的近远期发展规划，要与城市发展时序相协调，发挥城市轨道交通建设对城市建设的拉动作用。轨道交通线路主要布设于城市客流量大且交通拥堵明显的地方，是连接城市与郊区之间最快捷的交通方式。各大城市的轨道交通线路通常纵横交错、异常复杂，需要统筹安排、合理规划。

4.3 地下空间及地下工程

4.3.1 地下空间及地下工程的基本概念

地下空间是指位于地表以下的结构空间，它的主要表现形式是地下建筑或地下构筑。[128]它的适用范围很广，涉及地下商场、地下商业街、地下停车场、地下储存室、人防工程、管线工程、军事工程、地铁、矿山井巷、洞室、隧道、核电、核废处置空间及地下水利水电等建筑空间。这里所述的地下空间，不同于自然地质作用下形成的天然洞穴，而是特指人类为经济、生产及生活等活动而进行地下工程开发所形成的空间。它是人类智慧与技术的结晶，是工程活动与地质环境相互协同作用的产物。地下空间的广度与深度标志着人类文明的发展与进步。

在地面以下土层或岩体中修建各种类型的地下建筑物或结构的工程，称为地下工程。[129]它包括交通运输方面的地下铁道、公路隧道、地下停车场、过街或穿越障碍的各种地下通道等，军事方面的野战工事、地下指挥所、通讯枢纽、掩蔽所、军火库等，工业与民用方面的各种地下车间、电站、各种储存库房、商店、人防与市政地下工程，以及文化、体育、娱乐与生活等方面的联合建筑体等。前面所述的隧道工程亦为地下空间的范畴之一。本节所介绍的地下工程，是指除了作为地下通路的隧道和矿井等地下构筑物以外的地下工程。

4.3.2 地下仓库

地下环境对于许多物质的储存有突出的优越性，地下环境的热稳定性、密闭性和地下建筑良好的防护性能，为在地下建造各种储备库提供了十分有利的条件。[130] 目前各种类型的地下贮藏设施，在地下工程的建造总量中占据很大的比重，如一些能源短缺国家提出了建造地下燃料储备库（图 4.24）的战略储备方案。

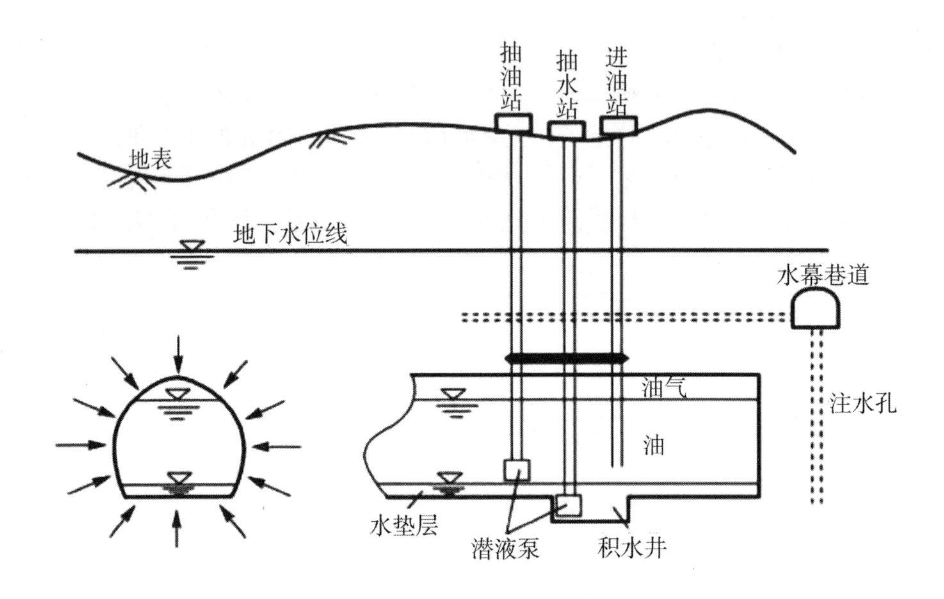

图 4.24　地下水封储油库原理示意

（资料来源：https://xueqiu.com/3167081651/120219182?page=1.）

我国利用地下空间储存粮食有着悠久的历史，地下仓与房式仓、立筒仓、浅圆仓等仓型相比具有许多独特优点。[131] 地下仓具有低温、低氧、隔热、防潮、密闭、易管理、粮食进出仓适合机械化作业等优势性能，是一种既经济又绿色环保的储粮仓型。

4.3.3 城市地下综合体

城市地下空间的开发利用，已经成为现代城市规划和建设的重要内容之一。[132] 一些大城市从建造地下街、地下商场、地下车库等建筑开始，逐渐将地下商业街、地下停车场与地下铁道、管线设施等结为一体，形成与城市建设有机结合的多功能地下综合体。因此，地下综合体可以考虑定义为建设沿三维空间发展的，地面地下连通的，结合交通、商业储存、娱乐、市政等多用途的大型公共地下建筑。地下综合体具有多重功能、空间重叠、设施综合的特点，应与城市的发展统筹规划、联合开发和同步建设。

1. 地下街

在建筑物的地下层之间建立地下连接通道或独立建造，形成总体形态狭长的，旁边设店铺、停车等设施的地下道路，统称为地下街。[133]其发展初期是在一条地下步行道的两侧开设一些商店，由于与地面上的街道类同，因而称为“地下街”。经过几十年的发展，地下街已从单纯的商业性质变为融商业、交通及其他设施为一体的综合地下服务群体建筑。地下街在国土面积小、人口多的日本最为发达。欧美一些国家也正在积极地修建地下街，如加拿大的蒙特利尔市，提出了以地下铁道车站为中心，建造联络该城市 2/3 设施的地下街的宏伟计划。

地下街的基本类型有广场型、街道型和复合型 3 种。[134]

广场型地下街多修建在火车站的站前广场或附近广场下面，与交通枢纽连通。这种地下街的特点是规模大、客流量大、停车面积大。如图 4. 25 所示的东京车站八重洲地下街，是日本最大的地下街之一，长度约 6 km，面积 6. 8 万 m^2，设有 141 个商店，与 51 座大楼连通，日均活动人数超过 300 万人次。

图 4. 25　日本八重洲地下街

（资料来源：https://centraltokyo - tourism. com/spot/detail/100302021. ）

街道型地下街一般修建在城市中心区较宽广的主干道下，出入口多与地面街道和地面商场相连，也兼作地下人行道或过街人行道。例如，宁波东鼓道地下商业街（图 4. 26）与宁波城市主干道中山东路平行，是地铁 1 号线鼓楼站至东门口站地下商业空间，其面积达到 3 万 m^2，是我国内地最大的轨道地下商业综合体。同时，该商业街还是兼顾人防因素的地下空间综合体，实现了大型地下空间与人防设施的开发共建。

复合型地下街为上述两种类型的综合，具有两者的特点，一些大型的地下街多属于此类。[133]

地下街在我国的城市建设中起着多方面的积极作用，其具体表现为[135]：①有效利用地下空间，实现人车分流，从而改善城市交通。近年来，我国地下街多建于大城市的十字交叉口的人流、车流繁忙地段。②地下街与商业开发相结合，活跃了市场，繁荣了

图 4.26　宁波东鼓道地下商业街

（资料来源：https://ss2.meipian.me/users/4941229/3827a235ba414d779f063b8238daa2cb.jpg?imageView2/2/w/750/h/1400/q/80.）

城市经济。③改善了城市环境，丰富了人民群众的物质与文化生活。

2. 地下商场

商业是现代城市的重要功能之一。我国的地下空间的开发和利用，在经历了一段以民防地下工程建设为主体的历程后，目前正逐步走向与城市的改造、更新相结合的道路。一大批中国式的大中型地下综合体、地下商场在一些城市建成，并发挥了重要的社会作用，取得了良好的经济效益，如上海五角场地下商场等。

3. 地下停车场

近年来，我国许多大城市的停车问题日益尖锐，大量道路路面被用于停车，加重了动态交通的混乱，对有规划的公共停车场的需求已十分迫切。[136]前些年在长沙、上海、沈阳等城市建造了几座地面多层停车场，但由于规划不当和体制、管理等方面的原因，效果都不甚理想，综合效益较差。鉴于我国城市用地日益紧张的情况，跨过地面建设多层停车场的发展阶段（国外在20世纪60年代曾经历过这一阶段），结合城市再开发和地下空间综合利用的规划设计，直接进入以发展地下公共停车设施为主的阶段，是合理和可行的。目前，上海、北京、沈阳等大城市建造了大量地下公共停车场，容量从几十辆到几百辆不等，这种发展方向已逐渐为人们所接受。如图4.27所示为国内某地下停车场。

图 4. 27　地下停车场

（资料来源：：http://www. nipic. com/detail/huitu/20191209/115631775050. html. ）

4. 4　地下管道工程

4. 4. 1　概述与发展历史

地下管线是城市基础设施的重要组成部分，是城市规划、建设管理的重要基础信息。它就像人体内的“神经”和“血管”，日夜担负着输送能量、传递信息等重大职能，是城市赖以生存和发展的物质基础，被称为城市的“生命线”。[137]

在我国的一些大城市，地下管线工程建设历史悠久。例如，北京城早在 19 世纪中叶就建设有较完整的明暗结合的排水沟系统；1861 年，上海开始埋设第一条煤气管道；天津在 1898 年开始埋设第一条自来水管道；许多省会城市在新中国成立前也都埋设有部分地下管线，主要是给水、排水系统管线。

随着我国城镇化进程的不断加快，城市地下管线扩建、改建工程量不断增加。[138]据调查，目前我国省会城市仅排水管道的总长度一般都在 3000 km 以上，中等城市的排水管道总长度也在 1000 km 以上，而北京、上海、天津等大城市排水管道的总长度都在 6000 km 以上。图 4. 28 为 2000—2019 年间我国城市供水、排水管网的里程统计，从中可见，截至 2019 年底，全国城市供、排水管网的铺设里程分别达到了 92. 1 万 km 和 74. 7 万 km，年平均增速分别达到了 4. 6 万 km 和 3. 4 万 km。

4. 4. 2　地下管线的种类

地下管线的种类繁多，结构复杂。按其功能主要可分为排水管道、给水管道、燃气管道、热力管道、工业管道、电力电缆和通信电缆等七大类，每类管线按其传输的物质和用途又可分为若干种（图 4. 29）。[137]

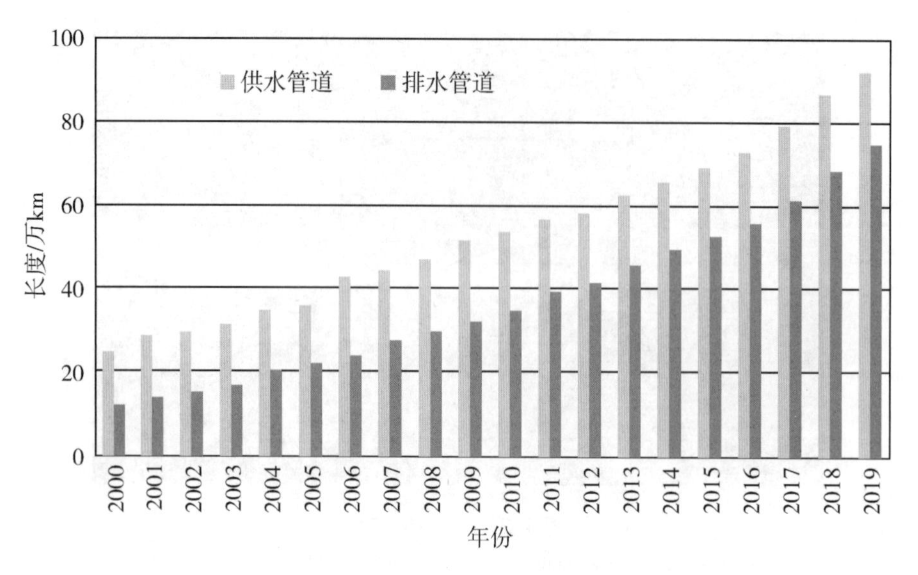

图 4.28 2000—2019 年我国城市供排水管网的发展情况

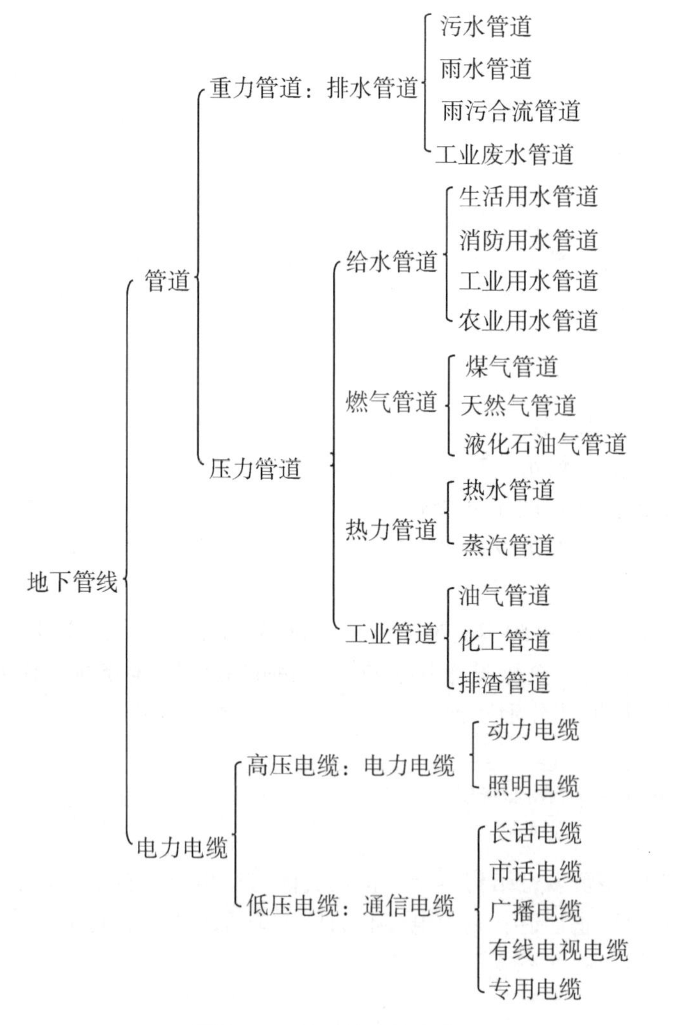

图 4.29 地下管线的分类

1. 排水管道

排水管道按排水的性质分为雨水管道、生活污水管道、雨污合流管道、工业废水管道等，主要用于接收、输送城市所产生的各种污水。

2. 给水管道

给水管道按水的用途分为生活用水、消防用水、工业用水及农业用水等输水和配水管道。[139] 由给水管道组成的给水系统一般是从水源地（江河、湖泊、水库、水井）取水，通过主干管道（明渠、隧道、大口径管道）送到水厂，经水厂净化处理后，再由主管道送到各用水区（住宅区、工厂、企事业单位等）。各用水区根据各自的需求和条件，敷设本区的给水管道系统。

在我国，使用最广泛的给水管道为铸铁管（分承插口和法兰口两种）和钢管（直径在 150 mm 以下的管道中广泛应用），其次为预应力混凝土管、石棉水泥管、聚乙烯（PE）塑料管等。[137]

3. 燃气管道

燃气是现代化城市生活的主要能源。燃气管道按其所输送的燃气性质分为煤气、天然气、液化石油气输配管道。燃气管道的材质多为钢管（主要是无缝钢管和焊接钢管），其次是承插口的铸铁管（用于低压煤气）和聚氯乙烯（PVC）塑料管。燃气管道的直径一般在 15 ～ 1500 mm 之间。

4. 热力管道

热力管道按其所输送的介质分为热水管道和蒸汽管道两种。一般采用无缝钢管和钢板卷焊管作为热力管道。

5. 工业管道

工业管道按其所传输的介质分为石油、重油、柴油、液体燃料、氧气、氢气、压缩空气等油气管道，氯化钾、丙烯、甲醇等化工管道，工业排渣、排灰管道，以及盐卤和煤浆输送管道，等等。工业管道一般为钢管和塑料管。

4.4.3　地下管线的施工方法

目前，铺设、更换和修复地下管线的施工方法总体上可分为两类：开挖施工法（挖槽埋管法）和非开挖施工法。

1. 开挖施工法

开挖施工法包括挖槽法和窄开挖法，是最常见的一种施工方法。其主要的施工工序为：①地面的准备工作；②使用挖沟机、反铲等设备进行槽沟的开挖，包括排水和支护；③铺设管线；④回填和压实，以及支护桩的拆除；⑤路面的复原。

开挖施工法的缺点是：①妨碍交通（堵塞、中断或改线）；②破坏环境（绿化带、公园和花园）；③影响市民生活和商店的营业；④安全性差；⑤综合施工成本高。[140] 在市区，由于地面建（构）筑物比较密集，开挖施工法越来越受到来自经济、社会和环境等方面的压力和限制。[137]

2. 非开挖施工法[137]

非开挖施工是指在不开挖地表的条件下探测、检查、修复、更换和铺设各种地下公用设施（管道和电缆）的技术和方法。与开挖施工法相比，非开挖施工技术具有不影响地质、不破坏环境、施工周期短、综合施工成本低、社会效益显著等优点，可广泛用于穿越公路、铁路、建筑物、河流，以及古迹保护区，进行供水、煤气、电力、电信、石油、天然气等管线的铺设、更新和修复。此外，非开挖施工技术还可用于水平给排水工程、隧道工程（管棚）、基础工程（钢板/管桩、微型桩、土钉）、环境治理等领域。

非开挖施工法（钻孔埋管法）[141] 包括：①新管铺设，即铺设新的地下管线；②旧管更换，即在原位更换旧管线；③旧管修复，即修复现有管线的局部缺陷或改善其性能。

与开挖施工法相比，非开挖施工法的主要优点是：①可以避免开挖施工对居民正常生活的干扰，以及对交通、环境、周边建筑基础的不良影响；②全年可施工，施工速度快，工程周期短，能加快整体设计工程的施工速度，提高工作效率；③社会效益高，工程造价低，节约整体工程造价费用，且综合成本低，工时少。

实践证明，在大多数情况下，尤其是在繁华市区或管线的埋深较大时，非开挖施工法是开挖施工法很好的替代方法。在特殊情况下，如穿越公路、铁路、河流、建筑物等，非开挖施工法更是一种经济可行的施工方法。

4.5 工程检测与非开挖技术

目前，城市现存的许多设施不能满足发展的需要，如污水、自来水、煤气、电力和通信等管道的铺设和维修都是在需要的时候再对街道路面“开膛剖肚”，从而导致交通堵塞、破坏已有基础设施、环境污染等一系列问题。非开挖施工技术就是在不开挖（或者少开挖）地表的情况下进行铺设、探测、维修和更新各种地下管线，解决城市管线施工中的难题。城市地下管线的铺设方式是工程建设技术水平的体现，是城市现代化的标志之一，也是社会文明进程的重要体现。

图 4.30 所示为地下工程检测技术概况。对于工程检测，本节仅针对地下管线工程展开论述；对于非开挖技术，本节亦仅针对地下管线工程。

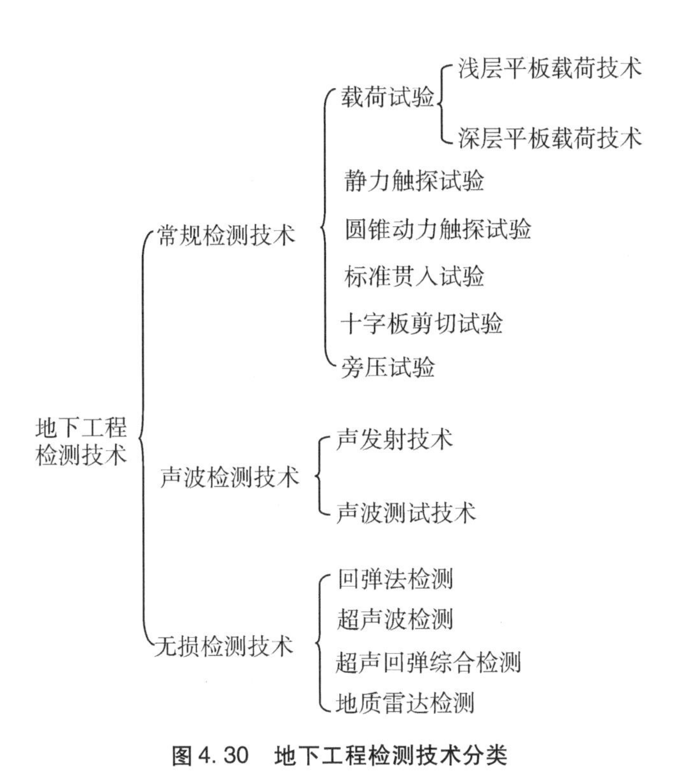

图 4.30　地下工程检测技术分类

4.5.1　管道检测技术介绍

目前，管道检测方法主要包括电视检测、声呐检测、管道潜望镜检测等。每种方法都有其特点和适用范围。

电视检测主要适用于管道内水位较低状态下的检测，能够全面检查排水管道结构性和功能性状况。

声呐检测只能用于水下物体的检测，可以检测积泥、管内异物，对结构性缺陷检测有局限性，不宜作为缺陷准确判定和修复的依据。

管道潜望镜检测主要适用于将设备安装在管道口位置进行的快速检测，对于较短的排水管可以得到较为清晰的影像资料，其优点是速度快、成本低，影像既可以现场观看、分析，也便于计算机储存。

传统检测方法中，人员进入管道内检测主要适用于管径大于 800 mm 的管道，其存在作业环境恶劣、劳动强度大、安全性差等缺点。

在实际工程中，必要时可采用以上两种或多种方法配合使用，如采用声呐检测和电视检测相互配合，可以测得水面以上和水面以下的管道状况。[138]

1. 电视检测

目前，地下管线现状检查广泛使用的是闭路电视（CCTV）摄像法，该方法可以对管道破损、龟裂、堵塞、树根侵入等症状进行检测和记录。CCTV 法适用的管道最小直径为 50 mm，最大为 2000 mm。CCTV 法的一个缺点是不能检查被水和淤泥覆盖的部分。另外，CCTV 检测时应确保管道内水位不大于管道直径的 20%。[138]

2. 声呐检测

声呐检测技术的原理是利用发射的高频声波来定位介质的非连续性。[139]声呐发射器以一定的速度在管道内移动，并以预定的时间间隔传送出管道断面的图像。然而，声呐技术不能透过硬的表面，故不能提供有关管壁厚度和周围地层性质的参数。声呐检测的必要条件是管道内有足够的水深，300 mm 的水深是设备淹没在水下的最低要求。

3. 管道潜望镜检测

管道潜望镜检测是利用电子摄像高倍变焦的技术，加上高质量的聚光、散光灯配合，进行管道内窥检测。[142]其优点是携带方便，便于操作。由于设备的局限，这种检测主要用来观察管道是否存在严重的堵塞、错口、渗漏等问题；对于细微的结构性问题，不能提供很好的结果。若对管道封堵后采用这种检测方法，能迅速得知管道的主要结构问题。

管道潜望镜只能检测管道水面以上的情况，管内水位越深，可视的空间越小，能发现的问题也就越少。使用管道潜望镜检测时，管内水位不宜大于管径的 1/2，管段长度不宜大于 50 m。

4. 管道扫描评估技术

管道扫描评估技术能提供如 CCTV 一样的前视画面，也能提供管道内表面 360°扫描可视图像。[143]此外，可以在办公室进行数据分析，精细探查一些次要的管道缺陷。该技术也能记录管道坡度，因此可得到管道下垂位置和沉积物的潜在位置。360°扫描能以平面视图检查管道整个表面，并且可以量测接头缝隙。

5. 管道渗漏检查[139]

管道渗漏检查技术从原理上可分为噪声原理和声呐原理。噪声原理是指从渗漏处流出的水在土壤中以不同的方向扩散到地面会产生噪声波，其会通过管道自身以及与管道相连的部件传播。因此，通过地面扩音器就可以辨别出漏水声，从而达到确定漏点的目的。

声呐原理也称相关原理，即相关仪基于渗漏噪声传到两个传感器的不同时间来计算渗漏点和一个检测点之间的距离，并显示数据和图形。由渗漏点漏出的水产生的噪声沿管道和水柱从渗漏点向远处传播，装在管道上或管接头上的传感器捕捉这一渗漏噪声，并把它转化成电信号。渗漏噪声视传播的距离远近先后到达两个不同点处的传感器，相关仪通过测量达到两点的时间差来计算距离。

4.5.2 非开挖铺设地下管线工程技术

现代非开挖地下管线施工技术是近年来发展起来的一项高新技术，是钻探工程技术结合工程物探、计算机技术、岩土工程技术及新材料技术等的一项重要延伸。非开挖技术在国外已广泛使用，在国内也逐渐普及。与其他技术相比，非开挖技术起步较晚。但是在最近20多年中，非开挖技术无论在理论上，还是在施工工艺方面，都有了突飞猛进的发展。非开挖技术是极为重要的一种铺设管道的工程手段，采用非开挖技术铺设管道具有若干得天独厚的优势。

现代非开挖技术发展虽然仅20多年的时间，但其施工工艺技术的先进性、优越性所带来的经济效益和社会效益已举世瞩目，同时也激励了非开挖技术的不断更新，其应用领域不断拓展[144]，如：①穿越江河、机场、铁路、公路、建筑等铺设各种地下管线；②隧道的管棚支护、微型钻孔桩施工等；③水平注浆、水平降水、地下污染层处理；④煤层瓦斯抽排放孔施工；⑤修复置换旧管线；⑥探测查找地下管网。

图4.31所示为非开挖地下管线施工方法的分类。非开挖技术可分为三大类：铺设新管线、修复置换旧管线、探测原有管网。[145]①铺设新管线施工技术，包括导向钻进铺管法、定向钻进铺管法、气动矛铺管法、夯管锤铺管法、螺旋钻进铺管法、推挤顶进铺管法、微型隧道铺管法、盾构法和顶管法；②修复旧管线施工技术[146]，包括原位固化法、原位换管法、滑动内插法、变形再生法、局部修复法；③探测地下管网技术[147]，其设备包括地下管线探测仪（非金属管道探测仪、金属管道探测仪、塑料管道探测仪、电力电信缆线探测仪和井盖探测仪等）、供水管网监测仪（流量水压记录仪、漏区诊断仪、漏点定位仪等）、电信线路故障定位仪、气体故障检测仪、管中摄影仪、探地雷达、声呐系列。

由图4.31可见，非开挖地下管线施工方法较多，都有各自的适用范围和局限性，下面仅对部分方法做简单介绍。

1. 顶管法[147,148]

顶管法是最早用在排水工程施工中的一种非开挖施工方法，起源于美国。它是继盾构法之后发展起来的一种地下管道施工方法。最初，顶管法主要用于跨越孔施工时顶进钢套管。随着技术的改进，顶管法也可用于无套管情况下顶进永久性的公用管道，主要是重力管道。图4.32为顶管法施工的示意。

顶管施工从地面开挖两个基坑井，然后管节从工作井安放，通过主顶千斤顶或中继间的顶推机械的顶进，推动管节从工作井预留口穿出，穿越土层到达接收井的预留口边，然后通过接收井的预留口穿出，形成管道。顶管施工时，是从一口预先施工好的工作井为出发点，采用液压千斤顶提供水平推力，将预制好的钢筋混凝土管一节一节随工具管从工作井前壁预留的洞口向土层中顶进，同时将挤入工具管内的泥土运走，如此往复，直到工具管到达前方预先施工好的接收井。

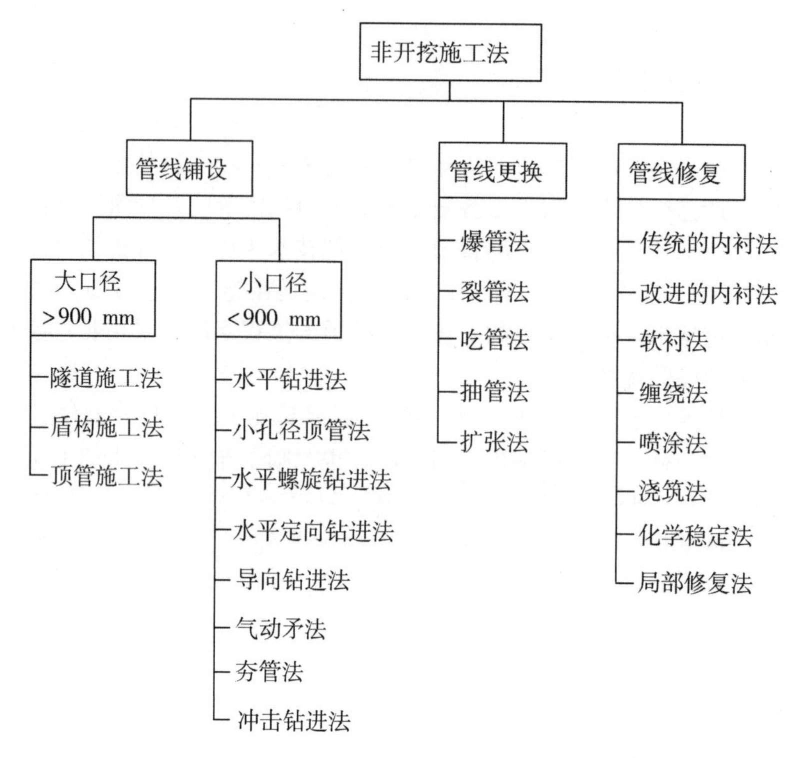

图 4.31 非开挖地下管线施工方法分类

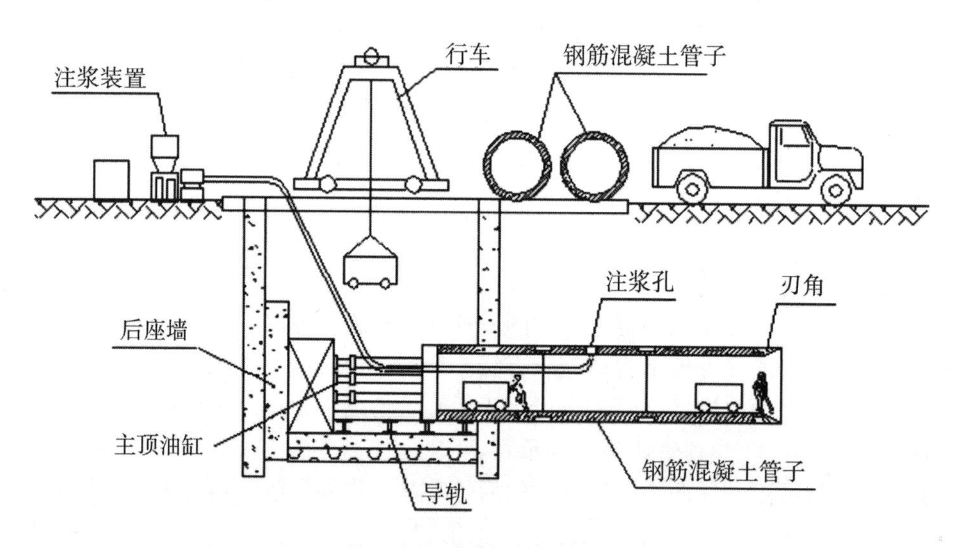

图 4.32 顶管法施工示意

2. 水平定向钻进法

水平定向钻进法是对环境影响最小的施工方法，这项技术同时还可以为管道提供保护层，并相应减少维护费用，同时不会影响河流运输并缩短施工期。[149]使用水平定向钻机进行管线穿越施工，一般分为两个阶段：第一阶段是按照设计曲线尽可能准确地钻一个导向孔；第二阶段是将导向孔进行扩孔，并将产品管线（一般为PE管道、光缆套管、钢管）沿着扩大了的导向孔回拖到导向孔中，完成管线穿越工作。

3. 气动矛铺管法

气动矛由钢质外套（矛体）、活塞和配气装置组成。气动矛在压缩空气作用下，矛体内的活塞做往复运动，不断冲击矛头，矛头在土层中挤压周围土体，形成钻孔并带动矛体前进。形成钻孔后可以直接将待铺管道拉入，也可通过拉扩法将钻孔扩大，以便铺设更大直径的管道。其技术特点是：设备简单，操作方便，投资少；可铺设PE管、PVC管和钢管；适用于短距离（30 m以内）、小直径管道的穿越铺设；适合在狭小空间内施工。

4. 爆（碎）管衬装置换法[150]

该方法主要适用于原有管线为易脆管材（如灰口铸铁管等）且管道老化严重的情况。新管的管径可以比原有管道管径大。具体施工方法是将碎管设备放入旧管中，由卷扬机拉动沿旧管前进，沿途由碎管设备将旧管破碎；在碎管设备后连着扩管头，扩管头的管径比原有旧管大，负责将破碎的旧管压入周围的土壤中；紧跟着是内衬管线，一般为PE管材，管径小于扩管头，在卷扬机的拉动下拖入原有管道的管位。

第5章　海洋土木工程

5.1　海洋工程环境

海洋工程环境主要包括三个方面，分别是海洋化学环境、海洋生物环境及海洋物理环境。其中，海洋物理环境最重要，包含风、波浪、潮汐、海流、风暴潮、海冰、海啸及内波等；海洋化学环境和海洋生物环境主要涉及海水及海洋生物对海洋工程结构物的腐蚀问题等。

本章着重介绍海洋工程结构物所经历的海洋气象条件。所谓海洋气象，是指气象与海洋的组合效应。海洋气象条件则是指一系列有关气象学与海洋学的条件，这些条件包括局部表面风、局部风成浪、远处风暴引起的涌浪、局部风暴生成的表面流、深水海盆环流、特定海域环流（如墨西哥湾环流和挪威北海海岸流）等。

海洋工程结构物通常是用于开采海床下面的海洋油气资源，受到外界自然海洋环境条件的作用。这些结构物所遭受的海洋环境条件包括海浪、风和海流等，在某些特定海域也会遭遇地震和海啸。为了保证海洋工程结构物的生存状态和安全，设计者们必须掌握这些环境作用的效应并在海洋工程结构物的设计中考虑它们。此外，钻井和作业设备的选择、立管和系泊系统的选择均与开发油田现场的海洋气象环境直接相关。[151] 本章将针对世界多数地方可能遇到的海洋工程环境及其特性进行描述。

5.1.1　海水特性

通常情况下，任何一个海域中，最大的海水变温层是在离海平面很近的位置。海水表面水的温度最高，随着深度的增加海水温度不断衰减，如1000 m的水深处，温度降到接近0 ℃。与热带区域相比，在更冷的极地区域海水温度的衰减速度更快，并随季节的变化而有所不同。

除了近岸区域，海水盐度的变化并不明显。河流径流在近岸地区带入足够的淡水，使得水平和垂向盐度发生变化。在开阔的海域，海水盐度变化不大，平均值约为35‰。

5.1.2　波浪

通常来讲，波浪是具有随机性的。然而，在一系列随机波浪序列中，更大的波浪可以采用规则波的形式来描述，通常规则波可以通过确定性的理论来进行描述。在针对海洋工程结构物的设计中，目前有很多波浪理论可供应用。虽然这些波浪理论一般都是理想化的，并有很多假设，但是对于海洋工程结构物及其组成部分的设计工作是必不可少的。对于规则波而言，通常它们的每一个周期循环都具有相同的形式。因此，这些理想化的波浪理论通常描述规则波一个循环的特性，并且这些特性不随着周期发生变化。

描述波浪需要三个主要参数，分别是周期、波高和水深。波浪周期是指两个连续波峰或波谷通过一个稳定点所需要的时间。波高是指波峰与相邻的下一个波谷之间的垂向距离。对于线性波浪而言，波峰的幅值与波谷的幅值相等；对于非线性波浪而言，波峰的幅值与波谷的幅值不相等。水深是指平均水面位置与平均海床位置之间的垂向距离。通常在波浪理论中假定海床是水平的。此外，在波浪理论中还有一些其他重要的物理量可以通过基本量计算获得，如波长、波浪相位速度、波浪频率等。

5.1.3　线性波浪理论

一个波浪是指在重力作用下平均水线位置附近的自由液面运动。自由表面的高程随着空间坐标 x 和时间 t 变化。线性波浪理论通常也称为微幅波或者艾立波理论。对于线性波浪理论而言，波浪的表述为正弦曲线，波浪剖面可以用下面的公式表示：

$$\eta = a\sin(kx - \omega t)。\tag{5-1}$$

式中：η——波浪高程；

x——沿 x 方向的空间坐标；

a——波幅，为实际自由液面与平均水线之间的距离；

ω——波浪频率；

k——波数；

t——时间。

通常情况下，我们采用二维坐标系统 xoy 来描述波浪在 x 方向的传播。因此，方程（5－1）描述的是自由液面做简谐运动的过程，η 在波幅 $+a$ 和 $-a$ 之间变化。当波浪剖面的点达到 $+a$ 时称为波峰，当波浪剖面的点达到 $-a$ 时称为波谷。该方程是对波浪传播的描述，表明波浪剖面不仅仅与时间 t 相关，同时也以正弦形式与空间 x 相关。当 $t=0$ 时，波浪剖面的形式为：

$$\eta = a\sin kx。\tag{5-2}$$

上式表明波浪剖面在任何时刻都以这个形式来表达。

如图5.1所示为两个不同时刻 t_1 和 t_2 时的波浪剖面。重新改写方程（5－1）可得：

$$\eta = a\sin k\left(x - \frac{\omega}{k}t\right)。\tag{5-3}$$

该式表明波浪剖面以如下速度沿着水平轴 x 运动：

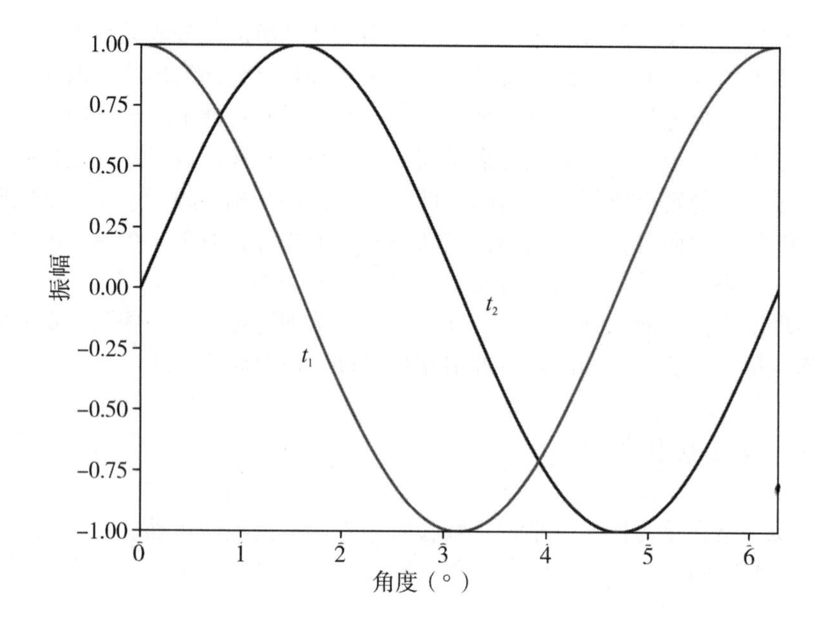

图 5.1　t_1 和 t_2 时刻的波浪剖面

$$c = \frac{\omega}{k}。\tag{5-4}$$

式中：c——波浪传播的速度。波浪频率 ω 为：

$$\omega = \frac{2\pi}{T}。\tag{5-5}$$

式中：T——波浪周期。另外，波数可以采用以下公式表达：

$$k = \frac{2\pi}{L}。\tag{5-6}$$

式中：L——波长。

5.1.4　内波

内波是因海水密度变化而产生的浮力波。它们是大幅值的重力波，在温度较高的海水层叠在温度较低海水的边界上传播。虽然肉眼无法看见，但是海水内部的动荡与海水表面的情况一样。在海水平面 40 m 以下，海水的密度和温度会有一个突变，密度的突变称为密度跃层，温度的突变称为温度跃层。密度跃层是两种不同密度的流体之间的梯度界面。这种在流体界面之间运动的扰动称为内波。内波的变化及其与其他平面内的波浪和结构还没有被研究透彻，仍有待进一步深入研究。

测量内波非常困难，但是通常在水深非常大的地方可以发现它的身影。通常海洋中的内波会产生一个垂向的自由液面位移，对于浮式海洋工程结构物来说难以发觉。这些波浪的波高可能会非常大。内波很难从视觉上看见，只能通过自由液面的明显变化以及在密度跃层和温度跃层的直接测量来检测。在密度界面足够浅时，内波的波峰与海水平面接触，此时可以通过增加的海平面粗糙度来检测到内波。

内波被认为是引起大多数海洋工程结构物损伤的缘由。大幅值的内波可以对海洋工程结构物产生非常大的局部载荷和弯矩。曾经有报道指出，内波使得采油平台水平偏移 200 m，垂向偏移 10 m。1969 年，就是因为内波作用，美国长尾鲨号核潜艇被带到比其极限水深更大的位置，从而导致被压毁。

5.1.5　波谱

在海洋工程结构物的设计中通常采用规则波理论。在这种情况下，极值波浪由一系列波高和周期的规则波组成。该方法为海洋工程结构物的极端响应提供了一个简单分析。另外，随机波浪可以由能量密度谱来描述。波浪能量密度谱可以用来描述海浪的强度及其在随机波浪中的频率范围。因此，随机波浪设计的方法对于浮式结构物的设计而言非常重要。随机波浪可以由一些统计参数来描述，如表 5.1 所示。

表 5.1　波浪的几种常用典型参数

变量符号	变量名称	变量定义
T_S	周期	风暴的周期
H_S	有义波高	1/3 的短期波浪最大波高的平均值
H_{rms}	RMS 波高	短期波浪记录中波高的平方根
ω_0	谱峰频率	波谱峰值处的频率
ω_S	有义波浪频率	短期波浪记录中与有义波浪所对应的频率
$\bar{\omega}$	平均频率	短期波浪记录中波浪的平均频率
σ	波浪标准差	波浪时域高程的标准差

在海洋工程结构物的设计中使用的波谱类型有很多种。这些公式都是通过观察波浪的特性推导而来的经验做法。最常用的波谱模型是 Pierson-Moskowitz 谱、Bretschneider 谱、ISSC 谱、Jonswap 谱和 Ochi-Hubble 谱等。各类型波谱模型及其参数如表 5.2 所示

表 5.2　各类型波谱模型及其参数

模型	参数个数	独立变量参数	公　式
Pierson-Moskowitz	2	U_w，ω_0	$S(\omega) = \alpha g^2 \omega^{-5} \exp\left[-1.25\left(\frac{\omega}{\omega_0}\right)^{-4}\right]$
改进的 P-M	2	H_S，ω_0	$S(\omega) = \frac{5}{6} H_S \frac{\omega_0^4}{\omega^5} \exp\left[-1.25\left(\frac{\omega}{\omega_0}\right)^{-4}\right]$
Bretschneider	2	H_S，ω_s	$S(\omega) = 0.1687 H_S \frac{\omega_S^4}{\omega^5} \exp\left[-0.675\left(\frac{\omega}{\omega_S}\right)^{-4}\right]$

续上表

模型	参数个数	独立变量参数	公　式
ISSC	2	H_S，$\overline{\omega}$	$S(\omega)=0.1107H_S\dfrac{\overline{\omega}_0^{-4}}{\omega^5}\exp\left[-0.4427\left(\dfrac{\omega}{\overline{\omega}}\right)^{-4}\right]$
Jonswap	5	H_S，ω_0，γ，τ_a，τ_b	$S(\omega)=\overline{\alpha}g^2\omega^{-5}\exp\left[-1.25\left(\dfrac{\omega}{\omega_p}\right)^{-4}\right]\gamma^{\exp\left(\frac{\omega-\omega_p}{2\sigma^2\omega_p^2}\right)}$
Ochi-Hubble	6	H_{S1}，ω_{01}，λ_1，H_{S2}，ω_{02}，λ_2	$S(\omega)=\dfrac{1}{4}\sum_{j=1}^{2}\left(\dfrac{4\lambda_j+1}{4}\omega_{0j}^4\right)^{\lambda_j}/\left\{\Gamma(\lambda_j)\dfrac{H_{Sj}^2}{\omega^{4\lambda_j+1}}\exp\left[-\dfrac{4\lambda_j+1}{4}\left(\dfrac{\omega}{\omega_{0j}}\right)^{-4}\right]\right\}$

5.1.6 海流

海流是指海水中的水团从一个地方流动到另一个地方。海流在开阔的海域是非常普遍的现象。海平面的海流主要受风、气压变化和潮汐效应的影响。然而，通常情况下海流也会存在于海平面以下或者是海床区域。在早期的离岸开发过程中，通常认为海流只是局限于海水的上层水体，在海平面以下约 1000 m 水深处不存在海流。然而，现在认为在深水中存在一系列的海流。对这些海流及其产生原因的进一步认识促进了超深水中的海洋工程结构物设计规范的改进。这些海流的类别包括由热带气旋（如飓风）、温带气旋、寒潮暴发以及一些主要的地表循环等引起。最普遍的海流包括风成流、潮流、旋转流、往复流等。海流可以用矢量来描述，其在特定水深的速度和方向可以用流剖面来描述。

大多数情况下海流都是紊态的，但是它可以通过均匀的平均流来描述。在海洋工程结构物的设计中，通常认为海流不随时间发生变化。通常设计值采用百年一遇的海流来考虑。

5.1.7 风

风对海洋工程结构物的水平面以上的结构作用效应非常重要。通常情况下，风有两个主要要素，分别是平均风速及其在平均值附近的起伏变化。采用平均风速可以将风对海洋工程结构物的稳态载荷表述出来。对于固定式结构而言，通常只考虑平均风速的影响，平均值附近的风载振荡对结构的影响较小。然而，对于浮式结构物而言，情况则不同。风所产生的动载部分对于浮式结构物的影响非常显著，不可忽略。需要注意的是，即使是平均风速通过一个变化的自由液面，也会产生一个动力效应的载荷。这部分载荷主要是由暴露在波浪作用下的结构物变化引起的。对于线性波浪而言，这部分振荡可以用非常简单的形式来描述，例如假定波浪是正弦变化的。

通常对于海洋工程结构物的设计而言，1 小时平均风速是可接受的稳态风速。稳态风速通常是考虑某一特定参考高度的平均速度，通常这一参考高度为平均水平面 10 m 高的位置。在设计当中需要选择百年一遇的平均风速，这个平均风速通常由某一特定区域分布的风速数据求得。风的方向在很多应用中都非常重要。

作用在结构物上的风载可看作平均风速以上的稳态部分。此外，在计算中也应该考虑随时间缓慢变化的风载部分，这是产生低频运动的主要原因。随时间变化的风可以通过风谱来描述。

与随机波浪一样，作用在甲板结构的风也是在平均风速的基础上再叠加的。风谱对于各种类型的海洋工程结构物非常重要。通常情况下有很多种风谱可供选择。此处我们以 API-RP 2A 规范中的风谱表达式为例进行说明。风速随着高程的变化可以由下面的表达式来进行描述：

$$U_w(1\ \mathrm{h},z) = U_w(1\ \mathrm{h},z_R)\left(\frac{z}{z_R}\right)^{0.125}。 \tag{5-7}$$

式中：U_w（1 h，z）——不同高程处的 1 小时平均风速；

z——水平面以上风作用中心的高程；

z_R——参考高程，取为 10 m。

$U_w(1\ \mathrm{h},z_R)$——参考高程处的 1 小时平均风速。根据 API-RP 2A 规范的规定，1 小时平均值的风谱可以表示为：

$$S(f) = \frac{[\sigma_w(z)]^2}{f_p\left(1+\frac{1.5f}{f_p}\right)^{\frac{5}{3}}}。 \tag{5-8}$$

式中：$S(f)$——能量谱密度；

f——频率；

f_p——峰值频率；

$\sigma_w(z)$——风速的标准差。

风谱的各种峰值频率通常都会考虑在内。推荐的 f_p 取值范围满足以下的关系式：

$$0.01 \leqslant \frac{f_p z}{U_w(1\ \mathrm{h},z)} \leqslant 0.10。 \tag{5-9}$$

通常情况下，上式中的系数取值为 0.025。风速的标准差为：

$$\sigma_w(z) = \begin{cases} U_w(1\ \mathrm{h},z)\times 0.15\left(\frac{z}{z_S}\right)^{-0.125}，如果\ z \leqslant z_S； \\ U_w(1\ \mathrm{h},z)\times 0.15\left(\frac{z}{z_S}\right)^{-0.275}，如果\ z > z_S。 \end{cases} \tag{5-10}$$

式中：z_S——表面层的厚度，取值为 20 m。与波谱不同的是，风谱是典型的宽带谱。通常来说，风谱的高频部分对于海洋工程结构物的应用不是重要的。然而，风谱的低频部分的能量会导致浮式结构物产生低频的慢漂振荡运动。

5.1.8 海冰

海冰是中高纬度地区海域在强冷空气、寒潮的侵袭下，气温急剧下降至冰点以下所导致的海岸带及近海出现的不同程度的结冰现象。它严重地威胁着海洋工程结构物的安全。海冰在我国渤海、北黄海沿岸较为常见，有固定冰、浮冰、重叠冰、堆积冰等形式。在海洋工程结构物设计和建造时对海冰作用力估计不准确，会导致海洋工程结构物在海冰载荷的作用下发生损坏，如1962—1963年美国阿拉斯加库克湾建造的两座海上钻井平台，由于其设计强度未考虑冬季冰的作用力，于1964年冬天被海冰载荷摧毁；1960年在日本稚内港外声问崎海上设置的声问崎灯标，于1965年3月因遭受强流冰群作用而倒塌。

海冰通常由固态水、多种固态盐和冰结构空隙中的盐水包组成。其中盐水包的作用是造成同等温度下海水冰强度低于淡水冰强度的主要原因。随着冰温的逐渐降低，盐水包中的溶解盐变成固态盐，使得海冰的强度逐渐增大。

5.2 海洋岩土工程

5.2.1 海洋地质调查

针对海床地层的调查包括相关地层工程参数的定量确定等的可靠模型对于海洋工程结构物基础而言非常重要。通常情况下，在任何特定海域进行海洋地质调查之前都需要进行初始设计研究，并且针对海床土特性的估测都需基于对局部地区的认识。因此，在多数情况下，建议建立一个场地调查模型，该模型延伸到调查的具体空间位置，如此一来利于设备的调整并且保证场地海床条件的空间均匀性。一些关键地貌（如断层、埋藏沟道）及其他一些不均匀的情况都需绘制成图。通常情况下，完成场地调查主要包括三个阶段：①初步探索，包括对海况数据的初步调查；②地球物理调查；③地质调查。

场地调查后可获得海洋工程结构物基础设计所需的工程参数。值得注意的是，海况数据并非海床条件等岩土工程调查工作的一部分，只是在初始海洋工程结构物基础研究阶段需要根据海况条件来决定载荷大小。对波浪和海流条件的认识有利于确定海床潜在的性质，包括海波、风暴引起的海底滑坡以及冰沟等。

5.2.2 海洋土性质

通常情况下，海洋沉积物主要由陆地碎屑物质或者含有海洋生物的碎屑物质所组成。因此，沉积物的主要分类为陆源沉积物和远洋沉积物。陆源沉积物主要由河流、海岸侵蚀、风蚀或缓慢活动形成；远洋沉积物则通常是有机质，大量地来自贝壳、海底生物体的骨骼和粪便。

1. 土的压缩与剪切

根据临界状态土力学的理论基础，土的特性主要可以分为压缩特性和剪切特性。当土体受到的压缩应力增加，如增加一个基础载荷，土体压力产生的结果主要包括三个部分：弹性压缩，初始压缩或者固结，二次压缩或者蠕变。岩土工程师需要优先确定的问题是土体产生了多大程度的压缩，并且压缩的速率是多少。在砂土沉积物中，由于具有较高的渗透性，假定所有的压缩都是瞬时发生的。对于软黏土而言，通常采用弹性理论和固结理论结合起来计算：采用弹性理论预测不排水压缩，然后采用固结理论计算与时间相关的初始压缩。弹性压缩通常用来描述有效应力的变化导致的体积变化，这与时间尺度无关；因不平衡的孔隙水压力耗散所引起的时间相关的土体变形，我们用固结理论来描述。当载荷作用在低渗透性的材料时，土体的响应是不排水的，即没有即时的体积变化。初始时候，载荷完全由孔隙流体承担，而非土体骨架。固结是因外载荷作用使得排水在土骨架内发生而引起的时间相关的孔隙水压力耗散，从而使得孔隙比 e 减小的过程。固结定义了不排水条件到排水条件的转变过程。

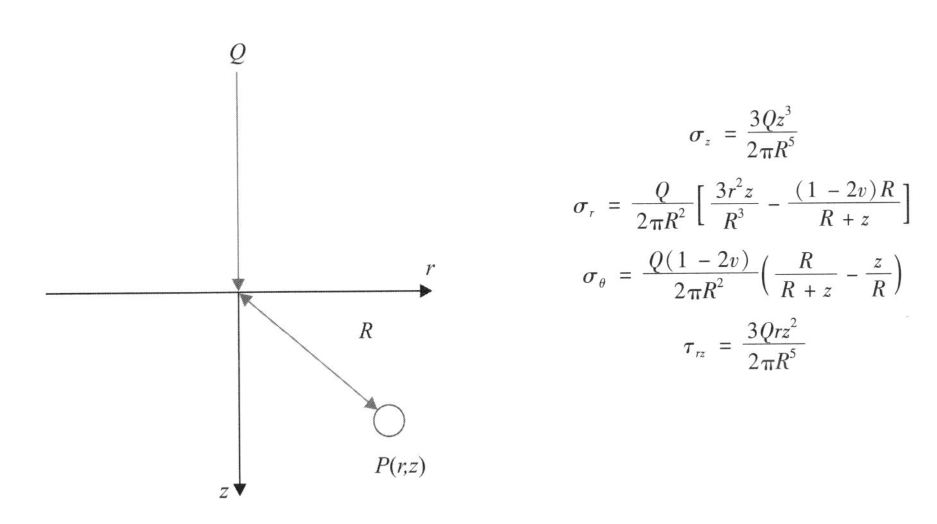

$$\sigma_z = \frac{3Qz^3}{2\pi R^5}$$

$$\sigma_r = \frac{Q}{2\pi R^2}\left[\frac{3r^2 z}{R^3} - \frac{(1-2v)R}{R+z}\right]$$

$$\sigma_\theta = \frac{Q(1-2v)}{2\pi R^2}\left(\frac{R}{R+z} - \frac{z}{R}\right)$$

$$\tau_{rz} = \frac{3Qrz^2}{2\pi R^5}$$

图 5.2　平面内法向点载荷作用下弹性半空间的应力变化

（1）弹性理论。

弹性理论是基于一系列控制方程以决定表面点载荷作用下半空间内弹性应力的变化（图 5.2）。单个点载荷作用的解可以集合为一系列作用在半空间给定平面内的解，并以此来决定任何载荷作用下的应力变化。半空间的应变可以通过结合土的弹性特性及弹性应力的变化来确定。各向异性材料的弹性响应可以通过杨氏模量 E 和泊松比 ν 来表征。杨氏模量 E 可以通过偏应力（标准三轴实验）与垂向应变之间的比值来确定：

$$E=\frac{\Delta q}{\Delta\varepsilon_1}。\tag{5-11}$$

泊松比 ν 为横向应变 $\Delta\varepsilon_3$ 的增量与垂向应变 ε_1 的增量的比值：

$$\nu=-\frac{\Delta\varepsilon_3}{\Delta\varepsilon_1}。\tag{5-12}$$

对于三轴条件下的小应变而言，体应变可以表示为 $\Delta\varepsilon_v=\Delta\varepsilon_1+2\Delta\varepsilon_3$。因此，泊松比也可以表示为：

$$\nu=0.5\left(1-\frac{-\Delta\varepsilon_\nu}{\Delta\varepsilon_1}\right)。\tag{5-13}$$

可以用 E_u 来描述不排水条件下的杨氏模量，用 E' 描述排水条件下的杨氏模量。同样，不排水条件下的泊松比可以用 ν_u 表示，排水条件下的泊松比可以用 ν' 来表示。对于不排水条件而言，体应变 $\varepsilon_\nu=0$，不排水条件下的泊松比的范围是 $0.1<\nu'<0.3$。

剪切模量 G 是另一个耦合弹性模量和泊松比的弹性参数：

$$G=\frac{E}{2(1+\nu)}=\frac{E_u}{2(1+\nu_u)}=\frac{E'}{2(1+\nu')}。\tag{5-14}$$

由于水不抗剪，因此不排水条件和排水条件下的剪切模量并没有区别。三轴实验中偏应力与切应变的比值有一个值为 $2G$ 的梯度，可适用于各向同性和各向异性的条件。

弹性应力－应变关系可以由剪切模量 G 和体积弹性模量 K（而非杨氏模量 E 和泊松比 ν）来区分剪切和体效应。体积弹性模量 K 是用来表示因平均应力改变而引起的体应变。完全饱和土体不排水条件下的体积弹性模量 K_u 是无穷大，如果忽略水的有限压缩性。排水条件下体积弹性模量 K' 可以定义为：

$$K'=\frac{\Delta P'}{\Delta\varepsilon_{\mathrm{vol}}}。\tag{5-15}$$

即这个值可以通过各向同性条件和各向异性条件下三轴实验的平均有效应力（$\Delta P'$）与体应变（$\Delta\varepsilon_{\mathrm{vol}}$）的比值来确定。

弹性变形可以通过弹性模量、泊松比、剪切模量和体积弹性模量等来描述，如图 5.3 所示。

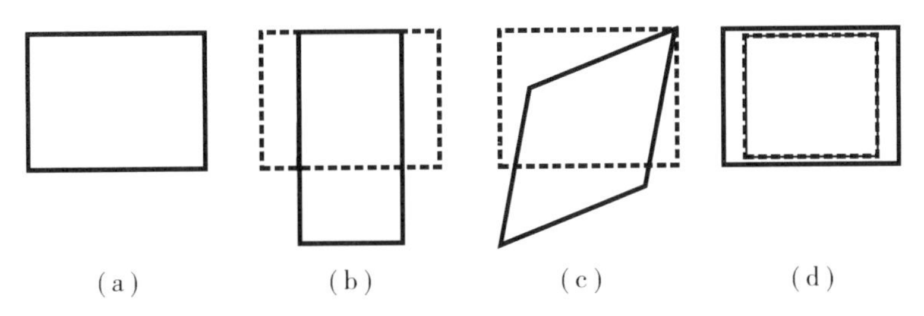

(a) 未变形；(b) 杨氏模量描述长度变化，泊松比描述宽度变化；(c) 剪切模量描述常体积下形状的变化；(d) 体积弹性模量描述形状不变情况下体积的变化

图 5.3 弹性变形

对各向异性弹性材料的应力－应变关系，可以采用矩阵的形式来描述 G 和 K 的关系：

$$\begin{bmatrix}\Delta P'\\ \Delta q\end{bmatrix}=\begin{bmatrix}K' & 0\\ 0 & 2G\end{bmatrix}\begin{bmatrix}\Delta\varepsilon_{\mathrm{vol}}\\ \Delta\gamma\end{bmatrix}。\tag{5-16}$$

上式中对角线元素为0表明各向同性条件下剪切和体变形可以独立地考虑。然而，在各向异性条件下，土体的剪切和体变形之间是耦合的，弹性应力－应变关系可以由改进的剪切模量 G' 和体弹性模量 K' 来描述：

$$\begin{bmatrix}\Delta P'\\ \Delta q\end{bmatrix}=\begin{bmatrix}K^{*} & J\\ -J & G^{*}\end{bmatrix}\begin{bmatrix}\Delta\varepsilon_{\mathrm{vol}}\\ \Delta\gamma\end{bmatrix}。\tag{5-17}$$

式中：

$$K^{*}=\frac{E^{*}(1-\nu^{*}+4\alpha\nu^{*}+2\alpha^{2})}{9(1+\nu^{*})(1-2\nu^{*})};\tag{5-18}$$

$$G^{*}=\frac{E^{*}(2-2\nu^{*}-4\alpha\nu^{*}+\alpha^{2})}{6(1+\nu^{*})(1-2\nu^{*})};\tag{5-19}$$

$$J=\frac{E^{*}(1-\nu^{*}+\alpha\nu^{*}-\alpha^{2})}{3(1+\nu^{*})(1-2\nu^{*})}。\tag{5-20}$$

E^{*} 和 ν^{*} 表示改进的杨氏模量和泊松比以考虑各向异性。常数 α 表示各向异性程度：$\alpha=1$ 表示各向同性，$\alpha>1$ 表示土体的水平向刚度比垂向的大，$\alpha<1$ 表示土体的水平向刚度比垂向的小。交叉的各向异性条件，水平方向与垂直方向表现出的不同性质，需要5个其他参数来描述弹性特性，分别是 E_{v}，E_{h}，G_{vh}，ν_{vh}，ν_{hh}。完全各向异性条件需要21个独立参数。弹性问题的解可以通过一系列载荷条件、边界值问题、均匀性和各向异性沉积物来推导。

(2) 固结理论。

传统的预测沉降随时间变化的方法通常依赖于一维固结理论，基于一维流动、一维应变以及排水边界的脱水率与位移相等的过程。一维条件通常用来决定设计计算中的固结参数，通常通过固结试验来得到。在固结试验中，采用一个限制环来约束垂向载荷作用下的横向应变。固结试验结果可以通过多种形式进行展示，包括应力 - 应变关系、剩余孔压的时间历史、有效应力、沉降等。通常情况下，固结时间（T）用非线性对数坐标的形式来表示：

$$T = \frac{c_\nu t}{d^2}。 \tag{5-21}$$

式中：c_ν——固结系数；

t——总应力的变化时间；

d——排水路径长度。

土体的固结系数随着应力水平而变化，因此应该要选择一个反映场地条件的值。一维固结系数 c_ν 可以表示为：

$$c_\nu = \frac{k_\nu E'_0}{\gamma_w}。 \tag{5-22}$$

式中：k_ν——渗透度；

γ_w——水的容重。

一维模量 E'_0 可以通过垂向应力 σ_ν 和垂向应变 ε_1 的增量之比定义：

$$E'_0 = \frac{\Delta\sigma_\nu}{\Delta\varepsilon_1} = \frac{E(1-\nu')}{(1+\nu')(1-2\nu')}。 \tag{5-23}$$

上式系数也可通过固结试验来获得。体积压缩系数 m_ν 通常也可以用一维模量的倒数来描述：

$$m_\nu = \frac{1}{E'_0}。 \tag{5-24}$$

压缩指数 C_c 是另一个描述压缩性的参数，用以反映体积的变化：

$$C_c = \frac{\Delta e}{\Delta \lg\sigma_\nu}。 \tag{5-25}$$

式中：e——孔隙比。

2. 循环载荷

（1）循环载荷作用下的土体响应。

海洋岩土工程的一个重要特征是海洋工程结构物会受到非常大的波浪和风暴载荷作用。因此，海洋工程结构物基础的土体循环特性对于海洋岩土工程师而言非常重要。为了往复加载的设计，有必要考虑循环应力作用下土体的不同特性。随着循环载荷的加载过程，循环载荷可以产生附加的孔压，减小海床的有效应力，并导致循环剪切应变，最终导致海床沉积物的刚度和剪切强度的缺失。迄今为止，还未有能够涵盖一切，抓住循环载荷作用下土体响应的所有关键特性的本构模型。从实用性方面考虑，有必要采用简单方法来估算土体的循环特性，这种方法依赖于实验室测试以决定必要的土体参数。

虽然往复荷载作用下的砂土和黏土的特性在很多方面都很相似，但是在不排水循环载荷作用下的土体响应与单调载荷作用下的响应差别很大。因此，砂土和黏土的不同特性也是研究的兴趣所在。循环载荷作用下的砂土响应的估算包括考虑液化的可能性，循环载荷作用下剩余孔隙水压力的幅值，土体的循环应变、位移和永久应变，等等。循环载荷作用下黏土响应的评估通常包括不排水抗剪强度的缺失、剩余孔隙水压力的生成及其耗散、循环刚度的变化和永久应变的累积。循环载荷作用下任何土体的响应，无论是实验室测试还是现场测试，都与循环载荷作用下的模态、幅值和频率有关。

（2）循环载荷作用下的模态。

虽然循环载荷作用下的常数应力幅值和频率被广泛地用于土体循环特性的考察，但风、波浪及暴风的幅值和频率等都是不规则的。定义循环应力 τ_{cy} 为循环载荷作用时的循环应力幅值，τ_a 为平均循环应力。通常情况下，根据平均剪切应力 τ_a 的大小可以定义四种循环载荷加载形式，如图 5. 4 所示。

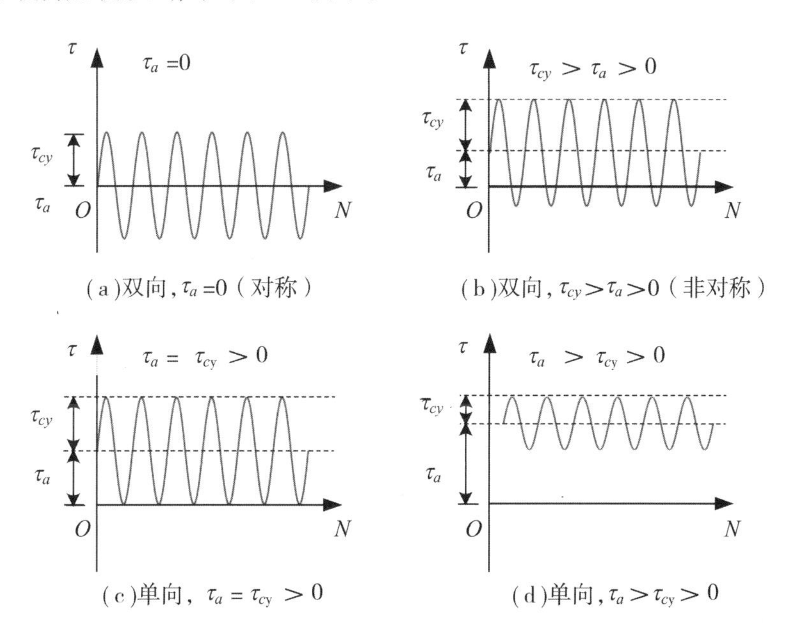

(a)双向，$\tau_a=0$（对称）　(b)双向，$\tau_{cy}>\tau_a>0$（非对称）

(c)单向，$\tau_a=\tau_{cy}>0$　(d)单向，$\tau_a>\tau_{cy}>0$

图 5. 4　循环载荷作用模型

5. 2. 3　桩基础

在表层为软土且水平载荷比较高的情况下，深桩基础比浅基础有一定的优势。在一些特定的场地，桩基础的类型取决于岩土工程条件。海洋工程应用的桩的直径从

0.76 m 到 4 m 多，通常情况下直径与壁厚比为 25 ～ 100。打入式钢桩是支撑海洋钢结构平台的传统型式。通常情况下，在小型导管架平台结构的四周打入一根钢桩以支撑主体结构。对于中等大小的导管架平台而言，通常采用群桩形式，分布在更长的矩形导管架结构上，每个角上采用一组群桩以支撑平台主体结构。例如，在澳大利亚西北海岸，North Rankin A 平台在四个角上分别布置了 8 根桩（图 5.5），附近的 Goodwyn A 平台的每个角上布置了 5 根桩。

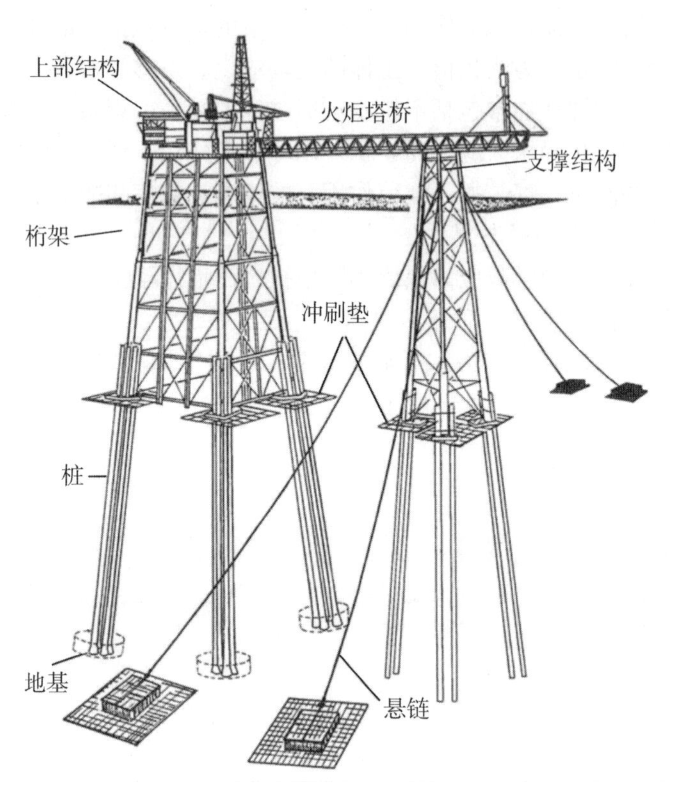

图 5.5 North Rankin A 平台桩基础分布[151]

桩也可作为浮体结构的锚，如用于系泊张力腿平台结构。在浮体结构中，桩承受垂直向上的拉力。第一个张力腿平台于 1984 年在英国北海赫顿油田安装并由打入式桩支护。模板放置在平台的每个角点，打入水下 58 m，为船体上的 4 根筋腱和 8 根桩提供连接。现代张力腿平台使用了更简单的设计排列，即每一根筋腱直接连接到一个单一的桩。

此外，桩也可用于对采用悬链线或者绷紧式系泊系统的浮式生产船舶进行锚固。在这些情况下，桩承受水平或者与水平方向成一定角度的荷载作用。在浅水区，并且无风无浪的情况下，一部分锚链将停留在海床上，靠与海床之间的摩擦力来抵抗系泊荷载。在风暴荷载作用下，锚链将会向锚桩施加单向水平循环荷载。锚链可与位于土表面的锚桩相连，或者通过嵌入式的板锚连接，这种连接提供了一种更有效的布置。在深水区域，通常采用绷紧式系泊系统，系泊线的角度通常为 0°～ 35°，甚至更陡峭。

锚桩在海上的进一步应用是支撑风机平台。其设计荷载以倾覆弯矩为主，所以桩短而粗，较大直径的桩可提供足够的侧向刚度。直径达 4 m 的钢管已在北海安装应用以支撑风机平台。

1. 桩基础设计依据

桩基础的设计必须考虑安装的各个方面以及系统的性能。

在所有的桩基础设计中，土力设计过程都会涉及评估场地特点和设计条件，然后分别处理设计的基本方面，并对它们进行适当的分组。例如：

· 安装方面（可打入性，井眼稳定性，注浆）；
· 在轴向循环和在上的轴向承载力和性能；
· 在横向循环和在下的轴向承载力和性能；
· 群体效应（影响基础的整体刚度）；
· 其他考虑因素（地震反应，当地海床稳定性和冲刷）。

2. 桩的类型

（1）桩类型的选取。

常用海上桩类型：常规打入式钢桩和灌注式钢桩（目前比较常用的是钻孔灌注式桩，灌注式和打入式混合形式的桩也已被提出）。打入式桩在世界范围内使用更为普遍，本章节也会更详细地介绍这类桩。灌注式桩适用于胶结的沉积物和岩石中，所以在澳大利亚近海以及中东地区比较常用。本章节会简要介绍这类桩的设计方法。

（2）打入式钢桩。

开口式钢管桩是目前最常用的海上平台基础。开口式钢管桩是一种取代桩，它采用取代挤出土壤的方法而不是提前清除土壤。液压锤是目前比较常用的工具，它可以在水下操作。以前较常用的是蒸汽锤和柴油锤，但这两种仅限于水上作业。桩的预制长度可达 100 m，如有必要，在安装过程中还可进行拼接。

在支撑导管架结构时，打入式桩会穿过套管然后连接到导管架结构。在浅水区域，可用水上锤进行打桩，把水上锤安装在桩的延伸部位，所以称它为“追随者”。在深水区域，通常采用水下锤进行打桩。现代水下锤的设计是通过导管架结构上的引导套管跟随桩向下打入。将桩打入要求的深度后，将桩焊接或者灌浆到护套腿底部的套管上。对于锚桩，在打桩过程中由海床上形成的临时框架提供支撑。

传统的方法是将开口式桩打入土中，使土流入桩内形成一个“塞”。在桩趾附近通常采用加厚墙，称为“鞋”，用来加强桩端，同时也能减少在较硬土层中的轴向阻力。这种类型桩的设计需考虑桩的可打入性（尤其是需要通过胶结的沉积物或稠密的砂体时）和土壤固结达到全部承载力所需的时间。

桩的可打入性问题包括桩无法继续打入和桩头破坏两个方面。当土壤对桩的阻力超过落锤的最大容量时，桩将无法继续打入，从而达不到设计所需要的桩的穿透长度。如果在打桩前或打桩过程中发生桩端损坏，则在打桩过程中可能发生桩端屈曲和崩塌。由此造成的桩的形状变化可能会降低桩的承载力或导致桩体提早报废。当这种情况发生的时候，需要进行补救工作。

打入桩的限制包括可能存在阻碍和破坏桩端的胶结覆盖层。在可压缩和胶结的土壤层，如钙质砂，打入桩只能产生非常低的侧阻力。

（3）钻孔灌注桩。

钻孔灌注桩通常是将钢管桩插入较大的钻孔中，并用浆液填充。这些桩与陆地钻孔桩相似，只是用钢管桩代替钢筋笼。当桩的位置存在岩石（无法打入桩）或钙质沉积物（打入桩只有较低的井筒承载力）时，钻孔灌注桩可作为打入桩的替代品。由于施工周期长，在某些情况下需要穿过松软的覆盖沉积物，钻孔灌注桩的安装成本很高。

5.2.4　浅基础

浅基础已经逐渐成为一种经济实用的基础选择方案，很多时候可替代深基础。海上开发起始于墨西哥湾，采用了以桩为基础的钢制护套模板结构，这种结构非常适用于软黏土。随着北海油田的开发，对于较硬的固结黏土和稠密砂土层，深桩基础不再实用，因此开发了混凝土重力基础结构作为深桩钢导管架平台的替代方案。

从历史上看，近海浅基础主要有两种类型。一种由大型混凝土重力基础组成，支撑大型、固定的下部结构，或者由钢防沉板组成，在传统深桩安装前充当临时支撑。近年来，浅基础变得更加多样化，如混凝土或钢的桶形基础，可用作浮动平台的锚或作为导管架结构的永久支撑，或作为各种小型海底结构的基础。图 5.6 显示了近海浅基础系统的各种不同应用。

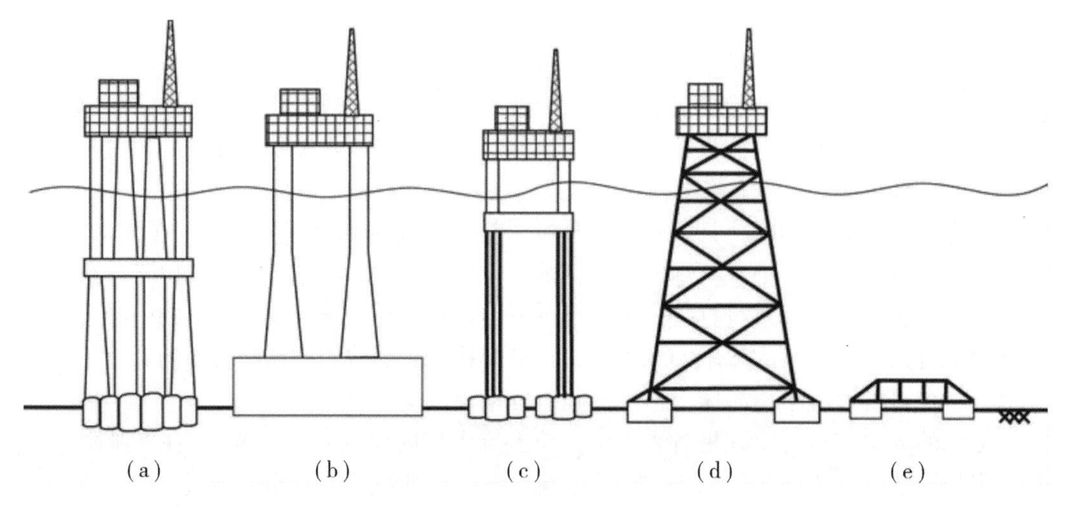

（a）深水重力基础结构；（b）混凝土重力基础结构；（c）张力腿平台；（d）导管架；（e）水下框架

图 5.6　近海浅基础的应用

由于所支撑结构的尺寸和更恶劣的环境条件，近海浅基础通常要比陆地上的基础尺寸大。即使是小型的重力基础结构，也通常有 70 m 高（相当于 18 ～20 层楼高），平面尺寸约为 50 m×50 m。较大结构的基础结构可超过 400 m 高，平面面积超过 15000 m^2，即使是单桶形基础，直径也可能达到15 m。除了离岸结构的庞大规模之外，它们的基础还需要抵抗各种来自环境的力，如来自风、海浪和水流以及在某些情况下的冰（如加拿大离岸或波罗的海）的力，这些力会产生较大的水平荷载和力矩载荷。

1. 近海浅基础的类型

重力基础结构主要依靠重量和它们在海床上的占地面积来承受来自环境的侧向荷载和弯矩荷载，基础裙板有助于提高侧向阻力和提供一些短期的抗张能力。在强黏土和稠密砂中，重力基础通常有大于0.5 m的边缘裙板；在较软的沉积层中，边缘裙板长度通常大于30 m。

2. 近海浅基础设计的注意事项

在结构寿命阶段，浅基础系统的设计需考虑以下方面：①安装（包括现场找平、裙板渗透、基础灌浆）；②承载力（在运行中时，排水和不排水情况下的一般 *VHM* 荷载，包括竖向载荷 *V*、水平荷载 *H* 和变矩 *M*）；③适用性（短期和长期的变形、循环荷载的影响，以及所需的沉降变形的大小来达到所要求的承载力）。

5.2.5 系泊系统

系泊系统通常用来固定浮体结构，有时也能为一些固定的或可移动的结构提供额外的稳定性。在深水区域，由于水深和恶劣的环境条件，安装固定结构基本不可能，浮体结构则成了一种可行的选择。如果没有到岸边的管道，也可以在中等水深的水域选用带储存设施的浮式平台。本节会简要介绍浮式平台、系泊系统和锚的类型。

1. 浮式平台

与固定系统（如重力基础结构或导管架结构）不同的是，浮体结构依靠水的浮力来支撑，而不是混凝土或钢结构。浮体结构因功能的不同，也有许多不同的形状和规模。一些常用的浮式平台结构如图5.7所示。

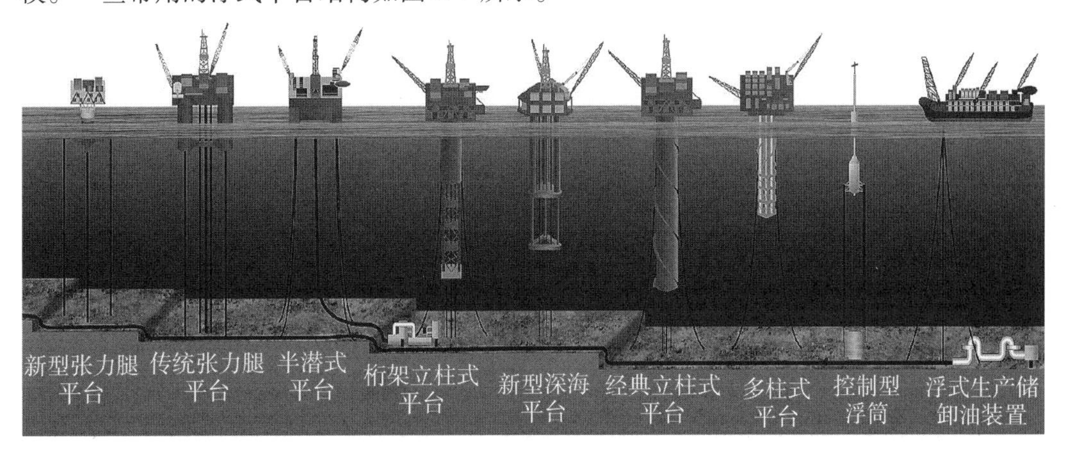

图5.7 浮式平台结构[152]

浮式生产储卸油平台（FPSOs）是目前应用最广泛的浮式平台。FPSOs 通常由油轮改装而成，由穿梭油轮定期卸除 FPSOs 上的石油并将其运送到岸边。自从 1977 年第一个 FPSOs 在地中海卡斯特伦油田安装以来，FPSOs 已经被广泛应用于边缘油田、偏远地区、环境恶劣或者没有管道基础设施的地方。目前，全球在应用中的 FPSOs 大约有 120 个。

浮式生产系统（FPSs）起源于钻井平台，如半潜式平台，通常由四个圆形钢柱的船体组成并连接到一个环形浮筒上。FPSs 靠悬链线或拉紧索在海底锚固。FPSs 可以同时服务多个油田，包括在海底采油树中处理石油或天然气。例如，位于墨西哥湾 Na Kika 的 FPSs 便可同时服务于 6 个油气田。

立柱式平台（SPAR）由一个垂直放置在水中的长圆柱形船体组成，以确保有足够的自重保证平台的稳定性，并保持重心在浮力中心以下。SPAR 利用悬链线或拉紧索固定在海床上。位于墨西哥湾的 Genesis SPAR 船体直径 40 m，长 235 m，无负载时重 26700 t；有压载时，总重量几乎是它自身重量的 8 倍。

张力腿平台（TLPs）通常包括像 FPSs 一样的浮桥 - 柱式船体。与 FPSs 不同的是，TLPs 船体是由锚定在海床上的垂直钢缆拉索固定的。于 1997 年在墨西哥湾安装的 Ursa TLPs，船体柱直径 28 m、高 60 m，连接到一个宽 12.5 m、高 10 m 的环形浮桥上，整个组件重约 28600 t。

2. 系泊系统

系泊系统提供浮体结构与海床的连接，以保持浮体结构处于适当的位置。系泊系统包括悬链式、绷紧或半绷紧式和垂向系泊。系泊系统将钢丝绳或合成纤维缆绳与铁链结合在一起，同时还可使用钢索系泊张力腿平台。

（1）悬链式系泊系统。

悬链线是一种数学定义的曲线，它假定了一根完全有弹性的、均匀的、不可伸长的弦，在其两端固定时所产生的曲线。因此，悬链式系泊是指浮体结构与海床之间呈悬链曲线的系泊系统（图 5.8）。悬链系泊先于锚接触海床，使锚链在泥线处的角度接近于零，因此锚只受水平力的作用。在悬链式系泊系统中，大部分恢复力是由系泊线的自重产生的。

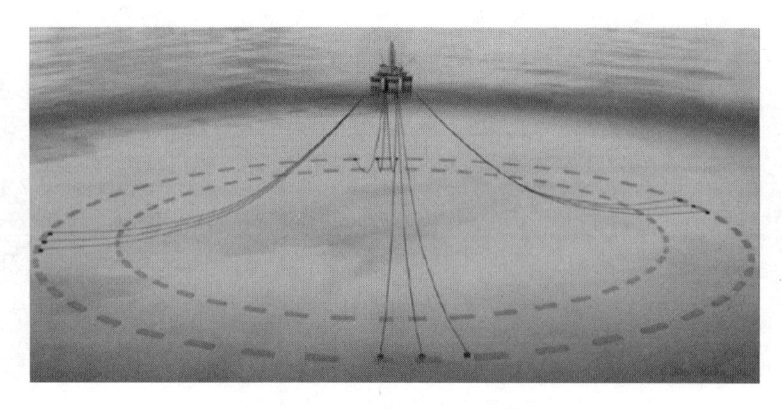

图 5.8　悬链式系泊系统[153]

（2）绷紧或半绷紧式系泊系统。

在深水和超深水水域中，悬链线的自重成为平台设计中的一个限制因素。为了克服这个问题，合成纤维缆绳（比传统的系泊链或缆索轻）和绷紧（或半绷紧）线系泊装置被开发出来。悬链式系泊与绷紧式系泊的主要区别在于，当悬链线水平到达海底时，绷紧式系泊是以一定角度到达海底。这意味着绷紧式系泊线的锚点必须能够抵抗水平和垂直的力，而在悬链线中锚点只受到水平力作用。绷紧式系泊的恢复力由系泊线的弹性产生，而悬链线的恢复力主要由系泊线的自重产生。绷紧式系泊系统如图5.9所示。

图5.9 绷紧式系泊系统[153]

（3）垂向系泊。

垂向系泊系统通常用于张力腿平台，也包括在海床模板和浮体平台之间施加张力的拉紧钢缆或钢管。Ursa张力腿平台由16根直径80 mm、壁厚38 mm的筋腱支撑。每个角有4根筋腱，每根筋腱约1266 m长，16根筋腱的总重量约为16000 t。每根锚索的下端连接到直径2.4 m、长147 m的锚桩上，每个锚桩重约380 t。

3. 锚的类型

为了将系泊线固定在海床上，多种锚系统得到应用。锚主要可分为重力锚和嵌入式锚两种。

（1）重力锚。

重力锚的承重能力取决于锚的自重和锚的底部与海床之间的摩擦力。重力锚可作为浮体结构的主要锚碇系统，或加强固定结构的稳定性。但由于重力锚的实际尺寸和承载能力有限，通常只适用于相对较浅的水域中。重力锚可分为框锚和护堤锚两类。

（2）嵌入式锚。

当需要比重力锚更大的承载力时，通常采用嵌入式锚。常用的有三种嵌入式锚：打入式或者钻孔灌注桩、吸入式沉箱和拖曳锚。近10年来，另外两种嵌入式锚也逐渐被采用，即吸入式预埋板锚和动力贯入锚。嵌入式锚的各种类型如图5.10所示。

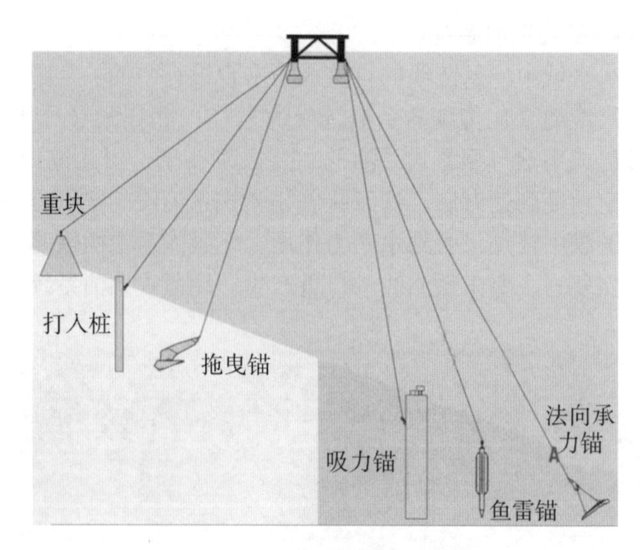

图 5.10 嵌入式锚的各种类型[153]

5.2.6 海底管线岩土问题

海底管道是近海油气开发的动脉。它们将烃类产品和其他液体从油井输送到现场进行处理，或输送回岸上。行业中经常使用不同的术语来区分描述连接特定海上油田油井的“流线”和出口管道。产品经过一定程度的加工后，会通过出口管道运送到岸上。有时，也将从多个相邻油田收集碳氢化合物产品的大型管道称为“干线”，将输送电力和控制管理电缆、液压管路或少量化学品的小型管道称为“脐带”。

1. 海底管线设计中岩土参数的设定

管道的内径大小通常由流量要求来确定。由于需要避免地质灾害，管道的路线可能会受到地质条件的影响。海底管道路线也可以进行改进，以减少由于流体动力作用或管道“行走”而造成的不可接受的管体移动。根据水动力荷载和岩土抵抗力的相对大小，可在管道上涂上外部涂层以增加其自重。为减少管道在使用过程中的移动，管道－土壤抵抗力会影响最优方案的选择，包括使用一些可减少管道横向屈曲的方法。管道设计中需要注意的事项及解决方案如图 5.11 所示。

2. 海底管线设计中的岩土问题

管道中的岩土分析与海床或最浅水域有关，而通常管道中的岩土应力水平明显低于常规土的应力水平。在这些应力水平下，通常观察不到土壤的常规响应。另外，需要考虑土壤扰动的程度和管道与海床的相互作用。当管道铺设在海床上，或埋在回填材料下面时，管道是由重塑土支撑的。重塑土不太可能通过现场的勘查而推断出材料的性质，尤其是强度和密度。同样，在加热和冷却的周期中（或者在水动力作用下），管道在海

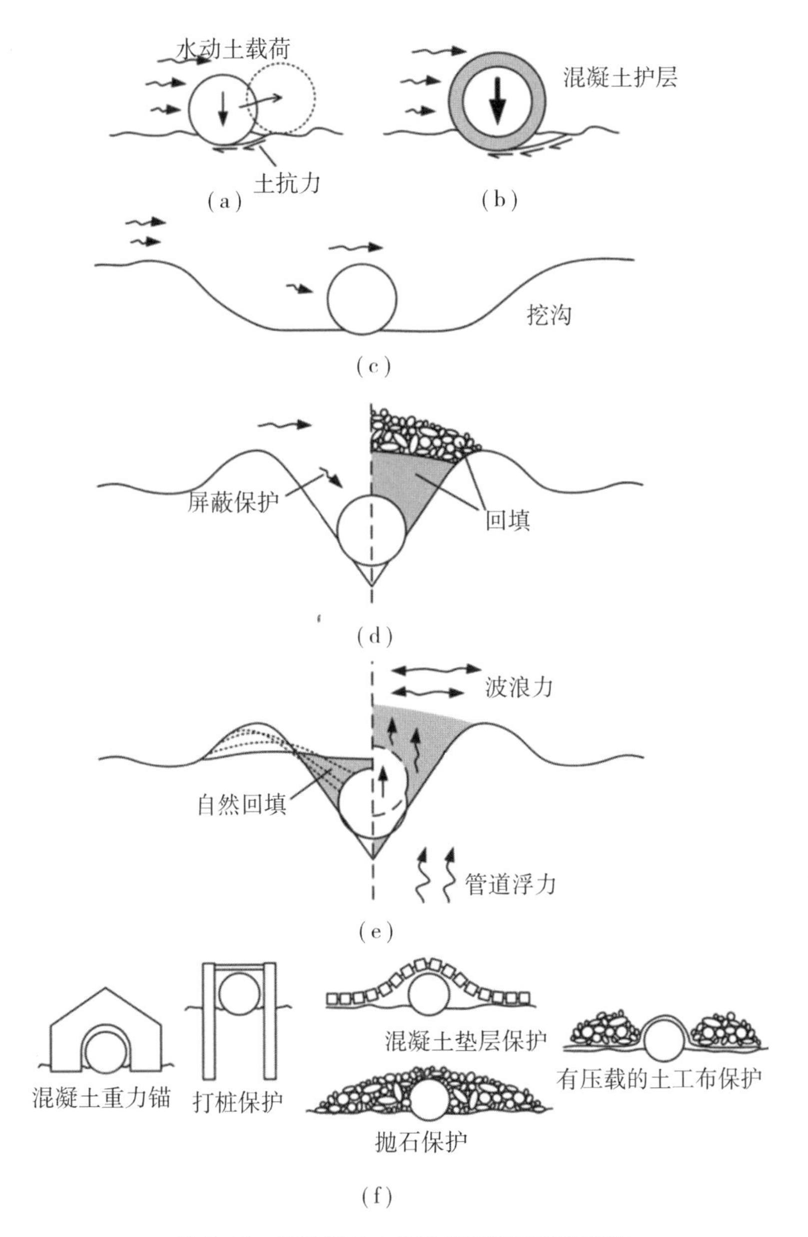

图5.11 管道设计中的注意事项及解决方案

床上来回移动时，将进一步重塑周围的土壤，并改变海床的局部地形。在这个干预期间，当管道处于静止状态时，细粒土会重新固结至孔隙压力平衡状态。压密后的土强度可在很大程度上抵消因为改造重塑而减少的强度。

对管道线路的现场调查旨在评估海床1～2 m深处的土的性质，但往往因为取样细粒土壤的难度较大而受阻。原位渗透测试提供了非常重要的参考数据，但也需要仔细斟酌，以确保准确地考虑了土壤表面的影响。近年来，为了辅助海底管道设计，开发了一些专门针对海底管道的新技术，以改善近地表的土壤特性。其中包括可部署在海底的仪器化模型犁和海底管道、由水下机器人安装的全流贯入仪和用于盒状岩心样品的微型流动贯入仪。

5.2.7 海洋地质灾害

地质灾害的定义是指地质和流体动力条件或过程，可导致土壤、岩石、流体或气体突然崩塌或缓慢变形。对于海上油气开发而言，地质灾害有可能造成人员伤亡、环境或基础设施破坏，并可能增加大量项目费用以进行补救。许多地质灾害都与海底工程有关，在更深的水域，它们的影响更明显。地质灾害一般分为两类：①危险事件，本质上是不频繁和偶发的事件，如地震及其相关现象、海底斜坡运动、浊气和气体排出；②危险的地面条件，包括自然界中缓慢的渐进过程，如土壤蠕变、非构造断层蠕变和泥或盐的地质构造。

5.3 海洋工程勘察

5.3.1 海洋工程勘察的目的、方法及任务

海洋工程勘察是保证海洋建筑物能够安全承受作用环境载荷的先决条件。海洋工程勘察的目的是通过海底钻探取样、原位测试、海底地形地貌测绘、室内试验、海洋物探调查等手段，获取海底地形、地貌、暗礁、海底地层结构及物理状态等结果，开展区域稳定性、海床稳定性、海洋水动力环境、海洋地质灾害、海洋水土腐蚀性、海洋地层空间分布、海洋岩土工程特性及参数等方面的研究和评价，以满足包括海洋工程选址、设计、施工、运行以及评价等方面的需求。[154]

海洋工程勘察的主要方法包括：①海底地形地貌测绘；②海洋工程地质钻探与取样；③海底地层结构物探，地质及底部水采样；④海洋地层的原位测试；⑤海洋水土腐蚀性环境参数测定。

海洋工程勘察的主要任务包括：①水深和海底地形地貌的测绘；②海底地层结构特征、空间分布勘探；③海洋岩土物理力学性质试验研究；④海洋灾害地质和地震因素调查评价；⑤海洋开发活动调查。

5.3.2 海洋测绘

海洋测绘是测绘学的分支学科，是主要对海洋表面及海底的形状、性质等参数等进行测定和描述的学科。海洋测绘对象主要分为两大类：①自然现象，包含海岸地形、海底地形、海洋水文和海洋气象等；②人文现象，是人工建设或改造而形成的现象。这两类现象包含海洋地质学、海洋地理学、海洋水文气象学等多学科的内容。

海洋测绘在基本理论、方法、仪器和技术等方面具有明显区别于陆地的特点。海洋

测绘基准是指测量数据所依赖的基本框架，包含起始数据及起算面时空位置。相关的参数主要有深度基准、大地测量基准、高程基准和重力基准。海洋定位主要包括光学定位、天文定位、无线电定位和水声定位等相关手段。

海洋水深与地形测绘主要包括单波束测量和多波束测深等。单波束测量也称为回声测深，根据超声波在均匀介质中匀速直线传播和在不同介质界面上产生反射的原理，选取水穿透能力最佳、频率约为1500 Hz的超声波，垂直地向水底发射声信号，记录声波发射与信号返回的时间间隔，通过计算来确定水深。多波束测深系统每发射一个声脉冲，不仅可以获得垂直深度，而且可以同时获得与船航行轨迹相垂直面内的多个水深值。

5.3.3 海洋地球物理勘探

海洋地球物理勘探（简称物探）是地球物理学原理在海洋条件下的具体应用，具有快速、准确及无损害等特点，在海洋工程中发挥着重要的作用。

根据海洋物探的原理，可以有多种海洋物探的方法，一般依据各类物探原理、适用条件及范围，以及具体到参数设置来划分物探方法。近年海域内普遍使用卫星定位系统，通过记录导航卫星的信号，在两个定位点之间，利用多普勒声呐测定航行中船舶的速度及变化，并运用陀螺罗经测定船舶的航向。

侧扫声呐是从换能器中发出声波，利用声波反射原理获取回声信号，从而分析海底地形、地貌和海底障碍物，识别海底沉积物类型，确定海底裸露基岩分布范围，识别裸露的海底管道等，如图5.12所示。

浅地层剖面探测是基于声学原理的探测水下浅部地层结构的方法，通过将控制信号转换为不同频率声波脉冲信号并向海底发射，在走航过程中逐点记录声波回波信号，形成反映地层声学特征的剖面，进而分析浅部地层的结构和构造。其一般穿透深度达到30～50 m。

高分辨率单、多道地震探测法与浅地层剖面法类似，但是激发的地震波比声波频率低、能量强，具有更大的穿透能力，一般地层穿透深度可以达到200～300 m。

海洋磁力探测是通过测量海底磁性异常识别海底管道、电缆、井口等铁磁性障碍物，结合侧扫声呐、浅地层剖面等确定障碍物的性质、位置、形状、大小、走向及埋深等。

水深测量通常采用单波束回声探深仪或多波束测深系统，传统的单波束回声测深仪是记录声脉冲从固定在船体上的或拖曳式传感器到海底的双程旅行时间，根据声波传播的双程旅行时间和声波在海水中的传播速度确定各测点的水深。多波束测深系统是从美国海军开发的声呐基阵测深系统发展起来的，通过声波发射与接收换能器阵进行声波广角度定向发射和接收，利用各种传感器对各个波束测点的空间位置归算，从而获取与航向垂直的条带式高密度水深数据，进行海底地形地貌测绘。

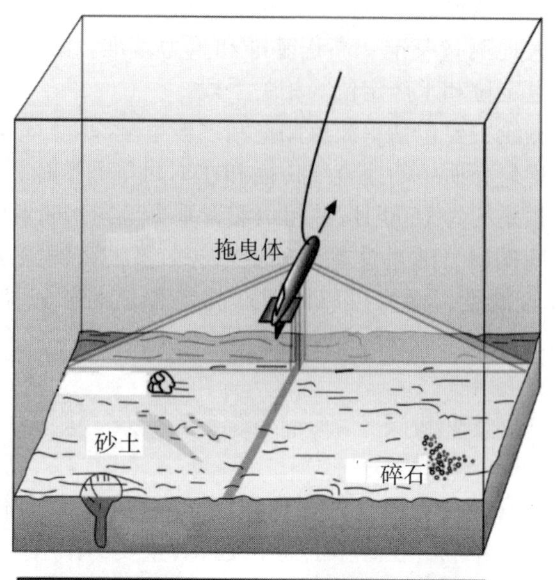

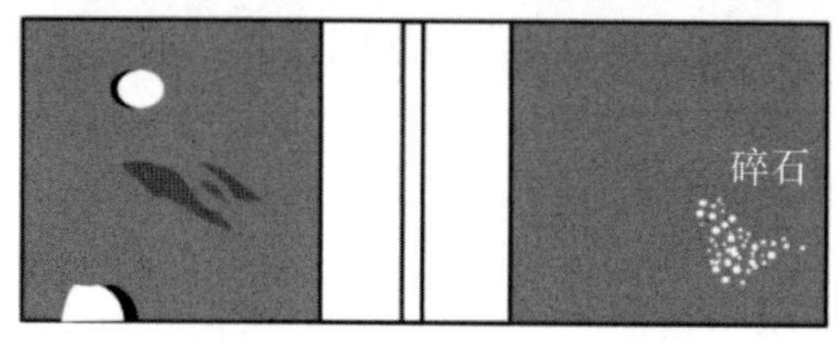

图 5.12　侧扫声呐原理

（资料来源：https：//zh. wikipedia. org/wiki/侧扫声呐.）

5.3.4　海洋工程钻探

在海底资源勘探开发、海洋工程建设及海洋潮汐能、海上风能等能源开发利用中，海洋工程钻探是地质环境调查、资源调查和工程地质勘察的必要手段之一。

海洋工程钻探可分为近海浅钻钻探、海上石油钻探、大洋钻探等。

海洋工程钻探的特点有以下几点：①钻探设备和技术要求高；②受作业环境影响大；③需要护孔导管及升沉补偿装置；④测试与试验困难；⑤消防管理严格；⑥安全管理要求高。

在海洋工程钻探装备方面，受水深、风浪、潮流及地形等限制，应结合海域地形地貌、水文条件和气候特点，本着安全、经济的原则，根据滩涂、近海、远海作业环境的特点，选择合适的勘探平台，并采取相应的钻井技术。近海海域适用的勘探平台主要有自航双体勘探船、自航单体勘探船和自升式平台。远海钻探主要包括：以海洋科学考察为目的的大洋钻探，以石油、天然气、可燃冰为目的的油气井钻探，以海底矿产资源勘探开发为目的的钻探。大洋钻探通常采用带动力定位系统的船舶进行钻探。海洋石油钻探平台一般按海域水深分为钢管桩承台式固定平台和浮式钻井船。目前国际上钻井水深已突破3000 m。国内设计的最先进海上石油天然气勘探开采的钻井平台为“海洋石油981”半潜式平台，可抵御百年一遇台风，采用1500 m水深的系泊系统，最大作业水深达到3000 m，最大钻井深度可达到10000 m。

5.3.5 原位测试

由于取样扰动和土工试验等问题，原位测试在海洋勘察中具有重要的作用。通过原位测试指标可辅助划分地层界线并判断地层结构，判断黏性土地层的稠度特征、不排水抗剪强度、压缩性，判断无黏性土地层的密实性、相对密度、压缩性、强度参数，判断侧阻和端阻的极限值、桩基础持力层、桩土界面的摩擦角等。海洋原位测试的手段主要有静力触探试验、十字板剪切试验、圆锥贯入试验、旁压试验、扁铲侧胀试验等。

静力触探试验是指用静力方法将标准规格的探头匀速压入地层，传感器将贯入阻力转换成电信号，在贯入阻力与地层物理力学指标间建立经验关系。静力触探试验是一种快速、经济和有效的原位测试技术，适用于软土、黏性土、粉土、饱和砂土等。

十字板剪切试验主要可测取黏土的不排水抗剪强度，已广泛应用于墨西哥湾。十字板剪切试验是最简单的离岸原位测试，因为工具简单，可以与无运动补偿的钻杆和稳定钻杆一起使用。

圆锥贯入试验广泛应用于北海和其他离岸地区，包括北冰洋。这种试验可以用来获取尖抗力深度的连续资料，以及套筒摩擦力、孔隙压力等等资料。对这些数据的分析可以获得如下结果：土壤剖面、相对密度、土壤强度、土壤硬度、土壤渗水率、桩表面摩擦力、桩底端承载力等。

旁压试验是在钻孔中进行原位水平载荷试验。先将圆柱形旁压器以竖直状态放入土中，通过旁压器对孔壁施加压力，使得土体产生变形，继续加压直至破坏，测试钻孔横向扩张体积－压力或应力－应变关系曲线。

扁铲侧胀试验是指将扁铲形探头采用静力或动力贯入地层预定深度，运用气压使得扁铲侧面的圆形钢膜向外扩张，从而量测不同侧胀位移下的侧向压力。

5.4 石油与天然气工程

5.4.1 油气的性质

原油是指原存于地下储层内，在采到地面后的常温常压下脱气未经加工的那部分石油，呈液态或半固态状。石油比水轻，难溶于水，但易溶于氯仿及苯等有机物。石油没有固定的沸点，加热到30 ℃左右就可以沸腾，继续加热，其温度不断升高，可达到500～600 ℃。石油的颜色有很多种，从无色、淡黄色至黑色等。石油的黏度受压力、温度、化学成分的影响。随着温度的升高，石油的黏度降低。因此，地下深处的石油黏度比其在地面的黏度小。石油的黏度与其所含的石蜡量有关系。[155]

天然气是指蕴藏在地层中的烃类、非烃类气体混合物，主要存在于煤层气、油田气、气田气、泥火山气、生物生成气中。天然气的烃类气体以甲烷为主，并含有乙烷、丙烷、丁烷等气体。甲烷是一种无色、无毒且无腐蚀性的可燃气体。

5.4.2 油气勘探工程

油气勘探工程是综合性的应用学科，根据石油地质学及相关学科知识和勘探技术，通过一定的勘探方法和管理方法，来探明油气储量。油气勘探工作的主要目的是寻找油气存在的标志，包括直接标志和间接标志。油气勘探方法主要有地球物理勘探法、地球化学勘探法、地质法和钻井法等。

钻井是油气田勘探工作必不可少的手段，只有通过钻井手段才能最终确定是否有油气藏。按照勘探阶段和研究目的的区别，探井可以分为参数井、科学探索井、预探井、评价井等。

5.4.3 油气藏工程和油气井工程

油气藏工程是专门研究油气田开发方法及技术的综合学科。它应用地球物理、油气藏地质、油气层物理、渗流理论和采油采气工程等方面的成果和相关信息资料，对油气藏开发方案进行综合设计和评价，预测油气藏未来的开发动态和具体方案。油气井工程是通过采用一系列的工艺技术，建立起开采油气通道的应用学科，包括钻井、固井、完井等多种工程技术，是涉及力学、物理学、化学、地质学、岩石矿物学及机械工程等多学科交叉的地下工程。

5.4.4 油气开采工程

油气开采工程是指油气资源开发过程中，通过产油气井等方式，针对油气藏资源采取的各项工程技术总称。油气开采工程研究如何经济有效地作用于油气藏，以提高油气井产量和采收率的各项工程技术措施的理论、设计方法及实施技术等。

5.5 海上风电

海上风电是指通过建设在海洋中的风电场产生的新型能源。欧洲在海上风电方面走在世界前列。1991 年，丹麦安装了第一个海上风电场 Vindeby。25 年后，其运营方丹麦能源巨头 Dong Energy 决定让这座电场退出历史舞台。Vindeby 海上风电场由 11 台 450 kW 的风电机组组成，装机总容量为 5 MW，这些机组由 Bonus Energi 提供。自 1991 年投运以来，其累计发电量为 243 GWh，满足了约 2200 户居民的用电需求。之后的工业界见证了海上风电技术的快速发展，截至 2017 年，全球海上风电装机的总电力供应达 18814 MW。所有大型海上风电场目前安装在欧洲，尤其是英国和德国，二者结合起来占世界的 2/3。2021 年 1 月 30 日，英国 Hornsea One 海上风电场全部并网发电，装机容量为 1218 MW，是迄今为止全球已投运的最大规模的海上风电场。海上风电场成本历来都比陆上风电场高，近年来成本的降低使其未来发展前景大好。欧洲海域规划中，2020 年海上风电能力将达到 40 GW，可提供欧盟对电力的需求的 4%；在 2030 年达到 150 GW。2020 年，加上中国和美国的贡献，世界范围内海上风电能力将达到 75 GW。[156]

5.5.1　近海固定式风机平台

通常情况下，在水深较浅的海域，采用固定式的平台结构。一般有四种类型，分别是重力式平台、导管架式平台、三脚架式平台和单桩平台（图 5.13）。

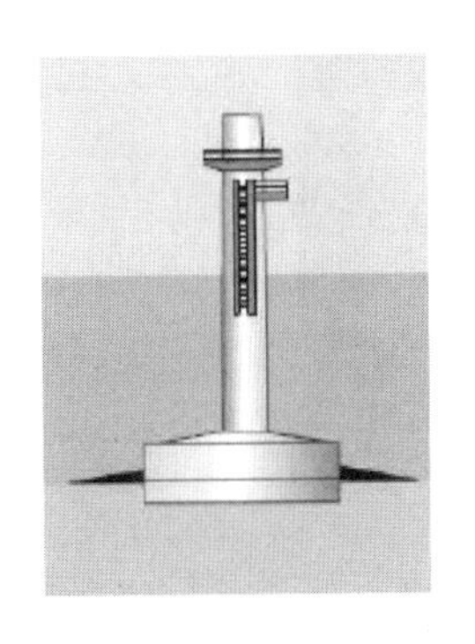

（a）重力式平台

（b）导管架式平台

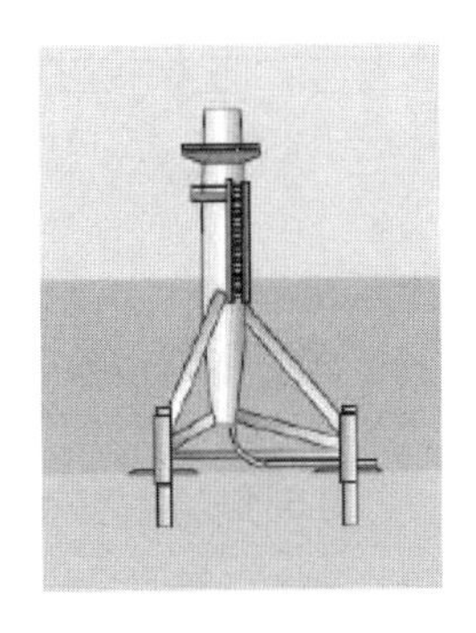

（c）三脚架式平台

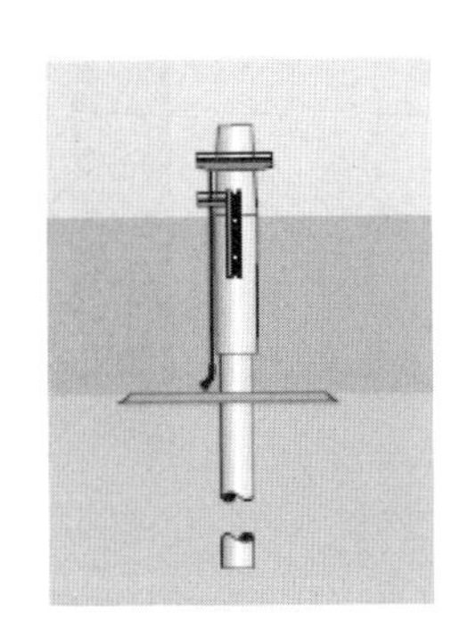

（d）单桩平台

图 5.13　固定式平台结构[83]

重力式平台通常采用钢筋混凝土结构，利用自身的重力承受风浪流组合载荷。重力式平台通常需要能够承受它们重量的特定生产设备，包括船坞、加固码头或者专用驳船等。目前已有一些风电场采用这种类型，包括 Middle-Grunden、Nysted、Thornton Bank 和 Lillgrund 风电场。

导管架式平台是由一系列管状构件焊接而成的开放式桁架结构。导管架通过打入海底的桩抵抗侧向载荷的作用。

三脚架式平台由一根中心桩和三根圆柱形钢管桩连接组成，固定在海床上。其制造成本较单桩平台更高，但是其更适用于深水海域。

单桩平台通常采用钢管桩，直径较大且具有较厚的桩壁。管桩的厚度和打入海底的深度取决于水深、环境载荷、土的力学特性、设计载荷及准则。

5.5.2　浮式风机平台

浮式风机平台的类型主要有半潜式浮式风电平台、张力腿式浮式风电平台以及立柱式浮式风电平台等，如图 5.14 所示。

图 5.14　浮式风机平台的主要类型[156]

半潜式浮式风机平台主要由立柱、横梁、浮箱以及系泊系统组成。平台依靠自身的重力、浮力和系泊系统来保证整个风机系统的稳定性。半潜式平台通常吃水浅，具有良好的稳定性，相应的成本较之立柱式平台和张力腿平台等略低一些。

张力腿浮式风机平台主要由圆柱形的中央柱、矩形截面的浮筒以及系泊系统等组成。平台通过张力腿筋腱保持整个风机系统的稳定。海底通常采用吸力锚基础。

立柱式浮式风机平台由浮力舱、压载舱以及系泊系统组成。通过压载舱使得整个系统的重心在浮心以下，采用系泊系统定位在设计位置。

5.5.3　风机系统

风机系统通常由四个主要部分组成，包括风机塔架、风机机舱、风机轮毂和风机叶片组成（图 5.15）。

风机塔架是由钢管焊接而成的柱形结构，用于支撑风机及其他电力设备，包括变压器、偏航系统及通信电缆等。

风机机舱内主要有发电机、齿轮箱、控制柜以及维修设备等。主机舱内连接齿轮箱、发电机和制动装置。

图5.15　风机系统

风机轮毂是铸钢结构，由叶片的水平风载荷传递给机舱，通过低速轴将转动机械能传递给齿轮箱。

风机叶片为翼形，通常可由合成树脂等复合材料制成。叶片通过螺栓固定在海上风机的轮毂上。合成复合材料较轻，叶片长度较长，因此在安装过程中对风载荷较大情况下比较敏感。这给叶片的海上运输及安装等带来了不确定性和复杂性。

第6章　城市水务工程

6.1　城市给水工程

城市给水系统是指供应城市所需的生活用水、工业生产用水、市政（如绿化、街道洒水）和消防用水设施。[31]203 它的任务就是根据城市用水量的要求，从水源取水，然后按照用户的水质要求，对水进行净化处理，最后输送到供水区，并向用户配水。

6.1.1　城市给水系统的组成

城市给水系统是城市总体规划的组成部分，通常由取水、输水、水质处理和配水等设施以一定的方式组成。[31]203-204。城市给水系统一般由以下几个部分组成：

（1）取水工程。

取水工程是城市给水工程的关键，取用地表水源时应符合《地面水环境质量标准》（GB 3838—2002）。取水工程包括管井、取水设备、取水构筑物。

（2）净水工程。

净水工程包括反应池、沉淀池、滤池，作用是除去影响使用的杂质。

（3）加压设备。

加压设备包括深井泵站（仅用于地下水源）、一泵站、二泵站、中途泵站等，由这些设备提供适当的供水压力。

（4）输配水工程。

输配水工程包括输水管、配水管网、明渠，作用是将水通过管网系统从水源送至用户。输配水管网是给水工程中造价最大的部分，一般占到整个城市给水系统造价的50%～80%。

（5）调节设施。

调节设施包括清水池、高地水池（或水塔）、屋顶水箱等，作用是调节取水、净水与用水之间的水量、水压。

6.1.2　城市给水系统的分类

根据城市给水系统的性质不同，可以将其按以下4种方式分类。

1. 根据水源种类分类

（1）地表水给水系统。

地表水主要指江河水、湖泊水、水库水和海水等。对地表水进行取水时，给水系统比较复杂，系统基本组成如图 6.1（a）所示。其取水设施为取水构筑物、一级泵站，水处理设施由格栅、沉砂池、沉淀池等水处理构筑物和清水池组成，输配水工程设施则由二级泵站、输水管、配水管网、调水构筑物等组成。

（2）地下水给水系统。

地下水主要指浅层地下水、深层地下水和泉水等。地下水给水系统基本组成如图 6.1（b）所示。其中，管井群、集水池为水源部分，输水管、水塔和配水管网则属于输配水设施。地下水水质一般比较好，可省去格栅、沉淀池、滤池等复杂的水处理构筑物，只进行消毒即可。

（3）回用水给水系统。

使用过的污水、废水经过回用水给水系统净化处理后，可循环回用。

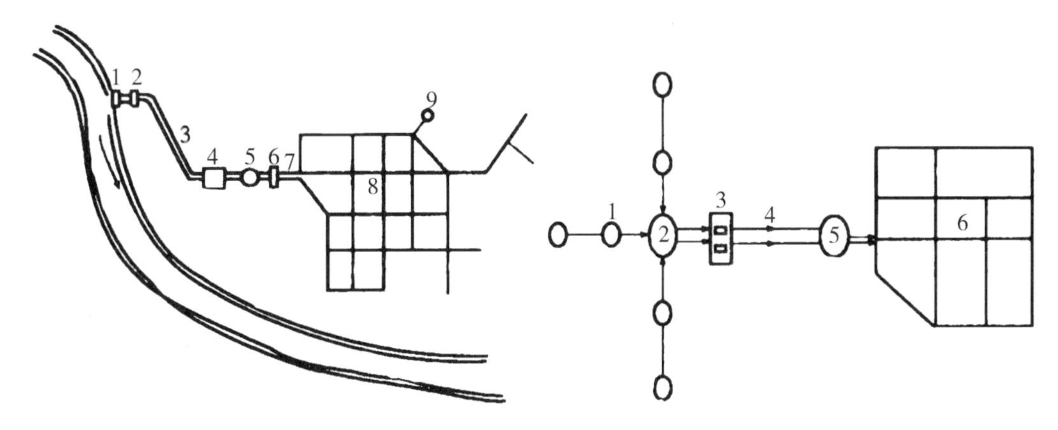

1—取水构筑物；2—一级泵站；3—原水输水管；
4—水处理构筑物；5—清水池；6—二级泵站；
7—输水管；8—配水管网；9—调水构筑物（水塔）

(a)地表水给水系统

1—管井群；2—集水池；3—泵站；
4—输水管；5—水塔；6—管网

(b)地下水给水系统

图 6.1　城市给水系统[159]

2. 根据供水方式分类

（1）自流给水系统。

自流给水系统又称重力给水系统。当水源处于适当高程且有足够的水压可直接供应用户时，可利用重力输水。该系统以蓄水库为水源，以重力流的形式将水输送给用户。

（2）水泵给水系统。

水泵给水系统又称压力给水系统，是生活中常见的一种供水系统。该系统是将水先输送至泵房，加压后再输送到用户。

（3）混合给水系统。

整个系统部分靠压力给水，部分靠重力给水。

3. 根据服务对象分类

（1）城市给水系统。

一般情况下，城市内的工业用水可由城市水厂供给。如果工厂离城市较远或耗水量大但水质要求不高，或城市供水不足时，工厂可自建给水工程。

（2）工业给水系统。

一般工业用水中冷却水占极大比例。为了保护水资源和节约电能，要求将水重复利用，于是出现直流给水系统、循环给水系统和复用给水系统等形式。

4. 根据使用目的分类

根据使用目的，可将给水系统分为生活饮用水给水系统、生产给水系统、消防给水系统三类。

6.1.3 城市给水系统的布置

一座城市的历史、现状和发展规划以及地形、水源状况和用水要求等因素，决定其可采用不同的给水系统。[31]204-205,[136]182-184

1. 统一给水系统

当城市生活、生产、消防用水的水质均按生活用水标准统一供应时，称此类给水系统为统一给水系统。统一给水系统又分为单水源（图6.1）和多水源两种给水系统。

统一给水系统适用于生产用水在城市总量中所占比重不大的小城镇，工业区或厂矿企业用水户分散、用水量较少且对水质和水压要求也比较接近的中、小城市。[157]168

2. 分质给水系统

因用户对水质的要求不同而分为两个或两个以上的给水系统，分别供给各类用户，即分质给水系统。分质给水系统既可以是同一水源，也可以是不同的水源。[158]182同一水源是原水经过不同的处理，以不同的水质和水压分别供应工业和生活用水。例如，地表水经沉淀后供工业生产用水，经加氯消毒供给生活用水等，如图6.2所示。

分质给水系统的优点在于，根据不同水质要求采用不同的处理工艺，从而节省了水处理过程的费用；缺点是需要设置两套水处理设施和两套输配水管网，工程造价高，系统管理工作复杂。因此，在采用分质给水系统时，要结合城区自身情况对系统进行经济、技术的分析和比较。

3. 分压给水系统

因用户对水压的要求不同而分为两个或两个以上的给水系统，分别供给各类用户，

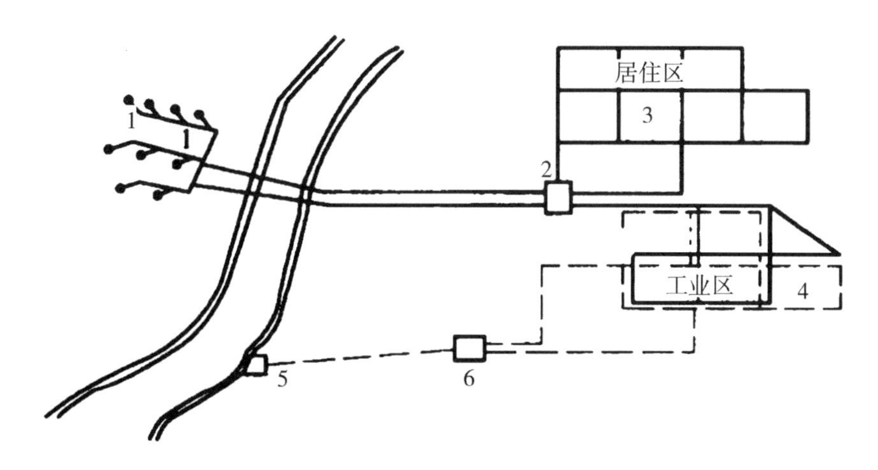

1—管井群；2—泵站；3—生活用水管网；4—生产用水管网；5—地面水取水构筑物；6—工业用水处理构筑物

图 6.2　分质给水系统[159]204

即分压给水系统。当城市或大型厂矿企业用水户要求水压差别很大时，如果按统一要求给水，压力没有差别，势必造成高压用户压力不足而需要局部增压设备的现象，这种分散增压不但增加管理工作量，而且能耗也大。这种情况适合采用分压给水系统。分压给水可以采用并联和串联结合的分压给水系统。图 6.3 为分压给水系统，根据高压、低压供水范围和压差值由泵站组合完成。采用分压给水系统会导致泵站数目增多，但输水管网供水安全性好，节省电费[136]182。

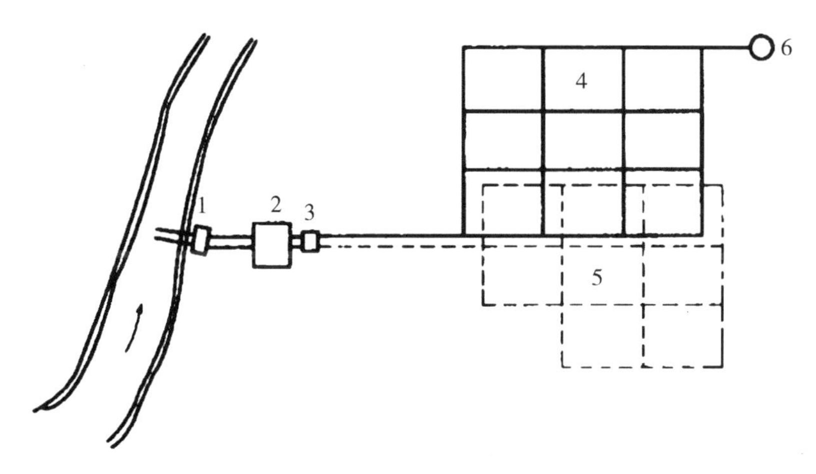

1—取水构筑物；2—水处理构筑物；3—泵站；4—高压管网；5—低压管网；6—水塔

图 6.3　分压给水系统[159]204

4. 分区给水系统

由于供水区域过大或功能分区而将整个系统进行人为分割，各区之间采取适当的联系，每个分区有自己的泵站和供水管网，这种系统称为分区给水系统。当供水区域范围过大、地形高差显著或远距离输水时，均可考虑采用分区给水系统，如上海浦东新区和浦西地区。技术上，因一次加压往往使管网前端的压力过高，管网的水压超过水管能承受的压力，经过分区后，各区水管承受的压力下降，漏水量减少。经济上，分区可降低供水费用。[158]183

根据布置形式又可将分区给水系统分为并联分区和串联分区。其中，并联分区是由同一泵站内不同扬程的水泵完成高区、低区供水，其特点是：供水安全可靠，管理方便，给水系统工作情况简单；但管网造价高。串联分区是高区、低区用水均由低区泵站供给，高区供水由高区泵站进行二次加压，其特点是：输水管长度较短，可用低水压的管道；但泵站造价和管理费用增加。分区给水系统如图 6.4 所示。

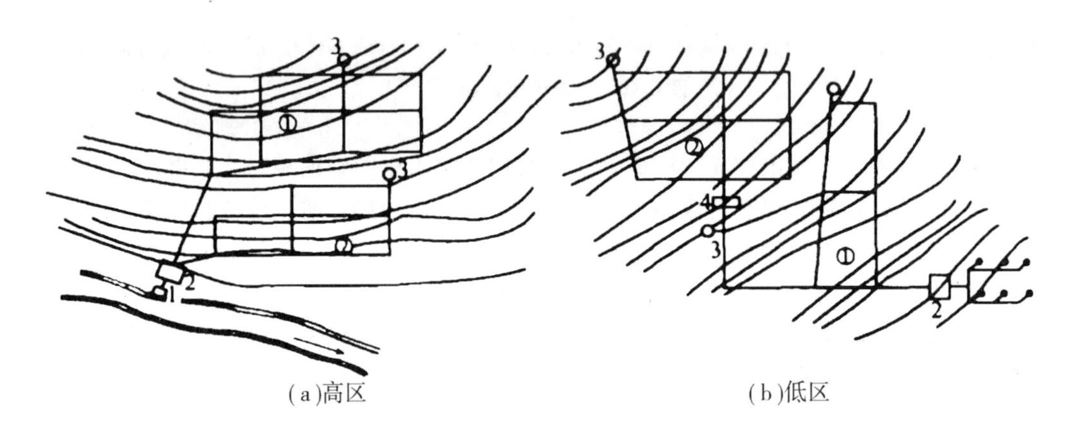

(a)高区　　(b)低区

1—取水构筑物；2—水处理构筑物；3—水塔或水池；4—高区泵站

图 6.4　分区给水系统[159]205

5. 循环和复用给水系统

循环和复用给水系统是两种常见的节水给水系统。循环给水系统是指将用过的水经过处理后循环使用，只从水源抽取少量循环时损耗的水。复用给水系统是指在车间之间或工厂之间，根据水质对水进行重复利用。水源水先在某车间或工厂使用，用过的水继续应用于其他车间或工厂，或经冷却、沉淀等处理后再循环使用。这种系统无法普遍应用，原因是水质较难符合复用的要求。

循环给水系统如图 6.5 所示，复用给水系统如图 6.6 所示。

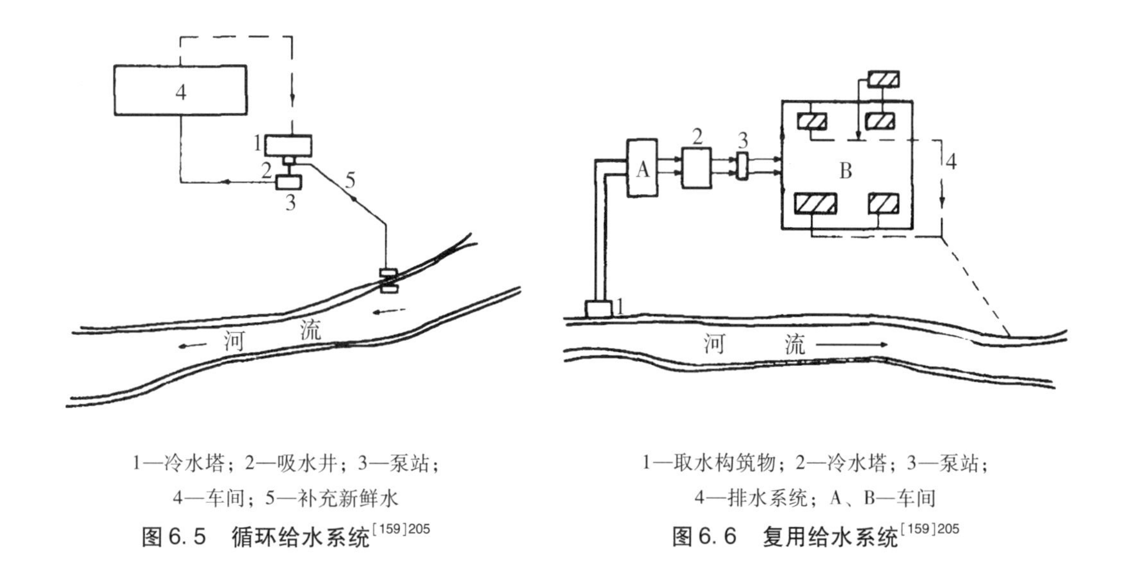

1—冷水塔；2—吸水井；3—泵站；
4—车间；5—补充新鲜水

图6.5　循环给水系统[159]205

1—取水构筑物；2—冷水塔；3—泵站；
4—排水系统；A、B—车间

图6.6　复用给水系统[159]205

6. 区域给水系统

区域给水系统是一种区域性供水系统，指统一从沿河城市的上游取水，经水质净化后，用输配管道输送给沿该河的诸多城市使用。[158]183这种系统因水源免受城市排水污染，水质较为稳定；但开发投资较大。[159]170

7. 中水系统

随着城市建设和经济的发展，城市用水量和排水量快速增长，水资源也日益不足，不少水源水质日趋恶化，对于国民经济的发展和人民生活水平的提高影响很大。为了摆脱水资源短缺的困境，需要在不同方面、不同层次上采取措施。其中，开源节流就是一项重要的有效措施。在此基础上提出的中水系统更是一项具有现实意义的工程措施。[157]170

中水系统包括中水原水系统、中水处理系统及中水给水系统。它是指将各类建筑或建筑小区使用后的废水，经处理达到中水水质要求后，可回用于冲洗厕所、浇洒绿地、洗车、清扫等各用水点的一整套工程设施。

中水系统的设置可将污水、废水经处理后进行有效回用，既提高水资源利用率，又减轻了水体污染，在保护环境、防治水污染、缓解水资源紧缺方面起到了积极作用。高层建筑用水量一般较大，设置中水系统具有可观的社会、环境、经济效益。

6.1.4　城市给水系统的设计

城市给水系统设计的主要原则如下：①保证供应城市的需要水量；②保证供水水质符合国家规定的卫生标准；③保证突发情况下的持续供水、提供规定的服务水压和满足城市的消防要求。

给水管网的规划和设计步骤为：

（1）城市规划用水量的预测。水量的预测与城市地理位置、居民生活习惯、城市人口、城市未来发展速度等因素有关。人均用水量一般南方城市高于北方城市，发达城市高于欠发达城市。

（2）供水方式选择。给水系统包括分压给水系统、分质给水系统、分区给水系统等，应结合当地的自然地形与用水需求对供水方式进行合理选择，如图 6.7 所示。

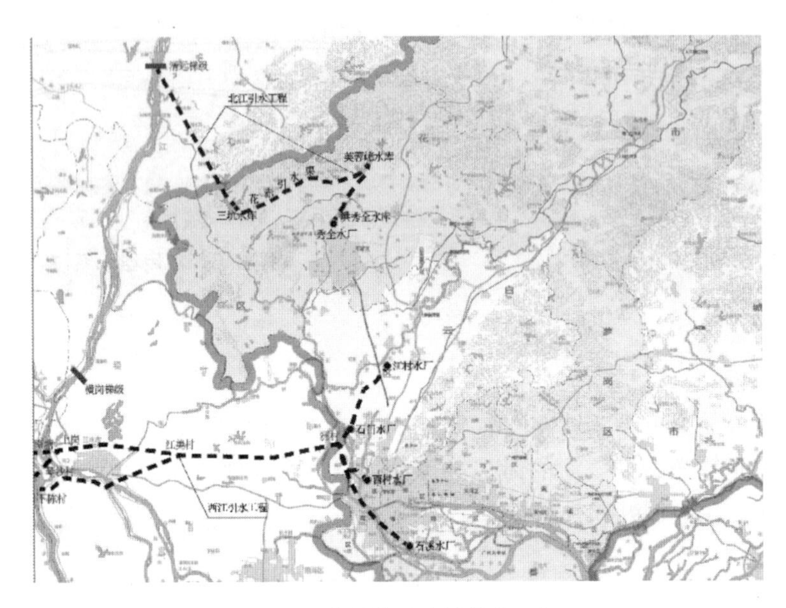

图 6.7　广州市跨流域供水工程

（3）管网布置方式的选择和管网结构优化。管网布置方式有两类：树状管网和环状管网。树状管网比环状管网的造价低，但是供水可靠性远低于环状管网。所以现在的供水管网一般都规定采用环状管网，但地处城市边缘的个别人口稀疏地块仍采用树状管网。管网一般沿道路铺设，但是供水管网一般比路网要稀疏，在路网的基础上进行管网优化可以得到经济可靠的供水管网。

（4）管材的选择和管径优化。供水管材可以采用钢筋混凝土管、铸铁管、钢管和聚氯乙烯（PVC）等。钢筋混凝土管的管径一般为 600 ～ 1500 mm，可以作为输水干管。铸铁管的管径一般为 250 ～ 800 mm，为供水管网中的主要管线。钢管和聚氯乙烯等管材的管径可大可小，且抗震性能优于前两种传统管线，是未来管材的发展方向。管径优化是通过数学优化手段来确定管网中管线的管径大小，实现管网水力分布合理且经济的目的[31] 205。

6.2 城市排水工程

在城市，从住宅、工厂及各类公共建筑中不断地排放出大量的生活污水和工业废水，如果任其随意排入水体或土壤，会使水体和土壤遭到污染，以致引起环境问题。因此，城市中的污水、废水需及时处理且达标后才能排放。城市内降水（包括雨水和冰雪融水）也需及时排除，否则积水为害，人们正常的生产和生活将受到威胁。

城市排水工程的任务就是将城市产生的污水、废水和降水按要求进行分类收集、输送、处理和处置。

6.2.1 城市排水体制

生活污水、工业废水和雨水因水质水量不同，对城市造成的影响也有所不同。生活污水有机物含量较高，主要危害是它的耗氧性；工业废水成分复杂，危害多种多样，除耗氧性等危害外，更重要的是会危害人体健康；雨水的主要危害是城市内涝，即市区积水造成人员伤亡和经济损失。这三类水的收集、处理和处置可以采用不同方式，最终构成不同的排水体制。[136]190-191

城市排水体制可分为分流制排水系统、合流制排水系统和半分流制排水系统三大类（图6.8）。排水体制是城市排水系统规划设计的关键，需要综合考虑环境保护、投资、维护管理等因素。

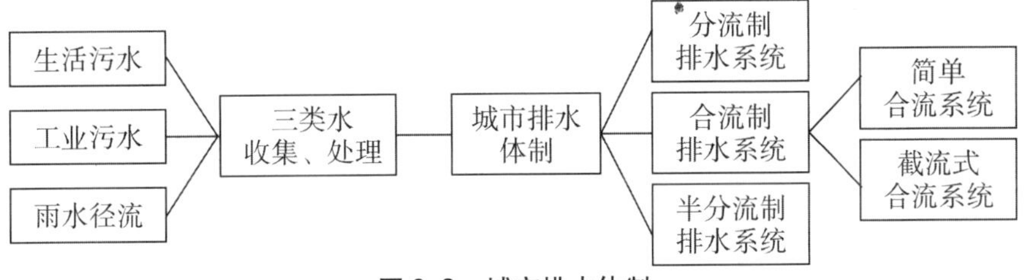

图6.8 城市排水体制

1. 合流制排水系统

一个排水区只有一套排水管渠，接纳各种废水（生活污水和部分可以排入城市下水道系统的工业废水混合在一起叫城市污水），这是自然形成的排水方式。合流制排水系统实际上是地面废水排除系统，主要为雨水而设，顺便排除水量很少的生活污水和工业废水，它起到简单的排水作用，目的是避免积水为害。合流制排水系统分为直排式和截留式两类，由于就近排放水体，系统出口甚多，实际上是若干先后建造的各自独立的小系统的简单组合。可以将简单合流制排水系统改造成截流式合流制排水系统。图6.9所示为合流制排水系统。

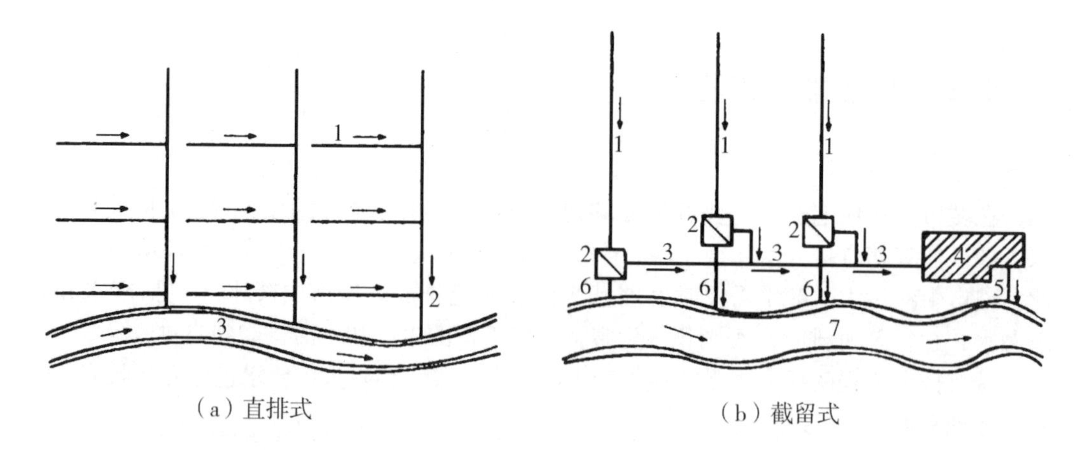

1—合流支管；2—合流干管；3—河流

1—合流干管；2—溢流井；3—截流主干管；4—污水处理厂；5—出水口；6—截流干管；7—河流

图6.9　合流制排水系统[159]207

2. 分流制排水系统

截流式合流系统对水体的污染严重，因此需要设置两套（在工厂中可以是两个以上）各自独立的管网系统。分流制排水系统即采用两套管网，分别收集需要处理的污水和不予处理、直接排放到外水体的雨水，从而有效地减轻水体的污染。当某些工厂和仓库的场地难以避免污染时，其初期雨水和地面冲洗废水不应排入雨水管网，而应排入污水管网，处理达标后再排放。

一般情况下，在经济上，雨污分流管渠系统的造价高于合流管渠系统，后者为前者的60%～80%；在技术上，雨污分流管渠系统的施工也比合流管渠系统复杂。图6.10所示为分流制排水系统。[159]207

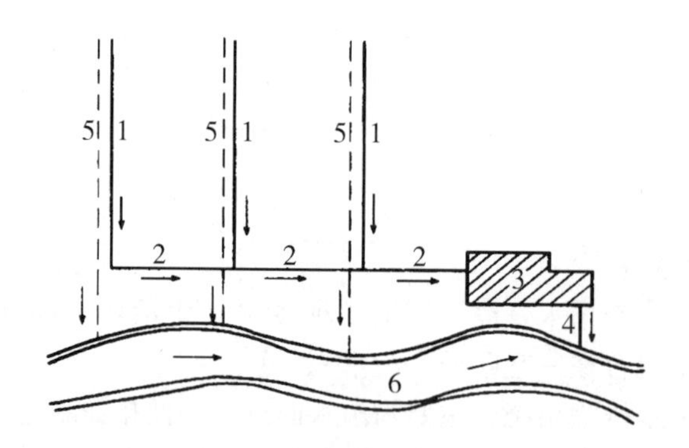

1—污水干管；2—污水主干管；3—污水处理厂；4—出水口；5—雨水干管；6—河流

图6.10　分流制排水系统[159]207

3. 半分流制排水系统

如果城市环境卫生不佳，初雨径流和路面、广场冲洗废水的水质可能接近城市污水，如果直接排放到外水体，也将造成污染。若将分流系统的雨水系统仿照截流式合流系统，把它的小流量截流到污水系统，则城市废水对水体的污染将降到最低程度。

将雨水系统的水截流到污水系统的方法有待进一步开发。在雨水系统排放口前设跳跃井是一种可行的操作。当雨水干管中流量小时，水流将落入跳跃井井底的截流槽，而后排入污水系统。当流量超过跳跃井容量时，水流将越过载流槽，直接流向外水体。图6.11所示为半分流制排水系统。

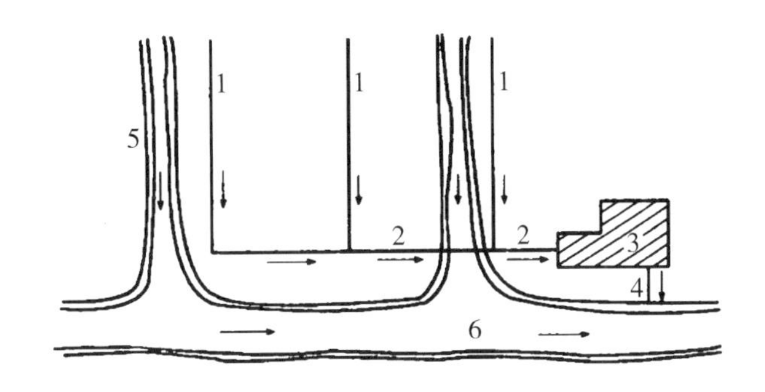

1—污水干管；2—污水主干管；3—污水处理厂；4—出水口；5—明渠或小河；6—河流

图6.11　半分流制排水系统[159]207

6.2.2　城市排水系统

从总体上看，城市排水系统由收集（管渠）、处理（污水处理厂）和处置三方面的设施组成。通常所说的排水系统往往狭义地指管渠系统，它由室内设备、街区（庭院和厂区）管渠系统和街道管渠系统组成。当城市的面积较大时，一般需要分区排水，每区设一个完整的排水系统。[159]208

1. 排水管渠系统的组成

管渠系统满布整个排水区域，主体是管道和渠道，管段之间由附属构筑物（检查井、其他窨井和倒虹管）连接，有时还需设置泵站以连接低区管段和高区管段，系统的终点是出水口。排水管道应依据城市规划、地势情况以最短路线顺坡敷设，雨水管道应就近接入外水体。城市排水系统的组成如图6.12所示。

2. 污水处理厂的组成

城市污水在排入水体之前一般都先进入污水处理厂处理。处理厂由处理构筑物（主要是各种池式构筑物）和附设建筑物组成，常附有必要的道路系统、照明系统、给水系统、排水系统、供电系统、通信系统和绿化场地。各污水处理构筑物之间用管道或

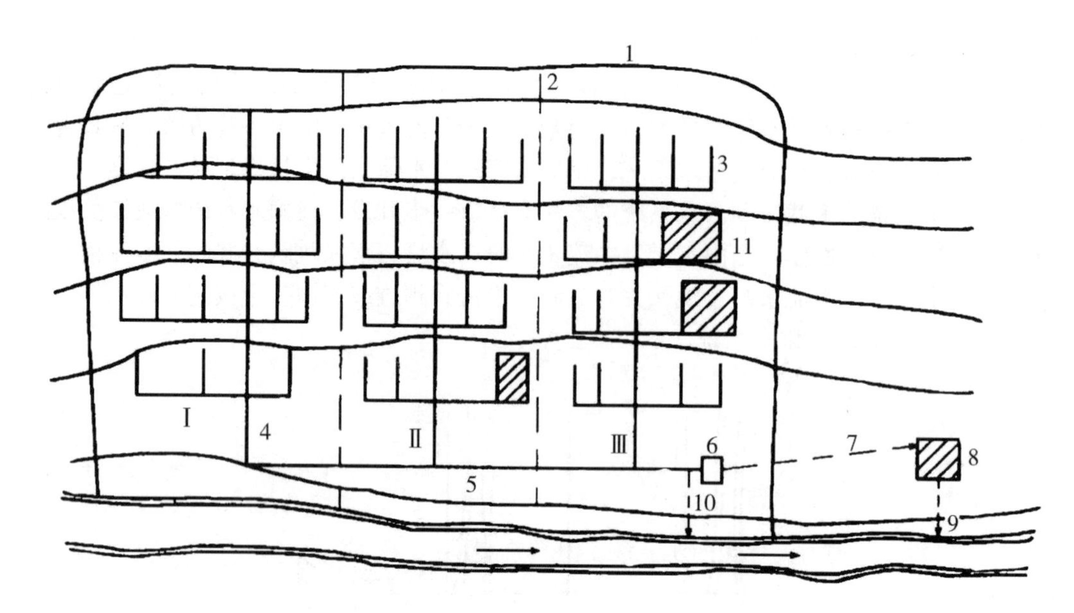

1—城市边界；2—排水流域分界线；3—污水支管；4—污水干管；5—污水主干管；6—污水泵站；7—压力管；8—污水处理厂；9—出水口；10—事故出水口；11—工厂；Ⅰ、Ⅱ、Ⅲ—排水流域

图6.12 城市污水排水系统组成[159]208

明渠连接。[136]193

污水处理厂的复杂程度随处理要求和水量而异，目前我国污水处理常用生化（普通活性污泥法、接触氧化法和氧化沟法等）处理技术。典型的工艺流程为：污水提升泵站将污水提升并通过格栅，格栅将污水中的粗大污染物拦截，污水中加药进入反应池，形成絮凝体，经过初沉池，絮凝体及大部分污染物沉淀形成污泥，上清液进入曝气池进行生物好氧处理，最后经二沉池再沉淀，污水经处理、消毒后达标排放。初沉池及二沉池的污泥经厌氧生物消化后，浓缩脱水焚烧或堆肥。

污水处理厂一般应设于污水能自流入厂内的地势较低处并位于城镇水体下游，与居民区有一定的隔离带，主导风向下方，不被洪水淹没，地质条件好，地形有坡度的地方。[159]208

3. 城市排水系统的规划原则

（1）排水系统既要实现市政建设所要求的功能，又要满足环境保护方面的要求，缺一不可。环境保护的要求必须恰当、分期实现，以适应经济条件。

（2）城市要为工业生产服务，工厂也要顾及和满足城市整体运作的要求。厂方对资料应充分提供，对城市提出的废水预处理要求应在厂内完成。

（3）规划方案要便于分期执行，以利于集资和为后期工程提供完善设计的机会。

4. 排水系统布置形式

（1）正交式布置。

正交式布置［图6.13（a）］是指排水流域的干管与水体垂直相交布置，适用于地势适当向水体倾斜的地区。正交式干管长度短，管径小，水流速度快；但污水未经处理直接排放，水体污染严重，故一般只用于布置雨水管网。

（2）截流式布置。

截流式布置［图6.13（b）］是基于正交式布置，在河岸再敷设总干管，将各干管的污水截流送至污水处理厂。这种排水方式有利于减轻水体污染，改善和保护环境。截流式布置适用于分流制污水排水系统，将生活污水和工业废水排入污水管网，送至污水处理厂进行处理后再排入水体；也适用于区域排水系统，区域总干管截流各城镇的污水，送至城市污水处理厂进行处理。对截流式合流制排水系统，在雨天雨量大时有部分混合污水会超出管道负荷排入外水体，易造成外水体污染。

（3）平行式布置。

平行式布置［图6.13（c）］是使干管沿着等高线及河道、主干管与等高线及河道成一定角度敷设，主要适用于地势向河流方向有较大倾斜的地区，可避免因管道坡度过大导致管内流速过快，使管道受到严重冲刷。

（4）分区式布置。

地势高差相差很大的地区，由于污水不能依靠重力流的方式输送至污水处理厂，可根据位置的高低采用分区式布置［图6.13（d）］。即在高区和低区分别敷设独立的排水系统。高区的污水靠重力直接流入污水处理厂，低区的污水则经泵站加压输送至高区干管或污水处理厂。其优点是可充分利用地形排水，节省电能。

（5）分散式布置。

当城市周围有河流，或城市中心部分地势高且周围地势较低时，各排水管网的干管常采用辐射状分散布置，各排水流域的排水系统相互独立［图6.13（e）］。这种布置的优点是干管长度短、管径小、管道埋深浅、工程造价减少，以及便于用污水灌溉，缺点是污水处理厂和泵站（如需要设置时）的数量将增多。在地形平坦的大城市，采用辐射状分散布置可能是比较有利的。

（6）环绕式布置。

环绕式布置是由分散式布置发展而来，因为从规模效益的角度出发，宜建造规模大的污水处理厂，而不宜建造大量小规模的污水处理厂。这种布置形式是沿四周敷设主干管，将各干管的污水截流送至污水处理厂［图6.13（f）］。[159]210

（7）区域性布置。

区域性布置［图6.14］是把两个及以上城镇地区的污水统一收集和处理的系统。这种布置方式有利于污水处理设施集中化、大型化，提升规模效益；有利于水资源的统一规划管理，节省投资，运行稳定，占地少，是水污染处理、控制和环境保护的新发展方向；缺点是管理复杂、工程投资回收慢等。区域性布置比较适用于城镇密集区及区域水污染控制的地区，在设计时应与区域规划相协调。

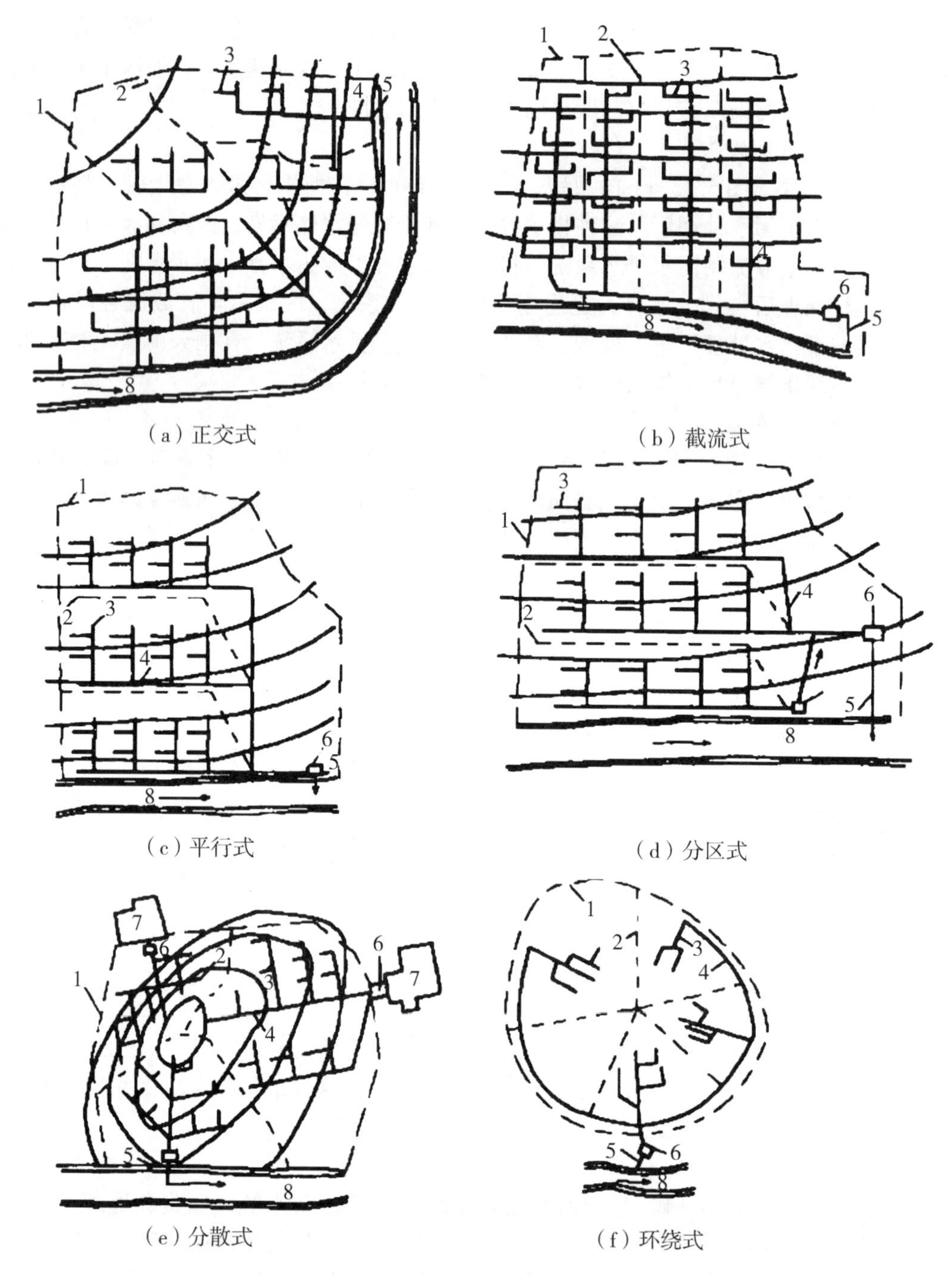

1—城市边界；2—排水流域分界线；3—支管；4—干管；5—出水口；6—泵站；7—灌溉田；8—河流

图 6.13 排水系统的布置形式[159]210

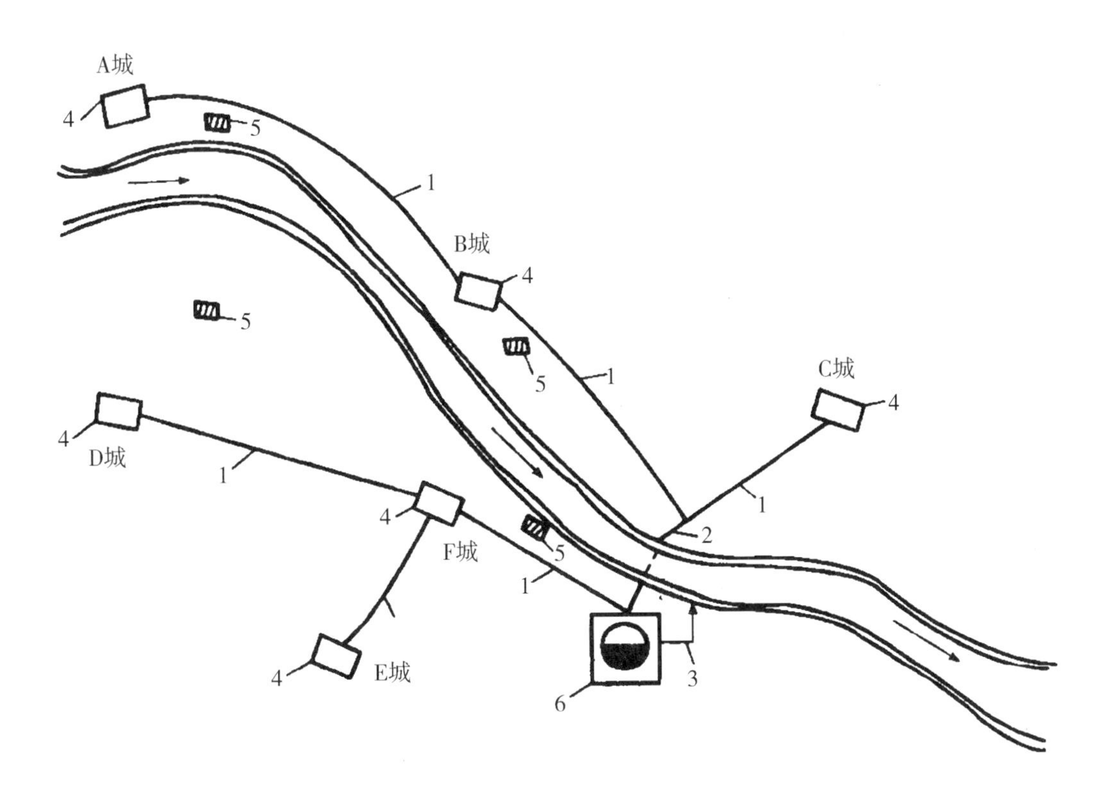

1—污水主干管；2—压力管道；3—排放管；4—泵站；5—废除的城镇污水处理厂；6—污水处理厂

图6.14 区域排水系统平面布置形式[159]211

6.2.3 城市排水系统的规划设计

城市排水工程是处理和排除城市污水、废水和雨水的工程系统，是城市建设的重要组成部分。排水工程的规划设计是在区域规划以及城市总体规划基础之上进行的，主要应遵循以下原则[160]199：

（1）排水工程的规划设计应与城市整体功能相匹配，符合区域规划及城市总体规划的要求，并应与城市其他工程规划建设（如道路规划、人防工程规划和其他单项工程建设等）密切配合、互相协调。

（2）排水工程规划设计应与邻近区域内的污水和污泥的处理系统相协调。

（3）排水工程规划设计应注意点源污染治理与集中处理相结合。

（4）城市污水是一种稳定的淡水资源，可视为城市的第二水源，在规划设计中应充分考虑污水的回收再利用。

（5）排水工程应按近期设计，全面规划，考虑远期发展。

（6）排水工程规划设计必须认真贯彻落实国家及地方相关部门制定的有关标准、规范和规定。

6.3 城市饮用水处理工程

6.3.1 饮用水水质与公众健康的关系

1. 饮用水处理的必要性

饮用水处理的首要目的是保护公众健康。水中含有各种成分，可以使人生病，并具有迅速传播疾病的独特能力。

2. 不同历史时期人类对饮用水与公众健康关系的认知

（1）古代。

有证据表明，早在公元前2000年，古代社会就已经关心水的质量，通过一系列途径改善水质。例如，通过土壤、沙子和粗砾石的自然作用过滤水，煮沸水，在水库和盆地中沉淀以去除悬浮的固体。

（2）19世纪。

从19世纪后半叶开始，在确定饮用水污染与水传播疾病之间有联系之后，公共的饮用水处理和供应开始得到重视与发展。因此制定了若干策略，以打破饮用水系统和污染物处理系统之间的联系。这些策略包括：①使用未受污染的水源；②对受污染的水进行处理；③使用连续加压的水系统，确保一旦获得安全水，即可交付给消费者，而不会受到进一步污染；④使用粪便污染物中的细菌数作为指标指数。

（3）20世纪初。

20世纪初，对饮用水进行氯化是控制细菌的方法。随后的40年将重点放在对地表水供应实施常规水处理和氯消毒。到1940年，发达国家的大部分供水实现了完全处理，认为其实现了微生物安全。[161]185

（4）20世纪下半叶。

1974年，美国和欧洲国家发现消毒过程中最常使用的化学物质氯，能够与水中的天然有机物反应生成有机化合物，特别是三氯甲烷。随后几十年的研究发现，氯能够产生大量的消毒副产物，替代性的化学消毒剂则产生它们相应的消毒副产物。随后，工程师在消毒和消毒过程中产生的副产物之间寻求平衡。而保护公众免受水传播疾病的挑战仍在继续。

20世纪70—80年代，逐渐发现一些疾病并非通过粪口途径传播，而是通过水传播。因此，未受污水污染的水源并不能保证不含病原体，也无法排除水处理的需要。此外，将水进行净化和加压运输，并不能提供完全的保护，仍然需要在供水系统和水系统附属设备中对致病菌进行控制。

（5）21世纪。

进入21世纪，新型污染物在饮用水中的出现引起越来越多的关注，成为保障饮用水安全的新挑战。新型污染物包括药品、个人护理产品、纳米颗粒污染物和全氟烃基化合物等。许多新型污染物（如个人护理产品）属于内分泌干扰物质（又称环境荷尔蒙），它们能够改变荷尔蒙的正常功能，对人体健康带来一系列影响。污水处理厂的出水是地表水中新型污染物的主要来源之一。

6.3.2 城市饮用水的水源

城市饮用水的水源包括地下水、湖泊、水库、河流、海洋和被污水污染的水。即使是“干净”的水，也有可能含有需要去除的成分。水中各类物质的成分和含量，以及各类可以影响处理效果的水质参数，与当地的地质情况、气候和人类活动息息相关。水处理的最大挑战之一，是不同类型的水源需要不同的水处理工艺。

1．地下水

地下水中需要去除的成分主要来源于水与岩石中的矿物质长期接触后的溶出物，包括铁、锰、痕量无机物（如砷、钡、镉、氟、硒，以及一些具有辐射能力的物质，如镭、氡和铀）和天然有机物，并注意处理地下水的硬度和盐度。此外，地下水中也可能含有各种人类活动产生的污染物，其种类可能非常多。人类活动对地下水的污染主要来源于以下几个途径：地下油气储藏桶的泄漏、化粪池的泄漏、工业污染和农业污染等。

2．地表水

河流等地表水中矿物质含量通常比地下水少，但是在地表径流和与地下水相互作用的过程中会溶解一些天然物质。地表水中可能含有漂浮物、悬浮物、树叶、树枝、藻类、动物和其他在径流过程中冲刷进入水体的植物。区分地下水和地表水的最关键元素是地表水中可能含有致病菌和为了保障饮用水安全而必须去除的其他微生物，这也使得地表水和地下水处理工艺差异较大。几乎所有地表水处理工艺都设计了过滤系统对微生物进行物理去除，以及消毒接触池对水进行消毒；与之相比，地下水处理设施主要去除溶解性污染物。

湖泊、水库和河流的水质特点有许多相似之处，如有各类微生物，可能有人类活动带来的污染，非有机物浓度通常比地下水更高。河流和湖泊水的不同之处主要与水流速度有关，通常湖泊中的水流速度较低。

3．海水

干净水源的减少让海水作为供水来源的需求增加。全球约97.5%的水是海水，约75%的人口生活在沿海地区。海水的盐度在34000～38000 mg/L（以总溶解性固体计算），比饮用水高两个数量级。将海水作为水源的最大挑战是盐度的去除，个别物质如溴化物和硼会让盐度的去除过程复杂化。此外，脱盐之后的水腐蚀性较强，又对水处理提出了新的挑战。

4. 被污水污染的水

污水处理厂的出水通常会排入河流中，而河流中的水也是下游社区的饮用水源。处理之后的污水在河流中占重要比重的情况并不罕见。一些高人口密度且水源有限的地区开始考虑将利用处理过的污水作为潜在的饮用水源，即再生水直接回用为饮用水。目前的政策对再生水直接回用为饮用水进行了限制。处理后的污水中含有低浓度的化学物质和化学物质的混合物，人体长期暴露于其中的潜在健康风险有待阐明。

6.3.3 城市饮用水的政策

1. 世界卫生组织

世界卫生组织是属于联合国的一个专门机构，其主要责任是保护国际公共卫生。世界卫生组织制定了饮用水质量国际准则，作为发展中国家和发达国家制定法规和标准的基础。每个国家或地区广泛考虑环境、社会、文化和经济因素，确定哪些准则作为自己的标准。2004 年世界卫生组织发布的《饮用水质量指南》引入了水安全计划的概念，它的监管重点从控制饮用水处理厂末端转变为管理流域、水处理厂和供水系统的饮用水质量。

2. 加拿大

在加拿大，饮用水指南由卫生部制定；各省和地区不需要采用卫生部的准则，不过可以选择将这些准则作为制定可执行标准的基础。加拿大卫生部水质量和卫生局通过与各省、地区、公用事业和公众的合作，制定了《加拿大饮用水质量指南》，可初步识别在源水域中发现的已知或可能的有害物质，然后确立相应的最高可接受浓度。

3. 中国

中国作为一个发展中国家，近 20 年来，不断加大水环境保护的力度，陆续出台了一系列相关法律法规（表 6.1）。例如，在 2002 年通过的《中华人民共和国水法》第三十四条规定：禁止在饮用水水源保护区内设置排污口。在江河、湖泊新建、改建或者扩大排污口，应当经过有管辖权的水行政主管部门或者流域管理机构同意，由环境保护行政主管部门负责对该建设项目的环境影响报告书进行审批。

表 6.1 我国水环境相关法律法规（部分）

法律/法规名称	颁布（修订）年份
中华人民共和国水法	2002
中华人民共和国水文条例	2007
中华人民共和国水污染防治法	2008
饮用水水源保护区污染防治管理规定	2010
国务院关于实施最严格水资源管理制度的意见	2012
中华人民共和国环境保护法	2014

6.3.4　根据污染物性质选择处理工艺

1. 水的性质

水是极性分子，这意味着虽然水分子是电中性，但它有一个位于 O 原子附近的负电荷区域和 H 原子附近的正电荷区域。这种二极性给水带来重要的属性，如其作为溶剂的能力，使得水分子与其他分子进行 H 键结合，也影响了物质的化学形态。

2. 水中污染物的去除

若一种物质与水的物理、化学和生物性质完全一致，那么该物质将无法从水中去除。但是，如果它们有某些性质存在不同，并且存在一种可以利用该种不同之处的工艺，那么其去除是可行的。物质最主要的性质包括大小、浓度、带电性、溶解性、挥发性、极性、亲水性、沸点、化学反应性和生物可降解性。

一个种类的化学物质倾向于拥有相似的物理化学性质。例如，无机物质通常为非挥发性的、非生物降解性的和带电的。水中不同物质的一般性质如表 6.2 所示。这个表是决定哪种工艺适合去除哪种特定物质的起点。选择工艺的第二重要因素是一个工艺单元利用不同物质性质差异的能力，每一个工艺单元依赖于一种或多种关键性质。化学对学习水处理的学生非常重要，学习内容包括物质化学、过程化学以及水的化学成分。要成为一名水处理工程师，需要掌握化学平衡和动力学的基本概念，以及其他相关化学知识。

表 6.2　水中各种类型的物质的常规物理化学性质[161]189

性质	微生物	无机物	合成有机物	天然有机物	放射性核素
案例物质	病毒、细菌、原生动物	Na、Cl、Fe、Mn、As、Pb、Cu、NO_3^-	杀虫剂、溶剂、药物	动植物的降解物	Ra、U 等放射性无机化学物
尺寸	颗粒物（0.0025～10 μm）	小分子（低分子质量）	分子（通常低分子质量）	大分子（高分子质量）	小分子
浓度	与水接近	各不相同（作为沉淀物），如果是溶解态则不适用此项	各不相同（作为液相），如果是溶解态则不适用此项	不适用此项（溶解态）	不适用此项（溶解态）
带电性	有些表面带负电	正电或负电	通常不带电	浮点	各不相同
溶解性	否	各不相同	各不相同	是	各不相同
挥发性	否	否	各不相同	是	否

续上表

性质	微生物	无机物	合成有机物	天然有机物	放射性核素
极性	不适用	是	各不相同	是	否
亲水性	否	否	通常是	否	否
沸点	不适用	非常高	各不相同	非常高	非常高
化学反应性	是	是	是	是	否
生物降解性	是	否	通常是	通常否	否

3. 选择工艺时的其他考虑

（1）去除效率。

去除效率是指一种物质被一种工艺去除的比例。

（2）可靠性。

水处理中的可靠性至少包含两个方面：①工艺的可靠性，当原水水质或者运行参数发生变化时，工艺能够持续达到处理目标的能力；②机械和水利的可靠性，如果一种工艺需要较少的监管和维护、有更少的移动部件、由重力驱动运行，通常来说比由复杂组件组成的工艺更可靠。

（3）多重屏障理念。

工艺的可靠性能够通过提供多重屏障来提升。当一种工艺短时间失效时，多重屏障可以保障工艺的安全运行。

（4）灵活性。

工艺需要适应原水水质的变化。此外，过去几十年，政策不断地进行调整。因此水处理工艺需要应对不断调整和变化的政策法规以及变化的水质，避免工艺的频繁升级或更换。

（5）成功运行的历史。

有些处理工艺已经成功运行了上百年。新的设备和工艺的采用需要特别谨慎，因为公众的健康依赖于正确工作的处理设施。

（6）水务部门的经验。

工艺的运行有赖于水务部门工程人员对设备和工艺的正确运行与维护。一些小型水务部门缺乏资源雇用有经验的运营人员对复杂工艺进行正确运营。在这种情况下，简单和自动化的工艺可能更合适。

（7）成本。

成本是选择工艺时需要考虑的一个重要因素。因为饮用水是一种提供给市政部门的公共设施，成本需要控制在公众的可承受范围内。建设和运营成本都很重要，很多时候，运营成本比建设成本更重要。

（8）可持续性。

如今的社会对可持续发展相关的气候变化及其他因素非常关注。工艺的可持续性可以通过生命周期评价的方法来量化一种工艺对环境所造成的影响。

6.3.5　典型饮用水处理工艺

典型饮用水处理工艺通常包括以下操作单元：混凝和絮凝、沉淀、快速颗粒物过滤、膜过滤、反渗透、吸附和离子交换、吹脱和氧化、高级氧化和消毒。

6.4　城市污水处理工程

6.4.1　污水处理的发展

1. 环境卫生的全球驱动力

2007 年，《英国医学杂志》网站公布的民意测验表明，卫生设施是 1840 年以来最大的医学进步。这证实了合理的卫生设施对维护公众健康极其重要。在许多发达国家，家庭产生的污水被安全地运送走，但是污水的处理却不总是到位的；在发展中国家，下水道设施的覆盖率远远不及供水管网的覆盖率。合理的下水道卫生设备被明确列入联合国千年发展目标。排水管网系统和污水处理厂已经被证明在传输和去除病原体、有机污染物和营养盐的过程中非常有效。但是，它们需要合理的运行和维护，以及对相关工艺的到位理解。

2. 污水处理的历史

（1）古代。

公元前 800 年，罗马城开始修建下水道系统，这个系统直到公元前 100 年才基本修建完成。公共浴室和公共厕所的污水通过城市地下管网被运送至台伯河。由于有效的政府管理，这套系统运行完好。罗马帝国崩溃后，这套卫生系统也随之崩溃了。450—1750 年被称为“卫生系统黑暗时期”，大部分污水被直接倾倒在街头。

（2）19 世纪。

19 世纪中叶，巴黎等大城市开始修建下水道系统。19 世纪末发现了活性污泥法，该法一直到现在都是大规模使用的水处理技术。

（3）20 世纪。

20 世纪，污水处理厂得到大规模修建。水体中的典型污染物，如氮和磷，其去除技术陆续被发明、完善和推广。

（4）21 世纪。

污水处理技术从原来的注重污染物的去除，开始向能源中性和资源回收方向发展。另外，新型污染物（如微塑料、抗性基因、药品等）的去除技术在不断发展中。

6.4.2 污水的特征

1. 污染物来源

人类的生活和生产活动都会产生污水。人类生活用水产生的污水量和类型与居民的生活方式和生活水平等因素有关，这类污水属于市政污水或生活污水。不同类型的工业生产活动产生的污水类型和数量差异巨大，这类污水属于工业污水。在传统的合流制排水系统中，雨水也会流入排水管网中，与市政污水和工业污水混合在一起。

2. 污染物成分

污水的成分可以根据表6.3分为几大类型，每种成分的含量差异巨大。

（1）有机物。有机物是污水中的主要污染物，通常用化学需氧量（chemical oxygen demand，COD）和生物需要量（biological oxygen demand，BOD）表示。

（2）氮和磷。污水中氮和磷污染物的浓度及比例会影响污水处理工艺的选择，因为此类物质通常无法通过沉淀、过滤、浮选或者其他的液-固分离法进行去除。

（3）重金属。还有一类污染物，如重金属，并非污水处理的直接对象，但是它们的存在对污水的生物处理过程或者处理水的受纳水体具有毒性。

（4）微生物。污水中的微生物主要来源于人体的排泄物和食品工业废水，若污水中的微生物浓度过高，可能令受纳水体对人体产生严重的健康风险。

表6.3 生活污水的成分[161]192

污水成分	具体成分	影 响
微生物	致病菌、病毒、蠕虫卵	洗澡和吃贝类时有风险
可生物降解的有机物	河流、湖泊和峡湾中氧气的消耗	鱼类死亡、产生臭味
其他有机物	清洁剂、杀虫剂、油脂、颜色、溶剂、酚类化合物、氰化物	毒性、不美观、食物链中的生物累积
营养盐	氮、磷、氨	富营养化、消耗氧气、毒性效应
重金属	Hg、Pb、Cd、Cr、Cu、Ni	毒性、生物累积
其他无机物	酸（如硫化氢）、碱	腐蚀、毒性
热能	热水	改变动植物的生存环境
臭味	硫化氢	不美观、毒性
放射性	—	毒性、累积

3. 污染物比例

污水中各类污染物的比例对污水处理工艺的选择有重要影响。例如，若污水的碳氮比很低，则可能需要添加外加碳源才能快速、高效地进行生物反硝化脱氮。雨水虽然水量大，但是其污染物浓度通常远低于市政污水和工业污水，因此，雨水虽然对污水有稀释作用，但是对各类污染物比例的影响有限。污水中各类污染物的比例可以用来研究分析过程是否有误，或者判断是否有特殊类型污水进入排水管网系统。

4. 污染物浓度变化

污水中污染物浓度随时间发生变化。大部分情况下，污染物浓度在每天的不同时刻呈现一定的变化规律。污染物浓度的变化对污水处理厂的设计、运行和控制有重要影响。

5. 污水流速

污水流速呈现出时间和空间上的差异，这让污水的准确测量变得复杂。污水流速的常用单位是 m^3/d。污水处理厂中不同单元的设计污水流速不同。

6.4.3 典型污染物的去除

1. 有机物

有机物通常用 COD 来进行评价，它分为可生物降解有机物和不可生物降解有机物。最传统的去除有机物的方法是活性污泥法，至今已经有上百年的历史。活性污泥法可以基于各种形态的反应器进行，如滴滤池、氧化塘、接触－稳定塘和延时曝气等。活性污泥系统运行需要考虑的关键因素包括：反应器中的水流状态，反应器的尺寸、形状、数量和构造，循环流和进水，等等。环境状况和反应器系统的约束条件对反应器的运行维护以及处理效率有重要影响。

2. 氮

脱氮的方法包括物理法、化学法和生物法，通常生物法成本更低、更受欢迎。荷兰的 SHARON 工艺的处理成本为 0.9 ～ 1.4 欧元/kg 氮，物理－化学法的成本是它的 5 ～ 9 倍。这主要跟投资成本和人力成本有关。此外，物理－化学法的工艺流程更复杂。

使用最广泛的物理法是汽提法，即通过提升污水的 pH 使氨以氨气的形式从水中剥离。另一种除氮的方法是通过投加磷酸镁，让其与污水中的氮反应生成鸟粪石。氮的生物处理技术比较多，包括硝化－反硝化、短程硝化－反硝化、厌氧氨氧化和反硝化甲烷氧化等。

3. 磷

磷是污水处理中需要去除的一个关键元素，因为它与水生植物和藻类的生长以及水体富营养化息息相关。面源污染水体中的磷，如在农业生产场地，最佳控制方法是将其作为化肥使用。点源污染水体中的磷，污水处理厂可以通过化学和生物方法去除。

20 世纪 60 年代后期提出了强化生物除磷法（enhanced biological phosphorus removal，EBPR），这个方法至今仍被广泛使用。经过 60 余年的发展，EBPR 的概念和应用已经从最初的偶然观察，发展成为能够基于生物化学和数学模拟对工艺进行设计和控制的阶段。它的发展动力不仅来自科学研究，更是由于从20世纪70年代开始，人们意识到磷在水体富营养化中发挥着关键作用，因此急需开发出有效控制磷排放的技术。

4. 病原体

尽管人类持续暴露于大量环境微生物中，但是只有很少的一部分微生物能够与宿主发生相互作用引起感染和疾病。能导致疾病的微生物称为致病微生物或者病原体。能够导致疾病的微生物包括病毒、细菌和原生动物，蠕虫和寄生虫也能通过污水传播。常规检查水中的病原体是非常耗时、成本高昂和难度大的。因此，通常用指标微生物对受粪便污染情况进行评估，如噬菌体和粪便链球菌。

氧化塘：氧化塘是一种在发展中国家得到广泛推广的低成本去除病原体的方法。当停留时间足够，氧化塘可以大大降低肠病原体的含量。

滴滤池：滴滤池法在去除病原体上，通常没有传统活性污泥法有效。不过，将沉淀法和滴滤池法进行结合，可以将一些病原体去除99.9%。

膜生物反应器：膜生物反应器将活性污泥法和膜工艺（如微滤、纳滤）进行结合。膜组件通常浸没在氧化反应器中。大部分中试试验显示它对病原体的去除有限。

6.5 雨水利用与海绵城市

近年来，我国各大城市出现逢雨必涝的情况，然而城市水资源短缺的现状也一并存在。这样的城市水资源矛盾往往与城市传统的排水系统有关，雨水在流经不透水地表后直接由排水管道排出，一旦雨量过大，排水系统超负荷运转，就会出现城市内涝；雨水被排走，城市的需水得不到满足，就会出现城市缺水的现象。因此，必须加强海绵城市与雨水资源的综合利用。

6.5.1 中国城市水问题

中国的城市水问题主要有城市水资源供需矛盾、城市水质污染、城市洪涝灾害等。这些水问题是系统性、综合性的问题，亟需一个综合全面的解决方案。

1. 水资源匮乏，人均占有量严重不足

中国年平均降水量648 mm，而全球陆地年平均降水量为834 mm，亚洲为740 mm，中国年平均降水明显低于全球和亚洲年平均值。我国多年平均水资源量为2.8万亿 m^3，人均水资源占有量为2200 m^3，仅为世界人均占有量的1/4，且有逐年下降的趋势。随着城市的发展，市政供水的不足日渐凸显，已经成为制约城市发展的重要因素。

2. 水资源浪费严重，利用效率低下

城市生活和工农业用水存在大量浪费，城市管网设施的漏水很普遍，国民水危机意识薄弱，在城市发展和产业结构调整中仍然沿用“以需定供”的粗放式用水方式，节水器具普及率和工业水重复利用率均较低，普遍存在着用水浪费现象。

3. 水污染严重，水系功能退化

中国城市现状排水干渠设计标准偏低，管渠断面偏小，水力条件差，排水渠道容易淤积。在部分排水明渠段，建筑工地泥沙、垃圾直接排入，对管渠造成严重堵塞，渍水严重。雨水排除系统不完善，下大雨时雨水不能够顺利排除，容易形成内涝。

在我国的主要江、河、湖等水域，如长江、黄河、淮河、海河等或已检测出数百种有机物，或被报道已经受到严重的有机物污染，在被检测出来的有机物中，一些有毒污染物含量超过了地面水质标准，有些是致癌、致畸、致突变的有机污染物，这些受污染的水系也是城市重要的供水水源。不少地方“有河皆干、有水皆污、湿地消失、地下水枯竭”。

6.5.2　世界各国城市雨洪管理的发展历史

雨洪管理的历史可追溯至公元前3000年，在当时主要是为了让雨水能够尽快从城市排出。在最近几十年的发展中，各国关于雨洪管理的相关理论层出不穷，如最佳管理实践、低影响开发、绿色基础设施、水敏感城市设计等。

1. 最佳管理实践

在美国和加拿大，最佳管理实践是指一系列防范污染的方法，具体到雨洪管理的实际问题上，包括减少雨洪污染物排放的技术、过程和措施，这些技术在城市雨洪管理上单独或配合使用，从而达到效果最大化。

2. 低影响开发

低影响开发在北美和新西兰广泛使用，旨在通过“自然的设计方法”来减少雨洪管理的成本。低影响开发的最初目的是通过利用现场布局和综合的管理措施来达到“自然水文”效果，利用小规模的雨洪管理设施，如滞留槽、绿色屋顶及径流附近的洼地。

3. 绿色基础设施

绿色基础设施最早出现在20世纪90年代的美国，是利用分散的雨洪管理网络，如绿色屋顶、树木、雨水花园和可渗透人行道，将降水就地吸收，从而减少暴雨的径流量。这与城市现今正寻求的“通过各种自然途径来实现环境和可持续目标”的宗旨一致。

4. 水敏感城市设计

水敏感城市设计最早出现在20世纪90年代的澳大利亚，其目的是将城市发展对周边环境的水文影响降到最低，其方向是洪水控制、流量管理、水质改进以及将暴雨雨水用于非饮用水领域。

6.5.3 海绵城市的概念与技术特点

1. 海绵城市的概念

海绵城市是新一代城市雨洪管理概念，是指城市像海绵一样有强大的吸水和储水能力，在适应环境变化和应对雨水带来的自然灾害等方面具有良好的弹性，也可称之为“水弹性城市”。[162]195

2. 海绵城市的技术特点

海绵城市具有“六位一体”的特征，分别是渗、滞、蓄、净、用、排。

（1）渗。

即渗透。雨水渗透是雨水资源化利用的第一步。城市道路建设可以采取铺设透水材料的路面，提高雨水的下渗量，有效地补充城市地下水。

（2）滞。

即滞留。由于城市地面不透水面积增大，80%以上的雨水通过地表径流快速流失。可采取各类措施，提升土壤吸纳雨水的能力，使雨水“停留”在土壤中，缓解雨水流失的速率，增大可利用的雨水量，减少地表径流污染。

（3）蓄。

即蓄积。雨水是一种可用资源，可结合低影响开发设施，让城市像海绵一样吸纳雨水，作为城市水资源的补充，实现“旱时有水”。例如，雨水罐可用于收集单体建筑屋面的雨水。

（4）净。

即净化。雨水净化的主要目的是对雨水进行适当的处理，使其达到可使用的基本水质要求。雨水湿地、湿塘都是实现雨水净化的低影响开发措施。

（5）用。

即利用。雨水利用是指在完成雨水的一系列收集工作后，使其能够被充分利用。一方面，通过优化处理雨水，使收集的雨水达到相应的水质要求，实现直接利用。例如，处理过的雨水可以供企业用于生产，小区用于绿化灌溉，以及用来清洗保洁道路路面和停车场等。另一方面，通过各种低影响开发的措施可以增大雨水下渗量，回流补充城市地下水，达到间接利用雨水的目的。

（6）排。

即排出。海绵城市的排出是扣除下渗减排、集蓄利用和蒸发环节后的雨水径流量，有别于传统的“快排”模式，其排放的径流总量小于40%。

6.5.4　海绵城市建设的基本原则

海绵城市建设应遵循规划引领、生态优先、安全为重、因地制宜、统筹建设五大基本原则。

1. 规划引领

在城市各层级、各相关专业规划及后续的建设程序中，应落实海绵城市建设的内容，先规划后建设，体现规划的科学性和权威性，发挥规划的科学引领作用。

2. 生态优先

城市规划中应科学划定蓝线和红线。城市开发建设应保护河流、湖泊、湿地、坑塘、沟渠等水生态敏感区，优先利用自然排水系统与低影响开发设施，实现雨水的自然积存、自然渗透、自然净化和可持续水循环，提高水生态系统的自然修复能力，维护城市良好的生态功能。

3. 安全为重

以保护人民生命财产安全和社会经济安全为出发点，综合采用工程和非工程措施提高低影响开发设施的建设质量和管理水平，消除安全隐患，增强防灾减灾能力，保障城市水安全。

4. 因地制宜

城市建设应根据本地自然地理条件、水文地质特点、水资源禀赋情况、降水规律、水资源保护与内涝防治要求等，合理确定低影响开发控制目标与指标，科学规划布局和选用下沉式绿地、植草沟、雨水湿地、透水铺装等低影响开发设施及其组合系统。

5. 统筹建设

地方政府应结合城市总体规划和建设，在各类建设项目中严格落实各层级相关规划中确定的低影响开发控制目标、指标和技术要求，统筹建设。低影响开发设施应与建设项目的主体工程同时规划设计、同时施工、同时投入使用。

6.5.5　海绵城市设计前后的水文要素特征

1. 土地开发前的水文要素特征

降雨初期：雨水被植物截流后降落到地面上，被土壤吸收后形成土壤水，在地球引力的作用下，下渗补充地下水。

降雨历时增加：随着降雨时间增加，土壤持水量逐渐达到饱和，降水在地表汇聚形成地表径流。

径流入河：地表径流形成后，雨水被输送至河道，并在河道处形成汇流。当河道流量达到最大时，即为该时刻的洪峰流量。

降水历时持续：地表径流持续增加，河道水量迅速增长，从而形成较大的洪峰流量。若排水不及时，则发生溢流，易形成洪水或内涝。

2. 海绵城市设计的主旨

海绵城市设计的主旨是：维持土地开发前后的水文特征——地表产汇流、地表汇流时间、汇流流量、流速、洪峰大小、峰现时间等（图 6. 15）基本不变，与城市市政管网对接，与所在流域水系连通，以保障防洪排涝安全。同时，蓄滞雨水，补充地下水，提高城市水资源储量，缓解用水压力。

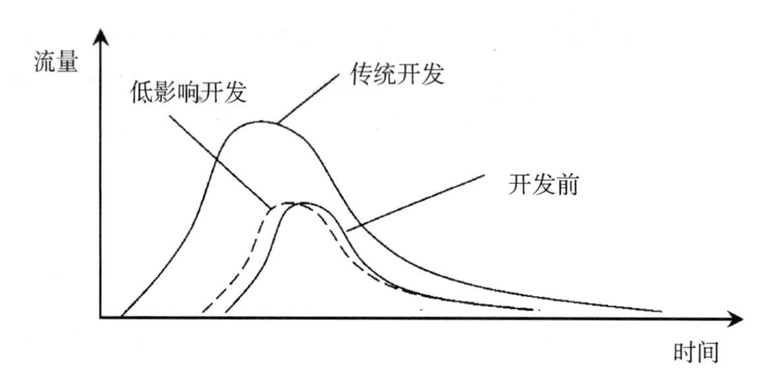

图 6. 15　低影响开发水文原理示意[162]198

第7章　水利水电工程

本章主要介绍常见水利水电工程，包括重力坝、拱坝、土石坝，溢洪坝、岸边溢洪道、水闸等挡水和泄水建筑物，水工隧洞、渠首、渠系建筑物、管井、大口井等取水和输水建筑物，堤防工程、河道治理工程以及分洪、蓄洪和滞洪工程等。通过本章学习，刚接触土木水利类专业的学生可对水利水电工程有初步了解，并激发专业学习兴趣。水利水电工程涉及多个学科专业基础知识，包括水力学、流体力学、土力学、岩石力学、结构力学、材料力学、水文学、工程水文学、工程地质、水文地质等，需要在今后的课程中进一步加强学习。

7.1　水利水电工程概述[163－164]

水利水电工程建设与管理离不开水资源，而水资源作为人类活动赖以生存的必要条件之一，其重要性不言而喻。因此，想要合理开发水资源和建设水利水电相关工程，首先必须了解水资源。

7.1.1　水资源

1. 水资源的含义

地球上（地表、地下和空气中）用于满足人类生活和生产需要的水源统称为水资源。地球上的水资源包括海洋、湖泊、河流、泉水、地下水、积雪、冰川、土壤水、大气中的水蒸气等。水是人类及一切生物赖以生存的必要物质，是任何其他物质不可替代的自然资源。

广义上的水资源，是指地球上能够直接或间接使用的各种水及水中的物质，包括地球上的全部水体。地球上水体总储量达13.86亿km^3，其中海洋水占96.5%。由于这部分巨大的水量属于高含盐量的咸水体，除了用于航运外，目前还很难直接作为居民生活用水或工农业生产用水。

陆地上的淡水量约0.35亿km^3，目前便于人类利用的只有0.1065亿km^3，主要分布于湖泊、河流、大气、土壤以及地下含水层中。狭义的水资源就是指这部分能够被人类利用的水。在当前的科学技术水平下，可利用水资源数量相对而言是极为有限的。随着科学技术的发展，可利用水资源的范围将逐步扩大，可利用水资源的数量也将逐渐增加。同时，人类在使用水资源的过程中，过度开发和水质污染则会使这部分可利用水资源日渐贫乏。

2．水资源的特性

（1）资源的循环性。

依靠太阳能，水在自然界中周而复始地循环，形成水资源的循环。在太阳辐射下，海洋、湖泊、湿地、雪地和植被中的水蒸发到大气中，形成水汽；水汽随大气环流运动，进入海洋和陆地上空，在一定条件下形成雨雪等降水；一部分降水降落到水面，直接形成径流，另一部分降水到达地面后转化为地下水、土壤水和地表径流；地下径流和地表径流最终又回到海洋。由此形成水的动态循环，不断往复。

（2）储量的有限性。

在当前的情况下，地球上的绝对水量足以满足全人类的使用。但是，地球上的绝大多数水存储在海洋中，这部分水目前尚难以为人类直接使用。有限的淡水资源加上水污染，在某些国家和地区已出现水资源严重不足的现象。

（3）分布的不均匀性。

受地理位置、气候条件、季节交替、地表高程等因素的影响，水资源在地球上的分布极不均匀，不仅表现在时间上，而且表现在空间上，即时空分布不均匀，如冬季和夏季、雨季和旱季、枯水年和丰水年等，热带雨林和沙漠、平原与山地、两极与赤道、海洋和内陆等。

（4）利用的多样性。

人类对水资源的需求是多种多样的，有的用水部门需要消耗水量，如工农业用水、生活用水等；有的用水部门能够重复地利用水体而不消耗水量，如发电、航运等。人类对水资源的利用既有同一性，又有多样性，这也给人类综合利用水资源提供了广阔的空间。

（5）利与害的双重性。

水能载舟，也能覆舟。水给人类提供必需的资源的同时，也会给人类带来暴雨、洪水、泥石流或者干旱等灾害。

3．我国水资源状况

（1）水资源总量丰富。

我国水资源从绝对数量上而言是相当丰富的：多年河川径流总量约为 27115 亿 m^3，居世界第六位；地下水资源量为 8288 亿 m^3。扣除重复水量后，全国水资源总量为 28124 亿 m^3。全国河流总长度为 40 多万 km。流域面积在 100 km^2 以上的河流有 5000 多条，其中流域面积在 1000 km^2 以上的河流有 1600 多条，河长在 1000 km 以上的有 20 条。主要的大江大河有长江、黄河、珠江、雅鲁藏布江、淮河、海河、辽河、怒江等。长江是中国第一大河，全长 6380 km，为世界第三大河；黄河是中国第二大河，全长 5464 km。表 7.1 为我国主要河流的径流特征情况。

表7.1 中国主要河流的径流特征值

按径流总量排序	江河流域名称	注入海（湖）域	流域面积 /km^2	年平均流量 /（$m^3 \cdot s^{-1}$）	年径流总量 /亿 m^3	径流深度 /mm
1	长江	东海	1808500	30933	9755	539
2	珠江	南海	453690	10654	3360	741
3	黑龙江	鄂霍次克海	1620170	8600	2709	167
4	雅鲁藏布江	孟加拉湾	240480	5245	1654	688
5	澜沧江	南海	167468	2410	760	454
6	怒江	孟加拉湾	137818	2229	703	510
7	闽江	台湾海峡	60992	1995	629	1031
8	淮河	黄海	269283	1937	611	227
9	黄河	渤海	752443	1785	563	75
10	钱塘江	东海	42156	1154	364	863

全国湖泊总面积约为71787 km^2。天然湖泊面积在1 km^2以上的有2300多个（不包括时令湖），面积在100 km^2以上的有130多个。全国湖泊储水总量约为7088亿 m^3，其中淡水储量2260亿 m^3，约占32%。

（2）人均水资源量相对不足。

我国的水资源总量是丰富的。但是，由于我国人口众多，人均水资源相对贫乏。我国的人均占有的河川年径流量约为2100 m^3，相当于世界人均占有量的1/4。特别是在我国北方干旱地区，人均水资源量更低。

（3）水资源时空分布不均。

我国大部分地区处于季风气候区域，河流主要是靠降雨补给。因此，一个地区的水资源条件优劣与降水量的多少密切相关。受到热带、太平洋低纬度上温暖而潮湿气团的影响，以及西南的印度洋和东北的鄂霍茨克海的水蒸气的影响，我国的降水量一般是从东南到西北递减。台湾山区和雅鲁藏布江河湾南部的年降雨量高达2500～4000 mm，海南岛和华南、西南局部山区年降水量为2000～2500 mm，长江以南沿海各省的年降水量在1500～2000 mm范围内，华北、东北大多数地区的年降水量在400～800 mm之间，西北大多数地区的年降雨量仅为50～400 mm。

我国的降水在时间上表现为年际变化大、年内分布不均，降水通常集中在6—9月，占全年降水量的60%～80%。这既表现为年内分布不均，也表现为年际分布不均。在一年之中，夏季降水量明显高于冬季，称为汛期。汛期降水量往往是旱季的几倍。

（4）水土流失及水质污染情况不容忽视。

我国的森林覆盖率只有12.5%，居世界第120位。目前我国水土流失面积256万 km^2，占国土面积的37%，每年流失的土壤总量达50亿 t。特别是西北地区，由于植被条件极度恶化，使黄河成为世界上罕见的多沙河流。

人类在利用水资源的同时，也在污染着水资源。我们的祖先很早的时候就知道划分河流的使用区域，如上游为饮用水区域，下游为洗衣和饮马区域。在劳动力低下的古代，人口稀少，水域广阔，大自然能够在水循环中自行净化水质。流水不腐，水的自净化能力在相当长的时期里维持着我们赖以生存的环境。随着人口增多和现代工农业的发展，废弃水排放量已经超过了自然水体的净化能力，水质污染情况不容忽视。

7.1.2 水利水电工程类型

解决水资源时空分配不均匀以及来水和用水不协调的矛盾，最根本的措施是兴建水利工程。水利工程是指对自然界的地表水和地下水进行控制和调配，以达到除害兴利目的而建的工程。水利工程的根本任务就是除水害和兴水利，也包括水力发电。

在流域内重新分配和调节径流的主要手段就是兴建水库。水库把汛期部分洪水和径流拦蓄起来，一方面控制下泄流量，减轻洪水对下游的威胁；另一方面可以蓄洪补枯、以丰补缺，为灌溉、供水和水力发电蓄存水资源。

1. 水利与兴利工程

水资源开发利用的兴利工程涉及项目极为广泛，如农业灌溉、工业用水、生活用水、水能、航运、港口运输、淡水养殖、城市建设、旅游等。由大坝建设形成的水库是实现这些功能的核心工程，水库运行解决了来水和用水时空分配不协调的矛盾。其中，功能性的水工建筑物实现了不同的兴利需求，如坝、堤、溢洪道、水闸、进水口、渠道、渡槽、筏道、鱼道等不同类型的水工建筑物。

2. 水害与防洪工程

为防洪减灾所修建的防洪工程，主要有堤防、河道整治工程、蓄（滞）洪工程和水库等。按功能可分为挡、泄（排）和蓄（滞）几类：挡水工程阻挡洪水对保护对象的侵袭，如用河堤、湖堤防御河、湖的洪水泛滥，用海堤和挡潮闸防御海潮，用围堤保护低洼地区不受洪水侵袭等；排（泄）水工程主要是增加泄洪能力，如修筑河堤、整治河道、开辟分洪道等；蓄（滞）水工程主要调节洪水、削减洪峰、减轻下游防洪负担，如水库、分蓄（滞）洪区工程等。

3. 水能与发电工程

河川径流蕴藏着丰富的水能资源，水力发电就是利用水力推动水轮机转动，将水能转变为机械能，水轮机带动发电机转子旋转，发电机转子和定子相对运动产生电流的过程。水力发电工程完成了水能—动能—电能的能量转换过程。由坝、闸或河床式厂房等拦蓄水建筑物、泄水建筑物、引水系统、水电站厂房、变压器场、开关站等，组成以发电为主要任务的水力发电工程。

7.1.3　水库

水库是用于拦洪蓄水和调节水流的水利工程建筑物（包括拦河坝、水闸等）。在水利水电工程中，水库是调节径流的主要设施。水库的规模应根据整个河流规划情况，综合考虑政治、经济、技术、运用等因素确定。根据工程运行情况，水库具有许多特征水位。水库的主要特征水位和相应库容如图7.1所示。

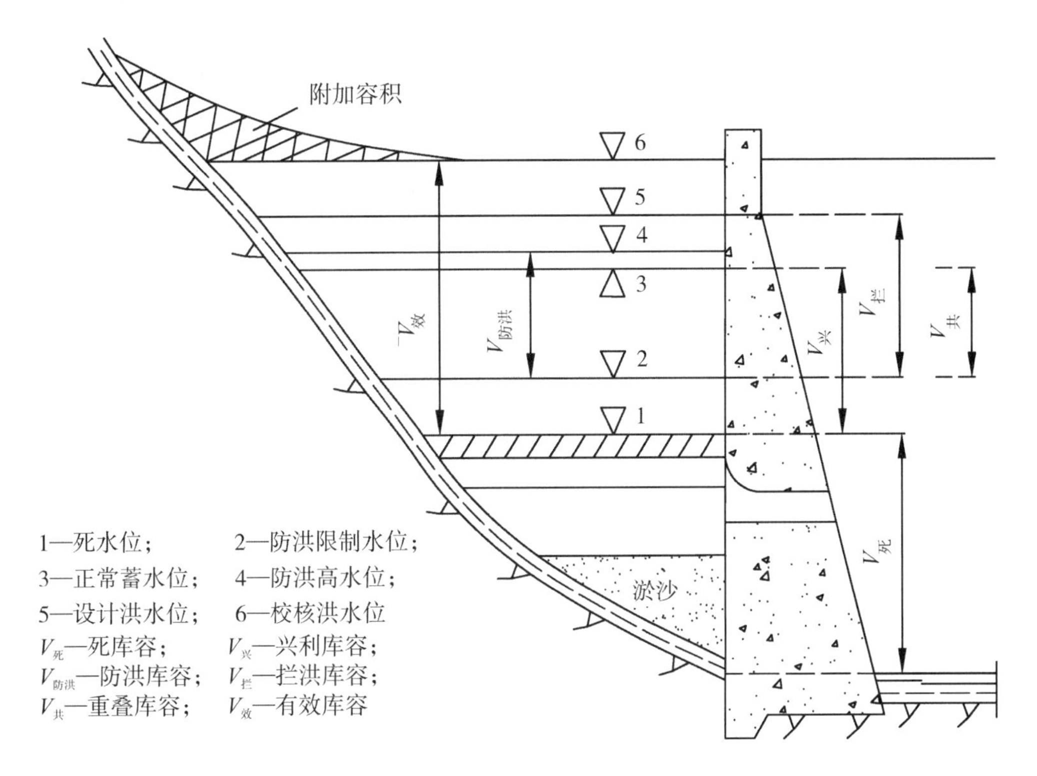

图7.1　水库特征水位及相应库容

1. 死水位与死库容

死水位是允许库水位消落的最低水位。死水位以下的库容称为死库容，为设计所不利用。死水位以上的静库容称为有效库容。

死水位的选定与各兴利部门利益密切相关。灌溉和给水部门一般要求死水位相对低些，可获得更多的水量；发电部门常常要求有较高的死水位，以获得较多的年发电量；有航运要求的水库，要考虑死水位时库首回水区域能够保持足够的航运水深。在多泥沙河流上，还要考虑泥沙淤积的影响。

2. 正常蓄水位与兴利库容

正常蓄水位是设计枯水年（或枯水期）开始供水时应蓄到的水位，又称正常高水位或设计兴利水位。正常蓄水位是水库设计中非常重要的参数，它关系到枢纽规模、投资成本、工程效益、库区淹没、生态环境、经济发展等重大问题，应该进行综合评价后确定。

正常蓄水位是水库在正常运用时，允许长期维持的最高水位。在没有设置闸门的水库，泄水建筑物的正常蓄水位等于溢流堰顶。在梯级开发的河流上，正常蓄水位要考虑与上一级水电站的尾水位相衔接，最大限度地利用水能资源。

兴利库容是正常蓄水位与死水位之间的库容，又称为调节库容。正常蓄水位与死水位之间的水库水位差，称为水库消落深度。

3. 防洪限制水位、防洪高水位和防洪库容

防洪限制水位是水库在汛期允许兴利蓄水的上限水位，也称汛期限制水位。在汛期，将水库运行水位限制在正常蓄水位以下，可以预留一部分库容，增大水库的调蓄功能。待汛期结束时，才将库水位升蓄到正常蓄水位。水库可以根据洪水特性和防洪要求，在汛期的不同时期规定不同的防洪限制水位，以更有效地发挥水库效益。防洪限制水位至正常蓄水位之间的库容称为重叠库容。

当水库的下游河道有防洪要求时，根据下游防护对象的重要性采用相应的防洪标准。从防洪限制水位开始，经过水库调节防洪标准洪水后，在坝前达到的最高水位，称为防洪高水位。防洪高水位与防洪限制水位之间的库容称为防洪库容。

防洪库容与兴利库容之间的位置有三种结合形式：不结合、完全结合和部分结合。

4. 设计洪水位和拦洪库容

当遭遇超过防洪标准的洪水时，水库的首要任务是保证大坝安全，避免发生毁灭性的灾害。这时，所有泄水建筑物不加限制地敞开下泄入库洪水。保证拦河坝安全的设计标准洪水称为设计洪水。大坝的设计洪水远大于防洪标准洪水。如长江三峡工程，大坝的设计洪水为1000年一遇，而下游防洪标准在大坝建成以后也只能提高到100年一遇。从防洪限制水位开始，设计洪水经过水库的拦蓄调节以后，在坝前达到的最高水位称为设计洪水位。在设计洪水位下，拦河大坝仍然有足够的安全性。设计洪水位与防洪限制水位之间的库容称为拦洪库容。

5. 校核洪水位和总库容

在遭遇更大的稀遇洪水时，仍然要求拦河坝不会因洪水作用发生漫坝或垮塌等严重事故。水库在遭遇校核标准的洪水时，以泄洪保坝为主。从防洪限制水位开始，水库拦蓄校核标准的洪水，经过调节下泄流量，在坝前达到的最高水位称为校核洪水位。

校核洪水位是水库可能达到的最高水位。校核洪水位以下的全部库容称为总库容。校核洪水位与防洪限制水位之间的库容称为调洪库容。

6. 水库的动库容

上述各种库容属于静库容。静库容是假定库内水面为水平时的库容。当水库泄洪时，由于洪水流动，水库上游部分水面受到水面坡降的影响向上抬高，直至某一断面与上游河道水面相切。水库因为水流流动导致水面上抬部分形成的库容称为附加库容。在库前同一水位下，水库的附加库容不是固定值。洪水流量越大，附加库容越大。附加库容与静库容合称为动库容。在洪水调节计算时，一般采用静库容即可满足精确度要求。在考虑梯级衔接时，则需要按动库容考虑。

7.1.4 水工建筑物

水工建筑物的种类很多，形式各异，按其在枢纽中的作用可以分为以下几种类型。

1. 挡水建筑物

挡水建筑物用以拦截江河，形成水库或壅高水位，以加大发电出力或自流灌溉，也可淹没急流险滩，大大改善航运条件。挡水建筑物包括各种坝和水闸，为抗御洪水或挡潮沿江河海岸修建的堤防、海塘等。

2. 泄水建筑物

泄水建筑物用以宣泄多余水量、排放泥沙和冰凌，或为人防、检修而放空水库、渠道等，以保证坝和其他建筑物的安全；也可在汛前放水降低上游水位，以便检修、排沙或起到增加防洪库容等作用。泄水建筑物包括溢流坝、坝身泄水孔、岸边溢洪道和泄水隧洞等。

3. 取水建筑物

取水建筑物是输水建筑物的首部建筑，如引水隧洞的进口段、灌区渠首和供水用的进水闸、扬水站等。

4. 输水建筑物

输水建筑物是为满足灌溉、发电和供水的需要，从上游向下游输水用的建筑物，如引水隧洞、引水涵管、渠道、渡槽等。

5. 整治建筑物

整治建筑物是用以改善河流的水流条件，调整水流对河床及河岸的作用，以及防护水库、湖泊中的波浪和水流对岸坡的冲刷，如丁坝、顺坝、导流堤、护底和护岸等。

6. 专门建筑物

专门建筑物是为灌溉、发电、过坝等需要而兴建的建筑物。如专为发电用的压力前池、调压室、电站厂房，专为灌溉用的沉砂池、冲沙闸，专为过坝用的船闸、升船机、鱼道、过木道等。

应当指出的是，有些水工建筑物的功能并非单一，难以严格区分其类型，如各种溢流坝，既是挡水建筑物，又是泄水建筑物；水闸既可以挡水，又可以泄水，有时还可作为灌溉渠首或供水工程的取水建筑物。

7.2 挡水和泄水建筑物[163-167]

挡水建筑物主要有拦河坝、拦河闸等。拦河坝有重力坝、拱坝、支墩坝和土石坝等坝型。水利枢纽中的泄水建筑物可与坝体结合在一起，如各种溢流坝、坝身泄水孔；也可设在坝体以外，如各种岸边溢洪道和泄水隧洞。

7.2.1 重力坝

1. 重力坝工作原理与结构

重力坝在世界坝工史上是最古老，也是采用最多的坝型之一，它是主要依靠坝体自重所产生的抗滑力来满足稳定要求的挡水建筑物。我国已建的重力坝有刘家峡大坝、新安江大坝、三门峡大坝、丹江口大坝、丰满大坝和潘家口大坝等，其中，三峡混凝土重力坝和龙滩碾压混凝土重力坝分别高达 175 m 和 216.5 m。

重力坝坝轴线一般为直线，垂直坝轴线方向设横缝，将坝体分成若干个独立工作的坝段，以免因坝基发生不均匀沉陷或温度变化而引起坝体开裂。为了防止漏水，在缝内设多道止水闸。垂直坝轴线的横剖面基本上呈三角形，结构受力形式为固接于坝基上的悬臂梁。坝基要求布置防渗排水设施。重力坝结构如图 7.2 所示。

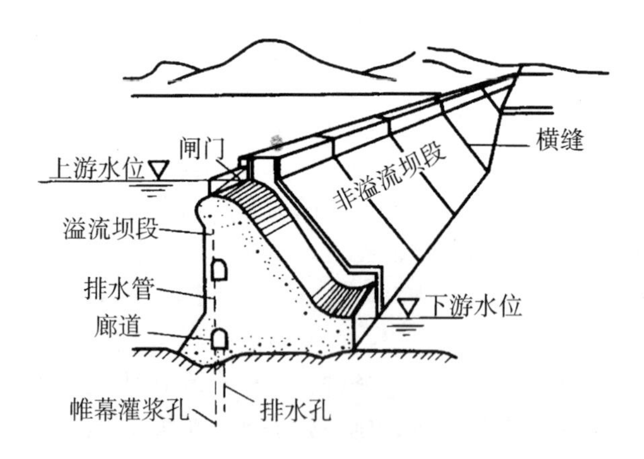

图 7.2　混凝土重力坝示意

2. 重力坝的基本特点

（1）重力坝的优点。

A. 工作安全，运行可靠。重力坝剖面尺寸大，坝内应力较小，筑坝材料强度较高，耐久性好。因此，重力坝抵抗洪水漫顶、渗漏、侵蚀、地震和战争等破坏的能力都比较强。据统计，在各种坝型中，重力坝失事率相对较低。

B. 对地形和地质条件的适应性强。因为重力坝的拉压应力一般低于相同坝高的拱坝，所以重力坝对地形和地质条件的要求也较拱坝低，一般可修建在弱风化岩基上。

C. 泄洪方便，导流容易。重力坝设计可采用坝顶溢流，也可在坝内设泄水孔，不需设置溢洪道和泄水隧洞，枢纽布置紧凑。在施工期可以利用坝体导流，不需另设导流隧洞。

D. 施工方便，维护简单。在大体积混凝土施工中，可以采用机械化施工，在放样、立模和混凝土浇筑等环节都比较简单，在后期维护、扩建、补强、修复等方面也比较方便。尤其是采用碾压混凝土筑坝，可大大减少水泥用量，也可取消纵缝、取消或减少横缝数量、取消或减少冷却水管，明显地加快施工进度，并降低投资造价。

E. 受力明确，结构简单。重力坝沿坝轴线用横缝分成若干坝段，各坝段独立工作，结构简单，受力明确，稳定和应力计算都比较简单。

F. 可利用块石筑坝。若块石来源丰富，可建造中小型的浆砌石重力坝；也可在混凝土坝内埋置适量的块石，以减少水泥用量和水化热升温，从而降低造价。

（2）重力坝的缺点。

A. 坝体剖面尺寸大，材料用量多，材料的强度不能得到充分发挥。

B. 坝体与坝基接触面积大，坝底扬压力大，对坝体稳定不利。

C. 坝体体积大，混凝土在凝结过程中产生大量水化热和硬化收缩，将引起不利的温度应力和收缩应力。因此，在浇筑混凝土时，需要有较严格的温度控制措施。

3. 重力坝的分类

（1）根据坝的高度分类。

根据坝的高度，重力坝可分为三类：坝高低于 30 m 的为低坝，高于 70 m 的为高坝，介于 30 ～ 70 m 之间的为中坝。坝高是指坝基最低面（不含局部有深槽或井、洞部位）至坝顶路面的高度。

（2）根据泄水条件分类。

根据泄水条件，重力坝可分为溢流重力坝和非溢流重力坝。溢流坝段和坝内设有泄水孔的坝段统称为泄水坝段，非溢流坝段也称为挡水坝段。

（3）根据筑坝材料分类。

根据筑坝材料，重力坝可分为混凝土重力坝和浆砌石重力坝。

（4）根据坝体结构型式分类。

根据坝体结构型式，重力坝可分为实体重力坝、宽缝重力坝、空腹重力坝（图 7.3）。

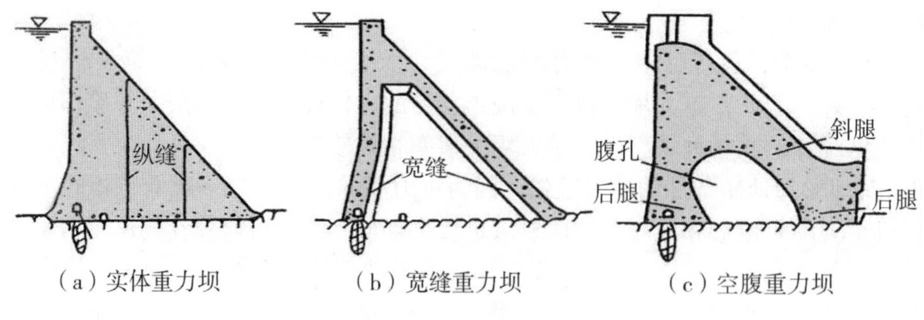

图 7.3　重力坝型式

（5）根据施工方法分类。

根据施工方法，重力坝可分为浇筑混凝土重力坝和碾压混凝土重力坝。碾压混凝土重力坝与实体重力坝剖面类似。

7.2.2　拱坝

拱坝是在平面上呈凸向上游的拱形挡水建筑物，借助拱的作用将水压力的全部或部分传给河谷两岸的基岩（图 7.4）。与重力坝相比，拱坝在水压力作用下坝体的稳定不需要依靠本身的重量来维持，主要是利用拱端基岩的反作用来支承。拱圈截面上主要承受轴向反力，可充分利用筑坝材料的强度。因此，拱坝是一种经济性和安全性都很好的坝型。

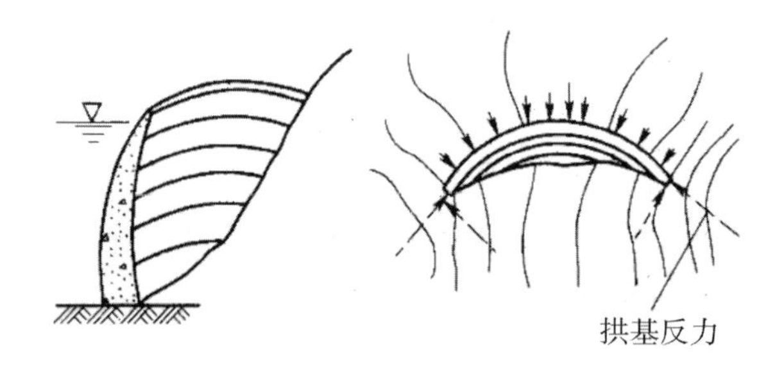

图 7.4　拱坝

1. 拱坝的工作原理

拱坝坝体结构是由水平的拱圈和竖向的悬臂梁共同组成（图 7.5）。拱坝所承受的荷载一部分通过水平拱的作用传给两岸的基岩，另一部分通过竖向的悬臂梁的作用传到坝底基岩。坝体的稳定主要是依靠两岸坝肩的反力来维持。拱坝的坝肩是指拱坝所坐落的两岸岩体部分，亦称拱座。拱冠梁是指位于水平拱圈拱顶处的悬臂梁，一般位于河谷的最大深处。

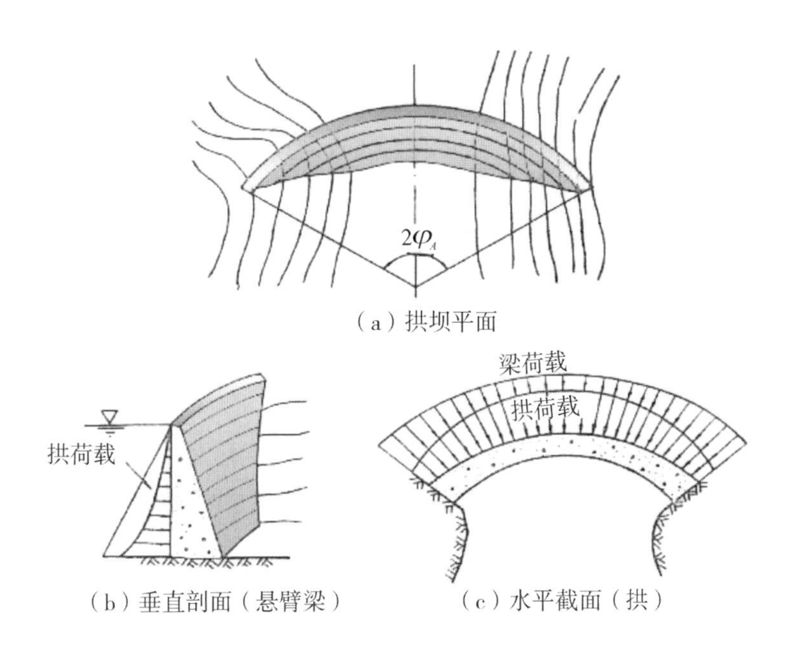

图7.5　拱坝平面及剖面

2. 拱坝的特点

（1）内力特点。

拱结构是一种推力结构，在外荷载作用下，内力主要为轴向压力，有利于发挥筑坝材料（混凝土或浆砌块石）的抗压强度，使得坝体厚度可以相对较薄。

（2）性能特点。

拱坝坝体轻韧，弹性较好，整体性好，抗震性能很高。因此，拱坝是一种安全性能较高的坝型。

（3）荷载特点。

拱坝坝身不设永久伸缩缝，其周边通常是固接于基岩上，因而温度变化和基岩变化对坝体应力的影响较显著，必须考虑基岩变形，并将温度荷载作为一项主要荷载。

（4）泄洪特点。

在泄洪方面，拱坝不仅可以在坝顶安全溢流，而且可以在坝身开设大孔口泄水。

（5）设计和施工特点。

拱坝坝身单薄，体形复杂，设计和施工的难度较大，对筑坝材料强度、施工质量、施工技术以及施工进度等方面要求较高。

3. 拱坝对地形和地质条件的要求

（1）对地形条件的要求。

地形条件是决定拱坝结构形式、工程布置以及经济性的主要因素。理想的地形应是左右两岸对称，岸坡平顺无突变，在平面上向下游收缩的峡谷段，坝端下游两侧要有足够的岩体支承，以保证坝体的稳定。

拱坝最好修建在对称的河谷。在不对称河谷中也可修建，但坝体承受较大的扭矩，产生较大的平行于坝面的剪应力和主拉应力，可采用重力墩或将两岸开挖成对称的形状，以减小这种扭矩和应力。如图 7.6 所示，河谷断面为 V 形时，水平拱圈自上而下逐渐减小，拱的刚度逐渐增强，拱的作用能充分发挥，坝厚度可以较小；河谷断面为 U 形时，水平拱圈自上而下变化小，拱的刚度不增加，坝厚度要增加。

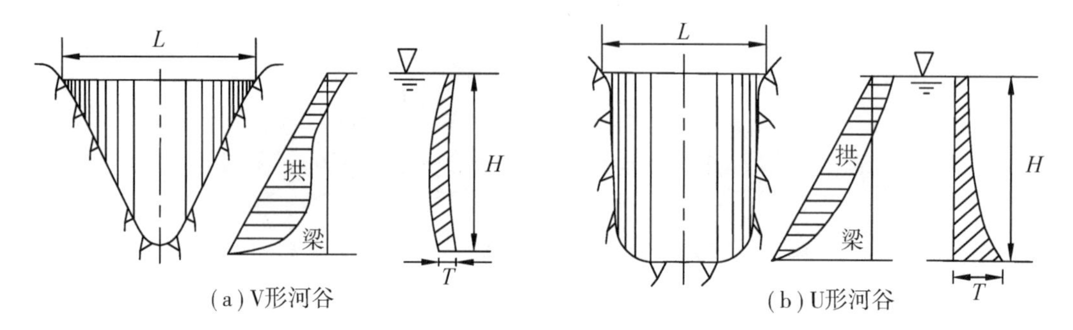

图 7.6　河谷形状对荷载分配和坝体剖面的影响

河谷在平面上应呈喇叭口状，以使两岸拱座下游有足够厚的岩体来维持坝体的稳定。如图 7.7 所示，*A*—*A* 坝址两岸拱座厚实，拱轴线与等高线接近垂直；*B*—*B* 坝址位于向下游扩散的喇叭口处，两岸拱座单薄，对稳定不利。

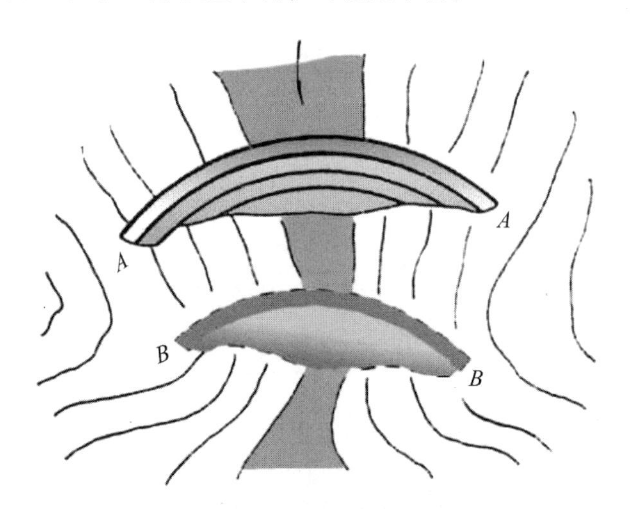

图 7.7　河谷在平面上应呈喇叭口状

（2）对地质条件的要求。

地质条件也是拱坝建设中的一个重要因素。理想的地质条件是基岩均匀单一、完整稳定、强度高、刚度大、透水性小和耐风化等。两岸坝肩的基岩必须能够承受由拱端传来的巨大推力，保持稳定且不产生较大的变形。实际中很难找到理想的地质，所以需要查明工程的地质条件，必要时应采取妥善的地基处理措施。

7.2.3 土石坝

土石坝是土坝、堆石坝和土石混合坝的总称，是由土、砂石料等当地材料建成的坝。土石坝是最古老的一种坝型，早在公元前600多年，我国就已经建筑土堤防御洪水。

1. 土石坝的特点

与其他坝型相比较，土石坝具有许多明显的优点：①就地取材。可以节省水泥、木材和钢材等需要远距离运输的重要建筑材料。②能够适应各种地质地形条件。相对于其他坝型，土石坝对地基的要求最低。土石坝可以建筑在非基岩基础上。一般地基经过工程处理后，均能修筑土石坝。③构造简单，施工方便，既可采用大型机械化施工，又可采用适用于小型工程的人力施工。④运行可靠，寿命较长。施工、管理、维修、加高和扩建等都比较简单。

但是，土石坝也有其不足之处：①不能由坝身泄流，必须另外修建泄水建筑物，增加了枢纽布置难度；②施工导流较混凝土坝困难；③易受气候（降水等）影响，特别是黏性土的施工。

2. 土石坝的设计要求

（1）要选择合理的上下游坝坡，使剖面既经济合理，又能保证安全。土石坝的筑坝材料为散粒体，需要较缓的上下游坝坡来维持其自身稳定。

（2）不允许水流漫顶。土石坝的散粒体材料的抗冲刷和抗淘刷能力极低，一旦水流漫顶，将直接冲刷坝坡，淘刷坝脚，威胁大坝安全。

（3）控制坝体或坝基的渗流。土石坝的坝身和坝基或多或少都存在渗流，控制渗流量可以提高水库效益，防止发生渗透变形。

（4）避免发生有害裂缝。受坝址地形、筑坝材料性质、坝基不均匀沉陷和地震等因素的影响，坝身可能产生裂缝，对大坝安全产生危害。

（5）能抵御自然现象的破坏。对土石坝产生危害的自然现象有风浪淘刷、雨水冲刷、冰雪冻融和鼠、蚁等洞穴的破坏。

3. 土石坝的类型

（1）按坝高分类。

土石坝的坝高均从清基后的地面算起，高度在30 m以下为低坝，高度在30～70 m之间为中坝，高度超过70 m为高坝。

（2）按筑坝材料分类。

按筑坝材料，土石坝可分为土坝、堆石坝和土石混合坝。

（3）按施工方法分类。

按施工方法，土石坝可分为碾压式土石坝、水力冲填坝、水坠坝、水中填土坝或水中倒土坝、土中灌水坝和定向爆破堆石坝。

(4) 按材料在坝体内的配置和防渗体的位置分类（图 7.8）。

A. 均质坝。坝体剖面的全部或绝大部分由一种土料填筑。优点为材料单一，施工简单；缺点为当坝身材料黏性较大时，雨季或冬季施工较困难。

B. 黏土心墙坝。用透水性较好的砂或砂砾石做坝壳，以防渗性较好的黏性土作为防渗体设在坝的剖面中心位置。心墙材料可用黏土，也可用沥青混凝土和钢筋混凝土。其优点为坡陡，坝剖面较均质坝小，工程量少，心墙占总方量比重不大，因此施工受季节影响相对较小；缺点是要求心墙与坝壳大体同时填筑，干扰大，一旦建成，难修补。

C. 黏土斜墙坝。防渗体置于坝剖面的一侧。优点是斜墙与坝壳之间的施工干扰相对较小，在调配劳动力和缩短工期方面比心墙坝有利；缺点是上游坡较缓，黏土量及总工程量较心墙坝大，抗震性及对不均匀沉降的适应性不如心墙坝。

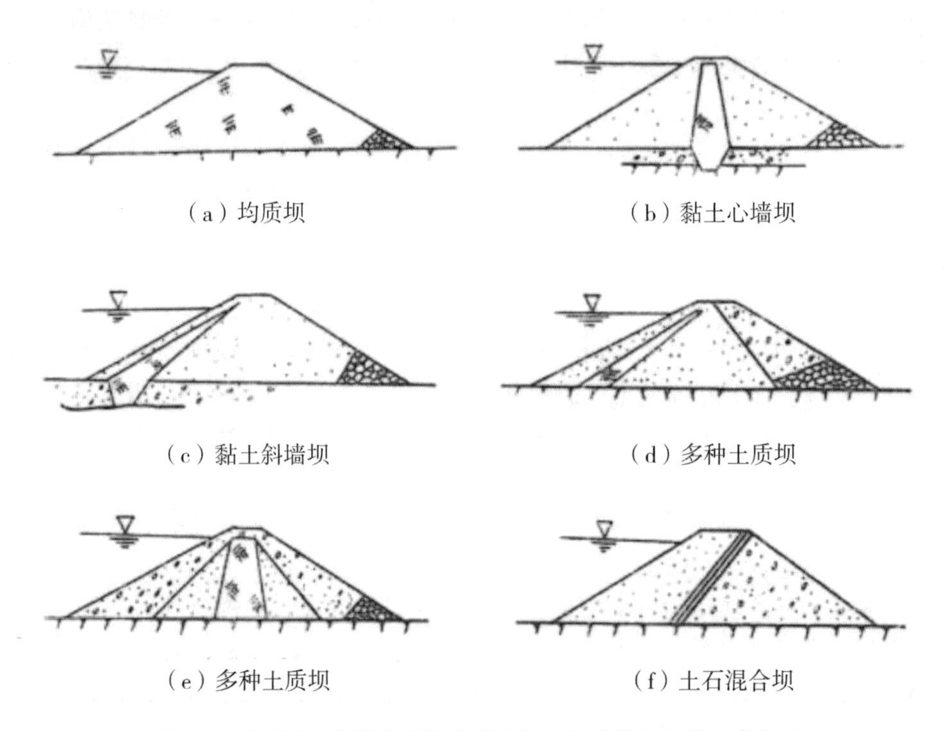

图 7.8　土石坝按材料在坝体内的配置和防渗体的位置分类类型

D. 多种土质坝。用坝址附近多种土料来填筑的坝。

E. 土石混合坝。如坝址附近砂、砂砾不足，而石料较多，上述的多种土质坝的一些部位可用石料代替土料。

4. 土石坝的组成

土石坝一般由坝身、防渗体、排水设备、反滤层和护坡等部分组成。

(1) 坝身。

坝身是土石坝的主体，坝坡的稳定主要靠坝身来维持，并对防渗体起到保护作用。

坝身土料应采用抗剪强度较高的土料，以减少坝体的工程量；当坝身土料为土壤时，由于其渗透系数较小，可以不再另设防渗而成为均质坝。

（2）防渗体。

防渗体一般采用塑性心墙和斜墙，均由渗透系数较小的黏性土料构成，其尺寸和结构需满足减小渗透量、降低浸润线和控制渗透坡降的要求。其种类有黏性土心墙、黏性土斜墙、黏性土斜心墙和沥青混凝土防渗墙。

（3）排水设备。

排水设备的主要作用为降低坝体浸润线，有利于下游坝坡稳定并防止土坝可能出现的渗透破坏。排水设备的型式有贴坡排水、棱体排水、褥垫排水和混合排水。

（4）反滤层。

反滤层设在渗透坡降较大、流速较高、土壤易于变形的渗流出口处或进入排水处。其作用是防止土体在渗流作用下发生渗透变形。反滤层由两三层粒径不同的砂、石料铺筑而成，层面与渗流方向尽量垂直，粒径由小到大铺设。

（5）护坡。

护坡是为了防止堤岸坡面遭受冲刷侵蚀而铺筑的设施，包括：①上游护坡，主要有砌石护坡、堆石护坡、沥青砼护坡等，防止上游坝坡受波浪淘刷、渗流、冰冻等破坏作用；②下游护坡，主要有碎石或砾石护坡，还可采用草皮护坡。下游坝面易受雨水、风、动物、根部发达的植物以及干裂等破坏。

7.2.4　溢流坝

溢流坝主要用在混凝土重力坝、大头坝、重力拱坝上。这些坝型剖面大，具有设置溢流面的条件。对于较薄的拱坝如采用坝身溢流，需加设滑雪道式的溢流面。

1. 溢流坝的工作特点

溢流坝既是泄水建筑物，又是挡水建筑物。因此它除了应满足挡水建筑物的稳定强度要求外，还应保证水流条件，解决好下泄水流对建筑物可能产生的空蚀、振动以及对下游的冲刷。溢流坝应满足的泄水要求包括：①有足够的孔口尺寸和较大的流量系数，以满足泄洪要求；②使水流平顺地流过坝体，控制不利的负压和振动，避免产生空蚀现象；③保证下游河床不产生危及坝体安全的局部冲刷；④溢流坝段在枢纽中的布置，应使下游流态平顺，不产生折冲水流，不影响枢纽中其他建筑物的正常运行；⑤有灵活控制下泄流量的机械设备，如闸门、启闭机等。

2. 溢流坝的型式

溢流坝按泄水方式分为坝顶溢流式、大孔口溢流式、坝身泄水孔。

（1）坝顶溢流式。

如图7.9（a）所示，坝顶溢流式的主要特征为：①从坝顶过水，闸门承受水头较小，孔口尺寸较大；②闸门全开时，下泄流量与水头的2/3次方成正比；③闸门启闭方便，易于检查修理；④可以排冰及其他漂浮物，但不能预泄。

（2）大孔口溢流式。

如图7.9（b）所示，大孔口溢流式可设在溢流坝段或非溢流坝段，主要组成包括进口段、闸门段、孔身段、出口段和下游消能设施等。其主要特征为：①为满足预泄要求，将堰顶高程降低；②利用胸墙挡水减小闸门高度；③低水位时胸墙不影响泄流，和堰顶泄流相同；④胸墙可以做成活动式的，当遇特大洪水时，可将胸墙吊起来；⑤库水位较低时，不能供水和放空检修。

（3）坝身泄水孔。

坝身泄水孔可设在溢流坝段或非溢流坝段，主要组成包括进口段、闸门段、孔身段、出口段和下游消能设施等。坝身泄水孔的进口全部淹没在水下，随时可以放水，其作用主要有：①预泄库水，增大水库的调蓄能力；②放空水库以便检修；③排放泥沙，减少水库淤积，随时向下游放水，满足航运或灌溉等要求；④施工导流。坝身泄水孔一般不作为主要泄洪建筑物。

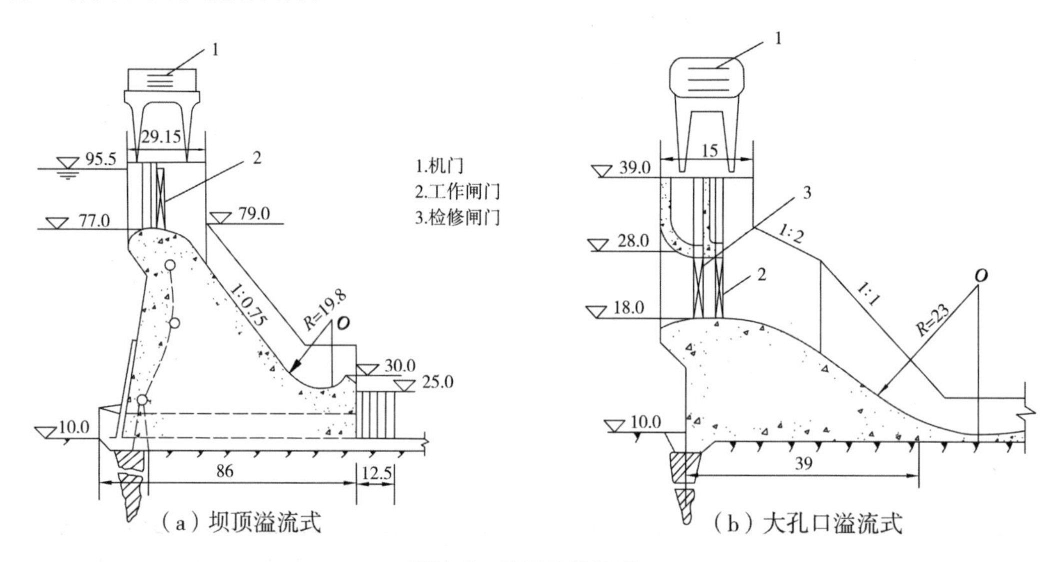

（a）坝顶溢流式　　（b）大孔口溢流式

图7.9　溢流坝的型式

3. 溢流坝的闸门和启闭机

（1）闸门。

闸门分为工作闸门、检修闸门和事故闸门。

A. 工作闸门：控制下泄流量，需要在动水中起闭，要求有较大的启门力。常设在溢流堰的顶部，有时为了使溢流面水流平顺，可将闸门设在堰顶稍下游处。常用的工作门有平面闸门和弧形闸门。平闸门的优点为结构简单，闸门受力条件较好，闸门较短，多孔口共用一台活动启闭机；缺点为启闭力较大，闸墩较厚。弧形闸门的优点为启闭力小，闸墩薄，无门槽，水流平顺；缺点为闸墩较长，受力条件差。弧形闸门用固定式启闭机，适用于闸孔较宽和启门力较大的情况。有时为了降低工作桥的高度，在溢流坝采用升卧式闸门。

B. 检修闸门：用于短期挡水，以便对工作门、建筑物和机械设备进行检修。一般在静水中启闭，启闭力较小。经常采用平面闸门，小型工程也可以采用比较简单的叠梁。

C. 事故闸门：一般在建筑物或设备出现事故时紧急应用，要求能在动水中关闭孔口。

溢流坝一般只设置工作闸门和检修闸门。检修闸门和工作闸门之间应留有 1 ～ 3 m 的净距，以便进行检修。全部溢流孔通常备有一两个检修门，可以交替使用。

（2）启闭机。

启闭机可分为活动式和固定式两种。活动式启闭机多用于平面闸门，也可以兼用于启吊工作闸门和检修闸门。固定式启闭机固定在工作桥上，多用于弧形闸门。

7.2.5　岸边溢洪道

在土石坝水利枢纽中，不宜采用坝身泄水，因此，需要在合适的位置设置河岸式泄水建筑物。对于某些轻型坝或枢纽布置有困难时，也可设置河岸式泄水建筑物，岸边溢洪道是最常用的一种。岸边溢洪道一般适用于以下条件：①河谷狭窄，洪峰流量大，采用河床布置有困难；②坝体不宜作河床溢洪道；③有垭口地形；④利用施工导流洞改建。

岸边溢洪道不宜离土坝太近，以免冲刷坝体；应与其他建筑物（如坝、电站等）综合考虑，使各建筑物运用灵活可靠。当溢洪道靠近坝肩时，其与大坝连接的导墙、接头、泄槽边墙等必须安全可靠。

岸边溢洪道可以分为正槽溢洪道、侧槽溢洪道、竖井式溢洪道、虹吸式溢洪道和非常溢洪道。

1. 正槽溢洪道

正槽溢洪道的工作特点为开敞式正面进流，泄槽与溢流堰轴线正交，过堰水流与泄槽方向一致（图 7.10）。正槽溢洪道结构简单，进流量大，泄流能力强，工作可靠，施工、管理、维修方便，因而被广泛采用。

正槽溢洪道由引水渠（进水段）、控制堰段、泄槽段、消能段和尾水渠五部分组成，其中，中间三部分是必需的，其余两部分根据需要设置。

2. 侧槽溢洪道

侧槽溢洪道的特点是水流经过溢流堰，泄入与堰大致平行的侧槽后，在槽内转向约 90°，经泄槽或泄水隧洞流入下游。侧向进流，纵向泄流（图 7.11）。

侧槽溢洪道适用于坝址山头较高、岸坡较陡的情况，尤其适于中小型水库中采用无闸门控制的溢洪道。

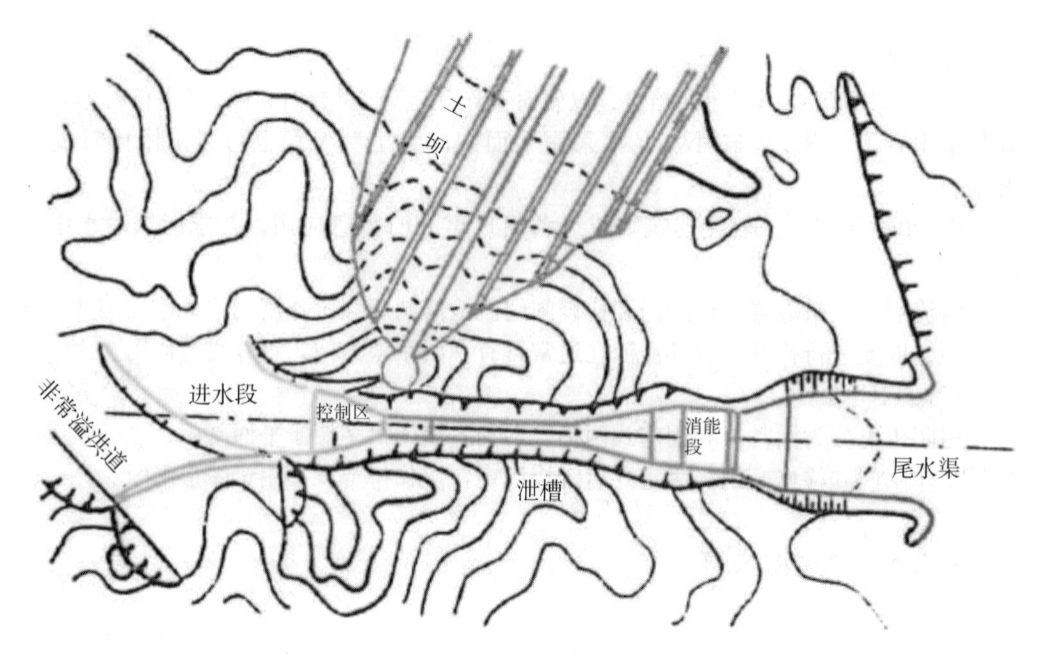

图 7.10　正槽溢洪道布置

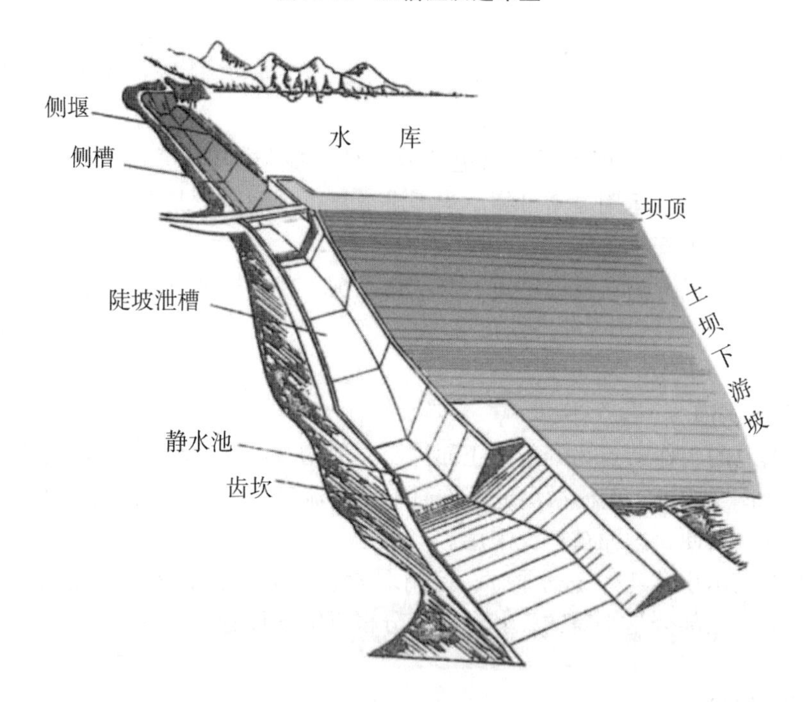

图 7.11　侧槽溢洪道典型布置

3. 竖井式溢洪道

竖井式溢洪道由喇叭口、竖井、弯道和水平泄洪隧洞组成（图 7.12）。喇叭口横剖面体型为实用堰，水流过堰流态为自由溢流。竖井式溢洪道适用于岩石坚硬的情况，常由导流隧洞改建。

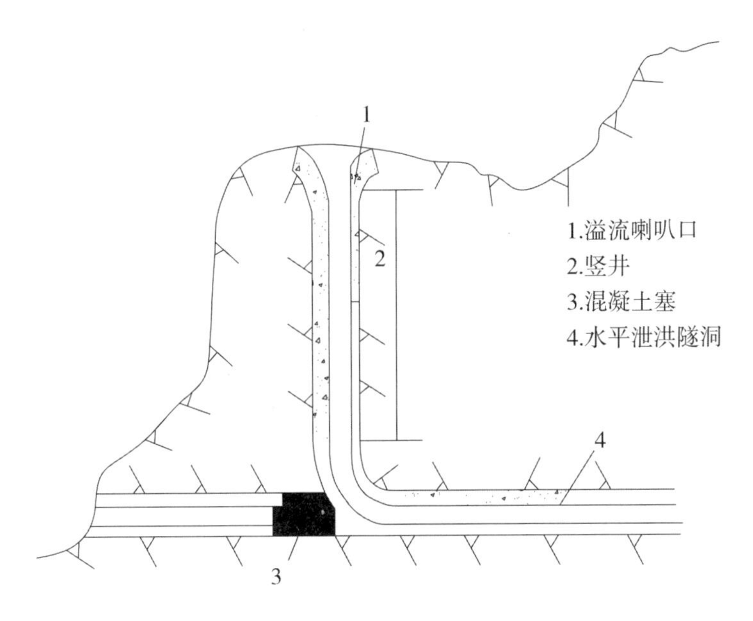

图 7.12　竖井式溢洪道

4. 虹吸式溢洪道

虹吸式溢洪道是一种封闭式溢洪道，封闭式进口的前沿低于溢流堰顶（图 7.13）。虹吸式溢洪道由曲管组成，曲管最顶部设通气孔，通气孔的出口在水库的正常高水位处。当水库的水位超过正常高水位，淹没了通气孔，曲管内没有空气，泄水时有虹吸作用，可增加泄水能力。其特点是结构复杂，不便检修，易空蚀，超泄水能力小。虹吸式溢洪道适用于中小型工程。

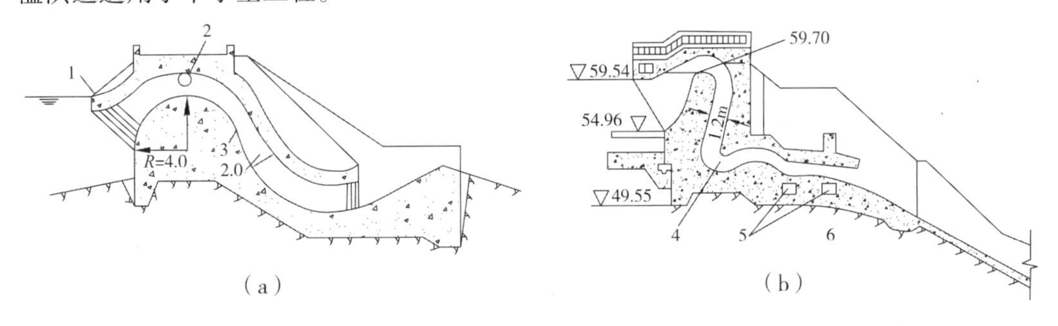

1—遮檐；2—通气孔；3—挑流坎；4—弯曲段；5—排污孔；6—岩基

图 7.13　虹吸式溢洪道

5. 非常溢洪道

在建筑物运行期间，可能会出现超过设计标准的洪水。因为这种洪水出现的机会极少，所以可用构造简单的非常溢洪道来宣泄洪水。一旦发生超过设计标准的洪水，即可启用非常溢洪道泄洪，只要求保证大坝安全、水库不出现重大事故即可。非常溢洪道主要有漫流式、自溃式和爆破式。

7.2.6 水闸

水闸是一种利用闸门挡水和泄水的低水头水工建筑物，多建于河道、渠系及水库、湖泊岸边。关闭闸门，可以拦洪、挡潮、抬高水位以满足上游引水和通航的需要；开启闸门，可以泄洪、排涝、冲沙或根据下游用水需要调节流量。水闸在水利工程中的应用十分广泛。

1. 水闸的类型

（1）按照所承担的任务分类。

水闸按其所承担的任务分为节制闸、进水闸、分洪闸、排水闸、挡潮闸、排沙闸、排冰闸、排污闸等。不同功用的水闸位置如图 7.14 所示。

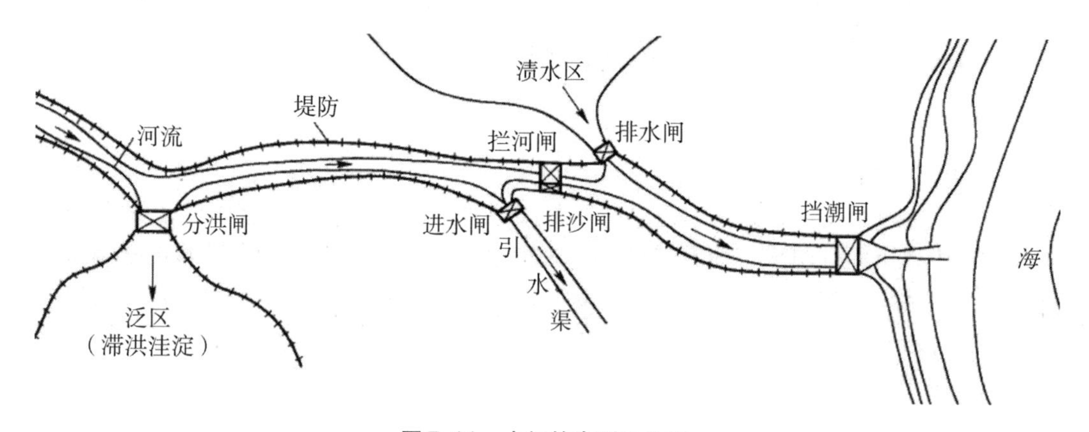

图 7.14 水闸的类型及位置

A. 节制闸（或拦河闸）。节制闸在河道或渠道上建造。枯水期用以拦截河道，抬高水位，以利上游取水或航运要求；洪水期则开闸泄洪，控制下泄流量。位于河道上的节制闸称为拦河闸。

B. 进水闸。进水闸建在河道、水库或湖泊的岸边，用来控制引水流量，以满足灌溉、发电或供水的需要。进水闸又称取水闸或渠首闸。

C. 分洪闸。分洪闸常建于河道的一侧，用来将超过下游河道安全泄量的洪水泄入预定的湖泊、洼地，及时削减洪峰，保证下游河道的安全。

D. 排水闸。排水闸常建于江河沿岸，外河水位上涨时关闸以防外水倒灌，外河水位下降时开闸排水，排除两岸低洼地区的涝渍。排水闸具有双向挡水，有时双向过流的特点。

E. 挡潮闸。挡潮闸建在入海河口附近，涨潮时关闸不使海水沿河上溯，退潮时开闸泄水。挡潮闸具有双向挡水的特点。

F. 排沙闸、排冰闸、排污闸。这些闸为排除泥沙、冰块、漂浮物等而设置。

（2）按闸室结构型式分类

水闸按闸室结构型式，可分为开敞式水闸和涵洞式水闸。

A. 开敞式水闸，指闸室上面不填土封闭的水闸。一般有泄洪、排水、过木等要求时，多采用不带胸墙的开敞式水闸，多用于拦河闸、排冰闸等；当上游水位变幅大，而下泄流量又有限制时，为避免闸门过高，常采用带胸墙的开敞式水闸，如进水闸、排水闸、挡潮闸多用这种形式。

B. 涵洞式水闸，指闸（洞）身上面填土封闭的水闸，又称封闭式水闸。涵洞式水闸常用于穿堤取水或排水，洞内水流可以是有压的或者是无压的。

2. 水闸的组成

水闸主要由上游连接段、闸室和下游连接段三部分组成（图7.15）。

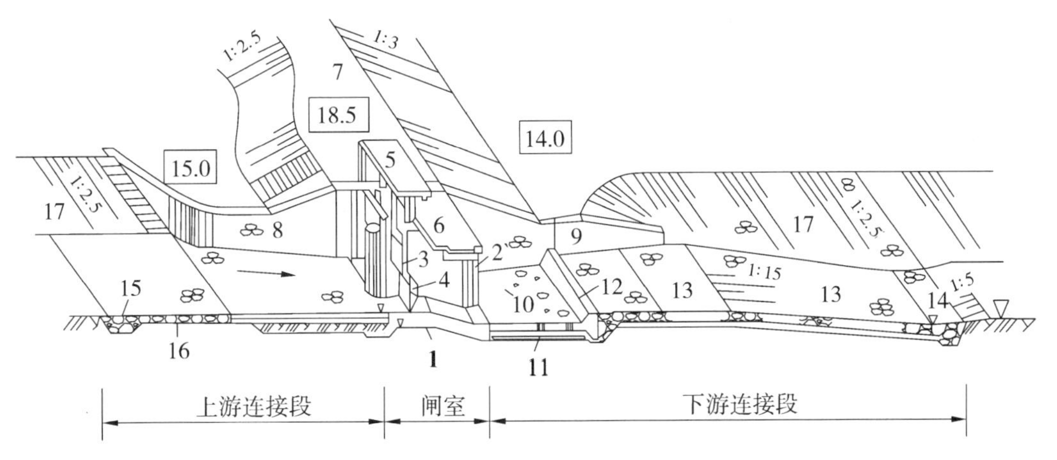

1—闸室底板；2—闸墩；3—胸墙；4—闸门；5—工作桥；6—交通桥；7—堤顶；8—上游翼墙；9—下游翼墙；10—护坦；11—排水孔；12—消力坎；13—海漫；14—下游防冲槽；15—上游防冲槽；16—上游护底；17—上、下游护坡

图7.15 水闸的组成

（1）上游连接段。

上游连接段主要作用是引导水流平稳地进入闸室，同时起防冲、防渗、挡土等作用，一般包括上游翼墙、铺盖、护底、两岸护坡及上游防冲槽等。上游翼墙的作用是引导水流平顺地进入闸孔并起侧向防渗作用。铺盖主要起防渗作用，其表面应满足抗冲要求。护坡、护底和上游防冲槽（齿墙）的作用是保护两岸土质、河床及铺盖头部不受冲刷。

（2）闸室。

闸室是水闸的主体部分，通常包括底板、闸墩、闸门、胸墙、工作桥及交通桥等。底板是闸室的基础，承受闸室全部荷载，并较均匀地传给地基，此外，还有防冲、防渗等作用。闸墩的作用是分隔闸孔并支承闸门、工作桥等上部结构。闸门的作用是挡水和控制下泄水流。工作桥供安置启闭机和工作人员操作之用。交通桥的作用是连接两岸交通。

（3）下游连接段。

下游连接段具有消能和扩散水流的作用，一般包括护坦、海漫、下游防冲槽、下游翼墙及护坡等。下游翼墙引导水流均匀扩散，兼有防冲及侧向防渗等作用。护坦具有消能防冲作用。海漫的作用是进一步消除护坦出流的剩余动能，扩散水流，调整流速分布，防止河床受冲。下游防冲槽是海漫末端的防护设施，避免冲刷向上游扩展。

3. 闸室的布置和构造

开敞式水闸闸室由底板、闸墩、闸门、工作桥和交通桥等组成，有的还设有胸墙。闸室的结构形式、布置和构造应在保证稳定的前提下，尽量做到轻型化、整体性好、刚性大、布置匀称，并进行合理的分缝分块，使作用在地基单位面积上的荷载较小、较均匀，并能适应地基可能的沉降变形。

（1）底板。

常用的闸室底板有水平底板和低实用堰底板两种类型，前者用得较多。当上游水位较高，而过闸单宽流量又受到限制时，可将堰顶抬高，做成低实用堰底板。

横缝设在闸墩中间，闸墩与底板连在一起的，称为整体式底板（图 7.16）。整体式底板闸孔两侧闸墩之间不会出现过大的不均匀沉降，对闸门启闭有利，用得较多。整体式底板常用实心结构。如果地基承载力较差，则需考虑采用刚度大、重量轻的箱式底板。

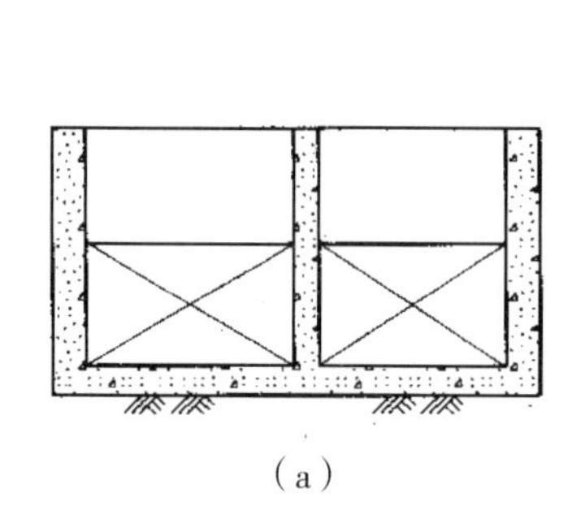

（a）

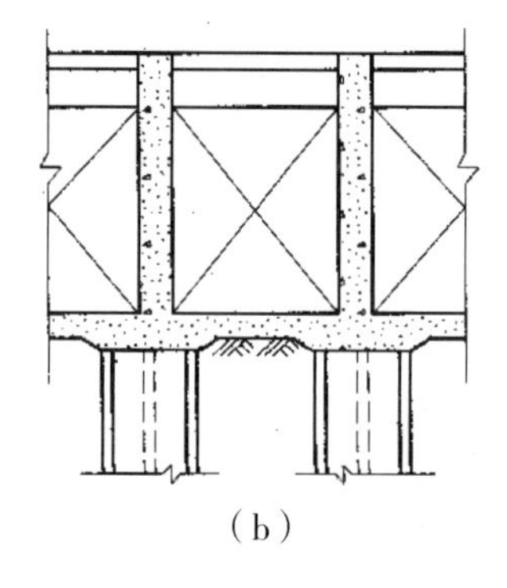

（b）

图 7.16　整体式底板

在坚硬、紧密或中等坚硬、紧密的地基上，单孔底板上设双缝，将底板与闸墩分开，称为分离式底板（图 7.17）。分离式底板闸室上部结构的重量将直接由闸墩或连同部分底板传给地基。底板厚度根据自身稳定的需要确定，可用混凝土或浆砌块石建造，节省材料和造价。施工时，先建闸墩及浆砌块石底板，待沉降接近完成时，再浇表层混凝土。

（2）闸墩。

闸墩材料多采用钢筋混凝土。如闸墩采用浆砌块石，为保证墩头的外形轮廓，并加快施工进度，多用预制构件作墩坝的永久模板。大、中型水闸因沉降缝常设在闸墩中间，故墩头多采用半圆形，这样不仅施工方便，而且不易损坏；有时也采用流线型闸

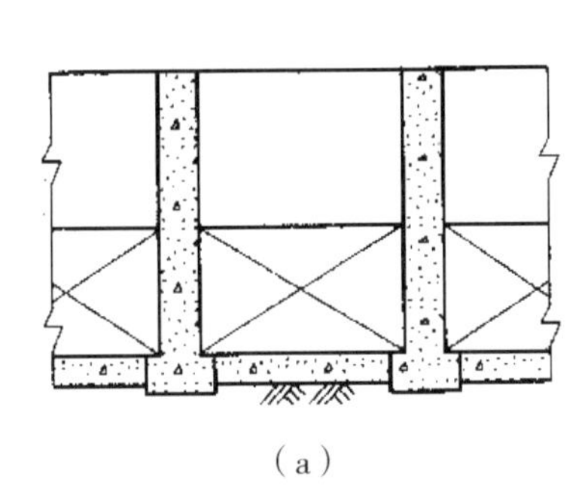

（a）

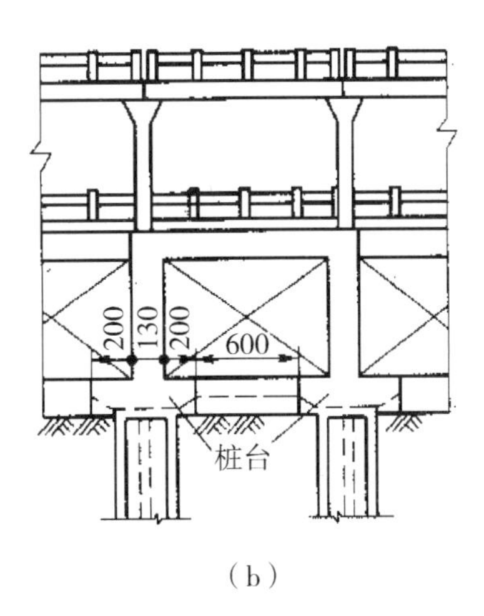

（b）

图7.17 分离式底板

墩。近年来框架式闸墩也常采用，这种形式既可节约钢材，又可降低造价。

（3）胸墙。

胸墙一般做成钢筋混凝土板式或梁板式。板式胸墙适用于跨度小于5.0 m的水闸，墙板可做成上薄下厚的楔形板。跨度大于5.0 m的水闸多采用梁板式，由墙板、顶梁和底梁组成。

胸墙的支承形式分为简支式和固接式两种。简支胸墙与闸墩分开浇筑，缝间涂沥青，也可将预制墙体插入闸墩预留槽内，做成活动胸墙。简支胸墙可避免在闸墩附近迎水面出现裂缝，但截面尺寸较大。固接式胸墙与闸墩同期浇筑，胸墙钢筋伸入闸墩内，形成刚性连接，可以增强闸室的整体性，截面较薄，但受温度变化和闸墩变位影响，容易在胸墙支点附近的迎水面产生裂缝。

（4）工作桥、交通桥。

当公路通过水闸时需设公路桥。即使无公路通过，闸上也应建有供行人及拖拉机通行的交通桥。交通桥一般设在水闸下游一侧，可采用板式、梁板式或拱形结构。采用拱桥时要考虑荷载在拱脚产生的推力对闸墩和底板的影响。

为了安装闸门启闭机和便于操作管理，需要在闸墩上设置工作桥。小型水闸的工作桥一般采用板式结构，大中型水闸多采用装配式梁板结构。工作桥高度视闸门形式及闸孔水面线而定。对采用固定式启闭机的平面闸门闸墩，由于闸门开启后悬挂的需要，桥高应为门高的2倍再加足够的富裕高度；若采用活动式启闭机，则桥高可适当降低；若采用升卧式平面闸门，由于闸门全开后接近平卧位置，因而工作桥可以做得较低。

（5）闸门。

闸门是水闸的关键部分，用来封闭和开启孔口，以达到控制水位和调节流量的目的。

A. 闸门的类型。

a. 按工作性质分类。按工作性质，闸门可分为工作闸门、事故闸门和检修闸门等。工作闸门又称主闸门，是水工建筑物正常运行情况下使用的闸门。事故闸门是在水工建筑物或机械设备出现事故时，在动水中快速关闭孔口的闸门，又称快速闸门。事故排除后充水平压，在静水中开启。检修闸门用以临时挡水，一般在静水中启闭。

b. 按门体的材料分类。按门体的材料，闸门可分为钢闸门、钢筋混凝土或钢丝网水泥闸门、铸铁闸门及木闸门等。钢闸门门体较轻，一般用于大、中型水闸。钢筋混凝土或钢丝网水泥闸门可以节省钢材，不需除锈，但前者较笨重，启闭设备容量大；后者容易剥蚀，耐久性差，一般用于渠系小型水闸。铸铁闸门抗锈蚀、抗磨性能好，止水效果也好，但由于材料抗弯强度较低，脆性大，故仅在低水头、小孔径水闸中使用。木闸门耐久性差，已日趋不用。

c. 按结构形式分类。按结构形式，闸门可分为平面闸门、弧形闸门等。弧形闸门与平面闸门比较，其主要优点是：启门力小，可以封闭相当大面积的孔口；无影响水流态的门槽，闸墩厚度较薄，机架桥的高度较低，埋件少。其缺点是：需要的闸墩较长；不能提出孔口以外进行检修维护，也不能在孔口之间互换；总水压力集中于支铰处，闸墩受力复杂。

B. 平面闸门的构造。

平面闸门由活动部分（门叶）、埋固部分和启闭设备三部分组成。其中，门叶由承重结构［包括面板、梁格、竖向连接系或隔板、门背（纵向）连接系和支承边梁等］、支承行走部件、止水装置和吊耳等组成。埋固部分一般包括行走埋固件和止水埋固件等。启闭设备一般由动力装置、传动和制动装置以及连接装置等组成。

（6）启闭机。

闸门启闭机可分为固定式和移动式两种。启闭机型式可根据门型、尺寸及其运行条件等因素选定。当多孔闸门启闭频繁或要求短时间内全部均匀开启时，每孔应设一台固定式启闭机。常用的固定式启闭机有卷扬式、螺杆式、油压式。

A. 卷扬式启闭机。

卷扬式启闭机主要由电动机、减速箱、传动轴和绳鼓所组成。绳鼓固定在传动轴上，围绕钢丝绳，钢丝绳连接在闸门吊耳上。启闭闸门时，通过电动机、减速箱和传动轴使绳鼓转动，带动闸门升降。为了防备停电或电器设备发生故障，可同时使用人工操作，通过手摇箱进行人力启闭。卷扬式启闭机启闭能力较大，操作灵便，启闭速度快，但造价较高，适用于弧形闸门。某些平面闸门能靠自重（或加重）关闭，且启闭力较大时，可采用卷扬式启闭机。

B. 螺杆式启闭机。

当闸门尺寸和启闭力都很小时，常用简便、廉价的单吊点螺杆式启闭机。螺杆与闸门连接，用机械或人力转动主机，迫使螺杆连同闸门上下移动。当水压力较大，门重不足时，为使闸门关闭到底，可通过螺杆对闸门施加压力。当螺杆长度较大（如大于 3 m）时，可在胸墙上每隔一定距离设支撑套环，以防止螺杆受压失稳。其启闭力一般为 3 ～ 100 kN。

C. 油压式启闭机。

油压式启闭机的主体为油缸和活塞。活塞经活塞杆或连杆和闸门连接，改变油管中的压力即可使活塞带动闸门升降。其优点是可用较小的动力获得很大的启重力，液压传动比较平稳和安全，较易实行遥控和自动化等；主要缺点是缸体内圆镗的加工受到各地条件的限制，质量不易保证，造价也较高。

7.3 取水和输水建筑物[163-167]

在水力发电工程中，通过输水系统将水体从水源输送到水电站厂房发电。水电站的输水系统包括取水建筑物、输水建筑物等。

取水建筑物位于输水建筑物的首部，靠近水源。其建于河岸或水库一岸，用于引取符合要求的发电、生活用水。水电站的进水建筑物有取水闸、进水塔、坝式进水口等形式。

输水建筑物又称引水建筑物，是从水源向水电站厂房输送水流的建筑物，如动力渠道、压力隧洞、压力管道等。

7.3.1 水工隧洞

水工隧洞是在水利枢纽中为满足泄洪、灌溉、发电等各项任务，在岩层中开凿而成的建筑物。水工隧洞主要由进口段、洞身段和出口段组成。

1. 水工隧洞的类型

(1) 根据用途分类

根据其用途，水工隧洞可分为以下几类：

A. 泄洪洞。配合溢洪道宣泄洪水，保证安全。

B. 引水和输水洞。用于电站、灌溉、工业及生活用水的引水和输送。

C. 排沙洞。排放水库泥沙，延长水库使用年限，有利于水电站的正常运行。

D. 放空洞。在必要的情况下放空水库。

E. 导流洞。在水利枢纽的施工期用来施工导流。

F. 发电尾水隧洞。多用于地下厂房水电站。

G. 通航洞。因其造价太高，除规模较小者外，国内外很少采用。

(2) 根据隧洞内水流流态分类。

根据隧洞内水流流态，水工隧洞可分为有压隧洞和无压隧洞。

A. 有压隧洞。有压隧洞的工作闸门布置在隧洞出口，洞身全断面被水流充满，隧洞内壁承受较大的内水压力。有压隧洞适用于地质条件好的情况。

B. 无压隧洞。无压隧洞的工作闸门布置在隧洞的进口，水流没有充满全断面，有自由水面，洞顶不承受水压力。

(3) 根据全洞流态及闸门布置位置分类。

按其全洞流态及闸门布置位置，水工隧洞分为表孔无压洞、深孔无压洞、深孔有压洞等。

A. 表孔无压洞。进水口位于水库表面，整个隧洞在泄水过流时为无压状态。

B. 深孔无压洞。隧洞的进口没入水下一定深度处。

C. 深孔有压洞。过流时全洞充满水流，洞内流态平顺。

2. 水工隧洞的构造

水工隧洞的构造主要包括进口段、洞身段和出口段（图 7. 18）。

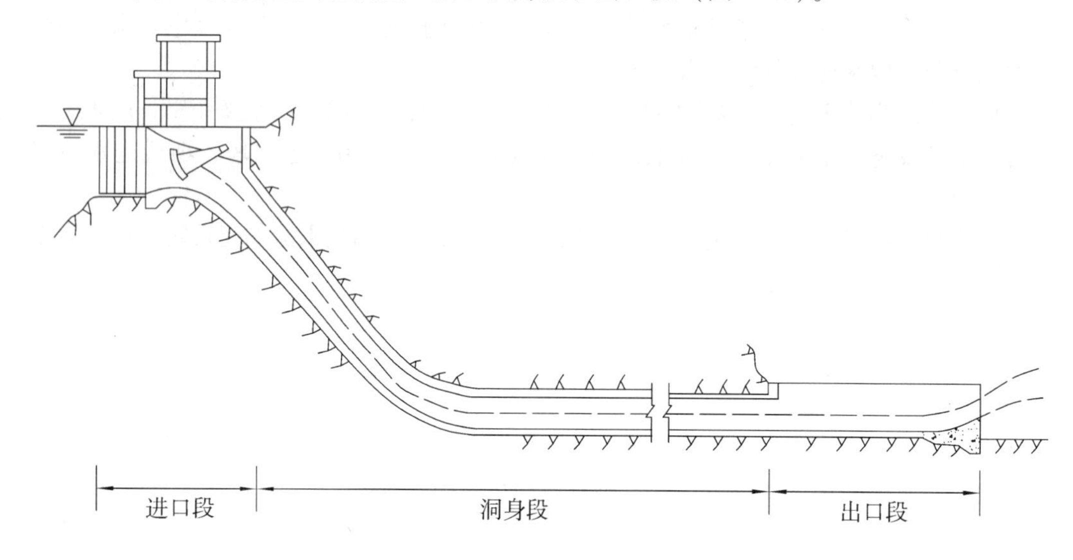

图 7. 18　水工隧洞的构造

（1）进口段的型式和构造。

进口建筑物位于隧洞的最前端，位置和高程应符合其任务要求。进口建筑物要建在岩石条件良好的地方，尽量靠近拦河坝，以便于运行管理。

A. 进口段的型式。

进口建筑物型式主要包括竖井式、塔式、岸塔式、斜坡式和组合式。

a. 竖井式进水口。竖井式进水口是在进口附近的岩体中开凿竖井，井壁衬砌，闸门设在井底部，井顶部布置启闭机械及操纵室。其优点是结构比较简单，不需要工作桥，不受风浪和冰的影响，抗震性及稳定性好。当地形、地质条件适宜时，工程量较小，造价较低。其缺点是竖井开挖比较困难，竖井前的隧洞段检修不便。竖井式适用于地质条件较好、岩体比较完整的情况。其构造布置如图 7. 19 所示。

b. 塔式进水口。塔式进水口独立于隧洞进口，为不依靠山坡的框架塔式或封闭塔式，塔底装设闸门（图 7. 20）。一般在塔顶设操纵平台和启闭机室，有的工程在塔内设油压启闭机。封闭式塔身的水平断面一般为矩形，也有圆形或多边形的。大、中型泄水隧洞多采用矩形横断面的钢筋混凝土结构。塔式进水口常用于岸坡岩石较差，覆盖层较厚，不宜采用靠岸进水口的情况。其缺点是受风浪、冰、地震的影响大，稳定性相对较差，需要较长的工作桥。框架式结构材料用量少，比封闭式经济，但不能在低水位时进行检修，而且泄水时门槽进水流态不好，容易引起空蚀，故在大型工程中较少采用。

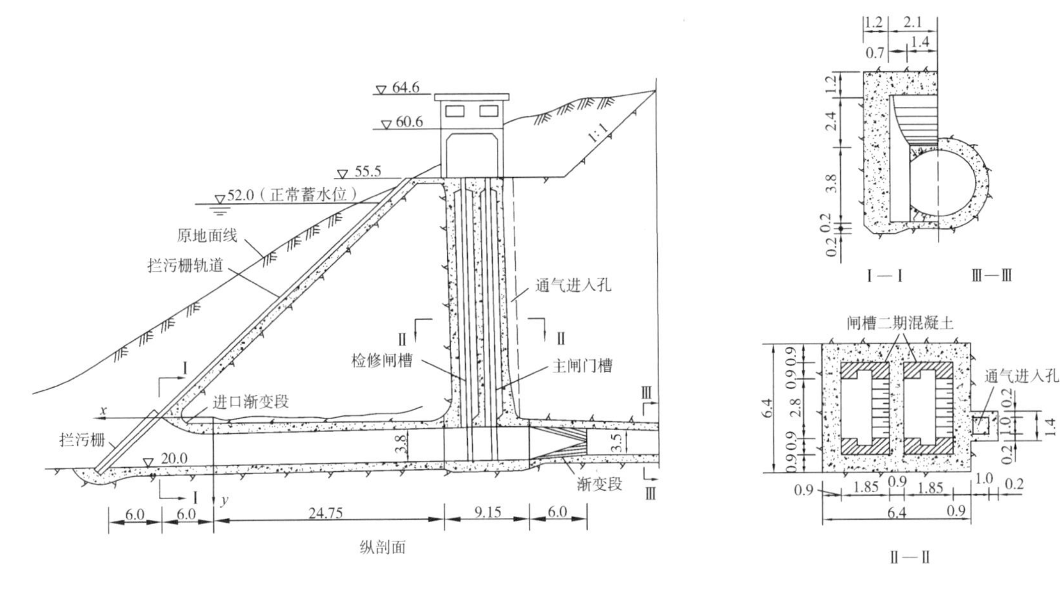

图7.19　竖井式进水口

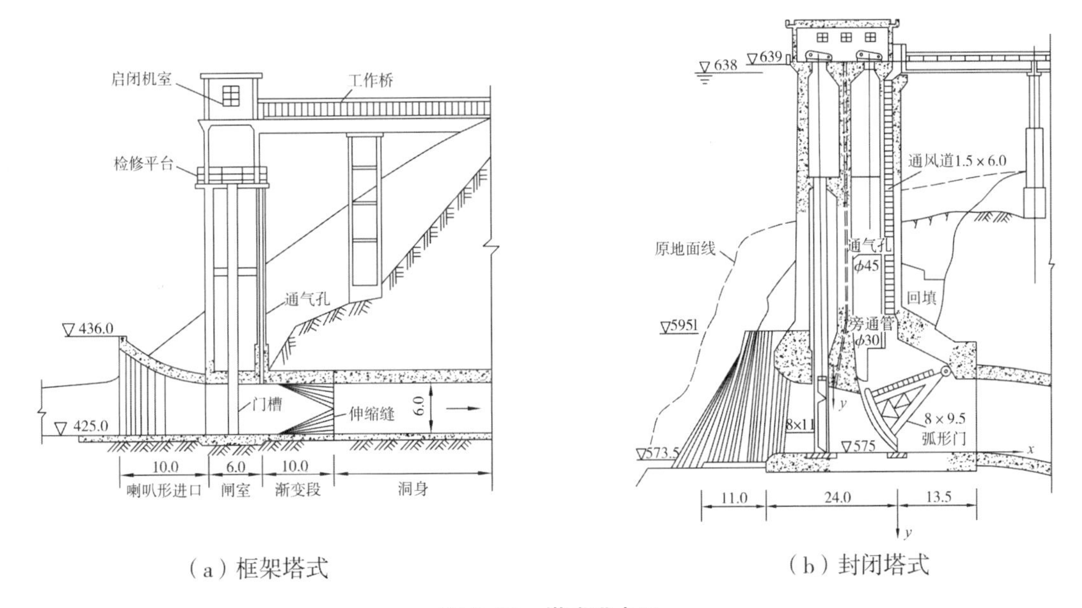

图7.20　塔式进水口

c．岸塔式进水口。岸塔式进水口是靠在开挖后洞脸岩坡上的进水塔（图7.21）。塔身可以直立或倾斜。岸塔式进水口的稳定性较塔式的好，甚至可以对岩坡起一定的支撑作用，施工、安装也比较方便，不需工作桥。岸塔式进水口适用于岸坡较陡、岩体比较坚固稳定的情况。

d．斜坡式进水口。斜坡式进水口是在较完整的岩坡上进行平整、开挖和护砌而修

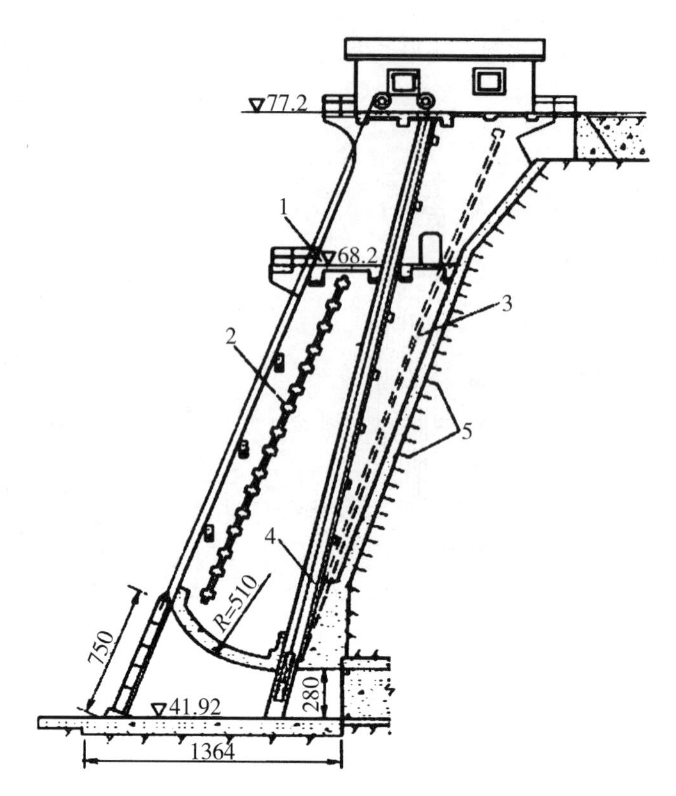

1—清污台；2—固定拦污格栅；3—通气孔；4—闸门轨道；5—锚筋

图 7.21　岸塔式进水口

建的一种进水口（图 7.22）。闸门和拦污栅的轨道直接安装在斜坡的护砌上。其优点是结构简单，施工、安装方便，稳定性好，工程量小。缺点是如果进水洞轴线水平，则闸门面积加大；由于闸门倾斜，闸门不易依靠自重下降。斜坡式进水口一般只用于中、小型工程，或只用于安设检修闸门的进水口。

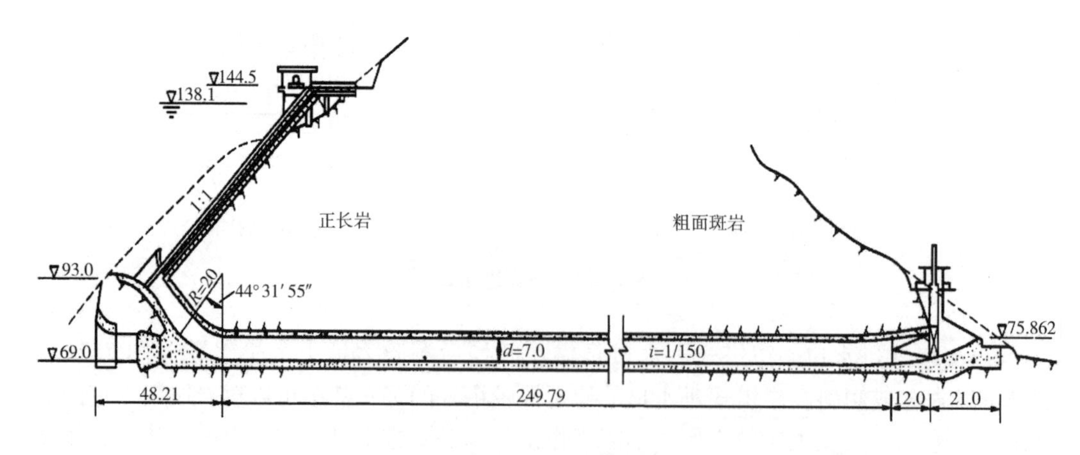

图 7.22　斜坡式进水口

e. 组合式进水口。在实际工程中，常根据地形、地质和施工等具体条件采用组合式进水口，如半竖井半塔式进水口、下部靠岸的塔式进水口等。其具体布置如图7.23所示。

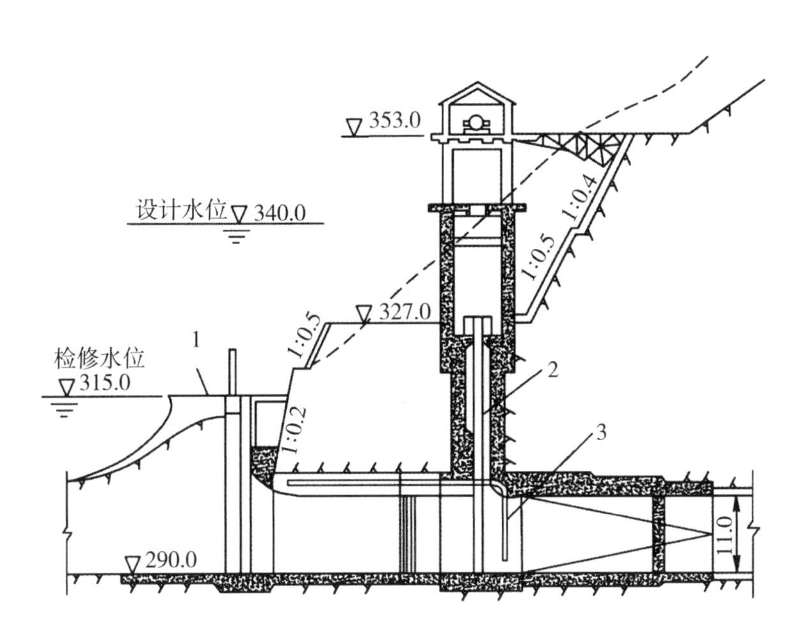

1—叠梁门存放平台；2—事故检修闸门井；3—平面检修门

图7.23 组合式进水口

B. 进口段的组成及构造。

进口段的组成包括喇叭形进水口、闸门室、通气孔、平压管、渐变段和拦污栅等。

a. 喇叭形进水口。隧洞进水口为顶板和边墙顺水流方向三向逐渐收缩的平底矩形断面，其体形应符合空口泄流形态，既要避免产生不利的负压和空蚀破坏，又要尽量减少局部水头损失，提高泄流能力。喇叭口收缩曲线常采用1/4椭圆曲线。

b. 闸门室。一般在进水口设拦污栅和检修闸门，在出水口压坡段后设工作闸门，工作闸门用弧形闸门或平面闸门，检修门采用平面闸门。

c. 通气孔。在泄水隧洞进水口或中部的闸门之后应设通气孔，其作用是在工作闸门各级开度下承担补气任务。检修前，放空洞内水流时，通气孔补气；检修完成后，向检修闸门和工作闸门之间充水时，通气孔排气。通气孔在泄水隧洞的正常泄流、放空和充水过程中，承担补气和排气任务，对改善流态、避免运行事故起着重要的作用。通气孔上部进口必须与闸门启闭机室分开设置。

d. 平压管。为了减小启门力，往往要求检修门在静水中开启。因此，常设置绕过检修门槽的平压管。

e. 渐变段。在进水口，为适应布置矩形闸门的需要，在矩形断面与圆形断面之间需设置渐变段。

f. 拦污栅。进口处的拦污栅是为了防止水库中的漂浮物进入隧洞。

（2）洞身段的型式与构造。

洞身穿过山体开挖，是隧洞的主体，其断面型式包括无压隧洞和有压隧洞。

A. 无压隧洞的断面型式及尺寸。

无压隧洞多采用圆拱直墙形（城门洞）断面。其顶部为圆拱，适于承受铅直围岩压力，且便于开挖和衬砌；如围岩条件较差，为了减小或消除作用在边墙上的侧向围岩压力，还可以采用马蹄形断面；当围岩条件差、外水压力较大时，可采用圆形断面（图 7. 24）。无压隧洞断面尺寸主要根据其泄流能力要求及洞内水面线来确定。流速较低、通气良好的隧洞，要求水面以上净空不小于洞身断面面积的 15% ～ 25%，冲击波波峰高不应超过城门洞形断面的直墙范围。在确定隧洞断面尺寸时，还应考虑到洞内施工和检查维修等对最小尺寸的要求。

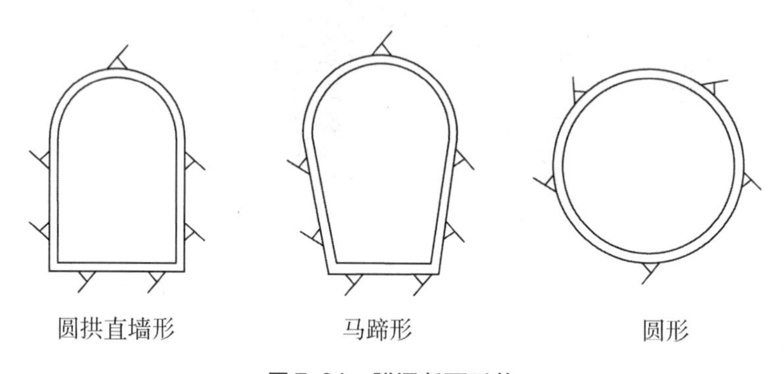

图 7. 24　隧洞断面形状

B. 有压隧洞的断面型式及尺寸。

有压隧洞由于内水压力较大，一般均采用圆形断面，圆形断面的水流条件和受力条件都较为有利。当围岩条件较好，内水压力不大时，为便于施工，也可采用城门洞形或马蹄形断面。断面尺寸应根据泄流能力要求以及沿程压坡线情况来确定。

（3）出口段构造。

有压隧洞出口常设有工作闸门及启闭机室，闸门前有渐变段，将洞身从圆形断面渐变为闸门处矩形出口，出口之后即为消能设施；无压隧洞因工作门已布置在上游段，出口仅设有门框，其作用是防止洞脸及其以上岩石崩塌，并与扩散消能设施的两侧边墙相衔接（图 7. 25）。泄水隧洞出口水流的特点是隧洞出口宽度小，单宽流量大，能量集中，所以常在出口处设置扩散段，使水流扩散，减小单宽流量，然后再以适当形式消能。

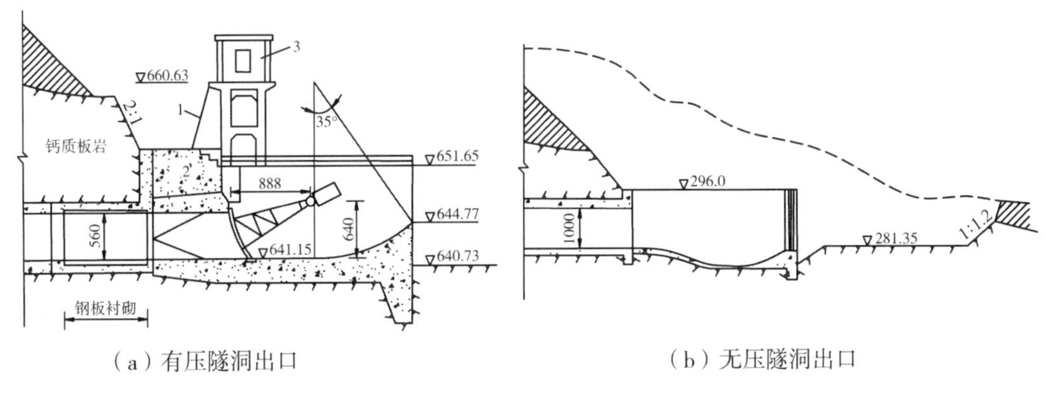

（a）有压隧洞出口　　（b）无压隧洞出口

图7.25 隧洞出口

7.3.2 渠首

为满足农田灌溉、水力发电、工业及生活用水的需要，在河道的适宜地点建造由几个建筑物组成的水利枢纽，称为取水枢纽或引水枢纽。因其位于引水渠道之首，故又称渠首或渠首工程。取水枢纽按其有无拦河闸（坝），可分为无坝取水枢纽和有坝取水枢纽两种类型。

1. 无坝取水枢纽

无坝取水方式不需要修建拦河坝，直接从江河的一岸取水，可以大大地节省投资。无坝取水在中国，特别是在中国古代取水工程和现代大江大河取水工程中应用较广。

无坝取水工程没有拦河坝，不能抬控河道水位。无坝取水方式适用于江河中下游水量丰富，水位变化不大，或不宜修建拦河坝的情况，多用于工农业供水和灌溉工程。无坝取水没有水库，对天然来水完全没有调节能力。无坝取水的引水量受河流水位和流量的限制。特别是在枯水季节，河流水位低，引水流量减小，若水流偏离进水闸，则引水困难，甚至无法引水。

无坝取水渠首布置要求如下：①水流特性要求。弯道顶点以下水深最深、单宽流量大、横向环流最强的地方，以便取表层清水，防止泥沙入渠。②渠首布置要求。渠首应设在没有陡坡、深谷、塌方的地质基础上，以减少工程量。③渠首选址要求。不宜设在分汊河段上，以防汊道淤塞。

我国四川的都江堰工程就是典型的无坝取水工程。该工程为李冰父子筹建于2000多年前，现在仍在发挥巨大的作用，其灌溉面积已扩大近千万亩。但由于受天然河道的影响很大，无坝取水在水力发电工程中使用较少。

2. 有坝取水枢纽

有坝取水是水力发电工程中最常用的取水形式。在河道上筑坝挡水，在上游河道形成较稳定的水位。有坝取水能够明显提高取水保证率。有坝取水渠首由壅水坝、进水闸、冲沙闸和防洪堤组成。

有坝取水进水口按照水流条件可分为开敞式进水口和深式进水口。开敞式进水口又称为无压进水口，用于引水渠道的首部或河床式厂房。深式进水口又称为有压进水口，用于压力隧洞的首部或坝后式厂房。

（1）无压进水口。

用壅水坝和拦河闸等低水头闸坝建筑组成的有坝取水工程，常采用无压进水口。无压进水口引取表层水流，是闸坝工程中常用的取水口方式。无压取水口多用取水闸。其特点是：水流在取水口和引水道中均有自由表面。这时挡水建筑物为低坝或闸，上游仅有较小库容的水库，且上游水位变幅不大，其引水道多为明渠或无压隧洞。

（2）有压进水口。

有压进水口从水库取水，取水口置于死水位以下。有压进水口的顶部高程在工作水位以下，其顶部承受水压力，其水流为压力流，故称其为有压进水口。有压进水口顶部在水下要有一定的淹没深度。淹没深度以最低工作水位下不会产生吸气漩涡为度，一般不小于 3 ～ 5 m。

3. 沉沙槽式渠首

沉沙槽式渠首是采用正面排沙、正面进水、侧面引水两次分流的布置形式。根据沉沙槽的平面形状，可分为直线和曲线两种形式。为了提高排沙效率，许多渠首在槽内设置各种型式的导沙坎，或建造分水墙与导沙坎相结合的型式，造成人工环流，以利排沙。

按照壅水建筑物型式，沉沙槽式渠首可分为低坝式、拦河闸式和闸坝结合形式。与拦河闸相比，低坝具有结构简单、造价低，施工方便等优点，故应用较为广泛。拦河闸具有灵活调节水位、流量，便于上游冲沙及降低上游洪水位等优点，虽结构复杂，造价较高，但采用也较多。

7.3.3 渠系建筑物

在渠道（渠系）上修建的水工建筑物称为渠系建筑物。渠系建筑物具有输送和调配水量的作用。渠系建筑物可分为以下几类：①渠道，又称渠系，分为干、支、斗、农 4 级；②调节和配水建筑物，调节水位和分配流量，如节制闸、分水闸；③交叉建筑物，如输水渡槽、倒虹吸管、涵洞；④落差建筑物，建于渠道落差集中处，如跌水、陡坡；⑤泄水建筑物，维护时放空渠水，如泄水闸、虹吸泄洪道；⑥冲沙或沉沙建筑，如冲沙闸、沉沙池等；⑦量水建筑物，计量输配水量，如量水堰、量水管嘴等。

1. 渠道

灌溉渠道一般可分为干、支、斗、农 4 级固定渠道。干渠、支渠主要起输水作用，称为输水渠道；斗渠、农渠主要起配水作用，称为配水渠道。渠道按用途可分为灌溉渠道、动力渠道、供水渠道、通航渠道、排水渠道。在引水式水电站中，用于引水发电的渠道又称为动力渠道。

无压引水渠道线路应选择在地质条件较好的区域，以利于开挖、检修和渠道稳定。线路应该尽量短而直，通过的地形应相对平缓。在山区，渠道线路与等高线接近平行。必要时可以用交叉建筑物跨越河流、山谷、洼地和道路，或用无压隧洞穿过山体。交叉建筑物有渡槽、倒虹吸管等。

渠道的横断面形状有矩形和梯形。动力渠道多建在山区，在岩石中开挖而成，截面以矩形或接近矩形为多见。渠道底坡在满足不淤的前提下，尽可能地放缓，以利用更多的水头发电。渠道内一般需要衬砌，以减少渗漏，减小渠道的糙率。渠道的过水断面面积要满足过流量的要求，其墙边高度还要考虑引用流量发生变化时渠道中产生的涌波。

渠道设计时，根据已知的发电流量和地质地形条件，选择若干条路线，每条线路选择若干个纵坡和断面形状。经过计算和综合比较后，确定最优线路，以及合理经济的纵坡和过水断面。

2. 渡槽

渡槽又称过水桥，是输送水流跨越渠道、河流、道路、山冲、谷口等的架空输水建筑物。当挖方渠道与冲沟相交时，为避免山洪及泥沙入渠，还可以在渠道上面修建排洪渡槽，用来排泄冲沟来水及泥沙。渡槽一般适用于渠道跨越深宽河谷且洪水流量较大、渠道跨越广阔滩地或洼地等情况。它比倒虹吸管水头损失小，便利通航，管理运用方便，是交叉建筑物中采用最多的一种形式。

根据其支承结构的情况，渡槽分为梁式渡槽和拱式渡槽两大类。

(1) 梁式渡槽。

梁式渡槽槽身置于槽墩或排架上，其纵向受力和梁相同，故称梁式渡槽（图7.26）。槽身在纵向均匀荷载作用下，一部分受压，一部分受拉，故常采用钢筋混凝土结构。为了节约钢筋和水泥用量，还可采用预应力钢筋混凝土及钢丝网水泥结构，跨度较小的槽身也可用混凝土建造。

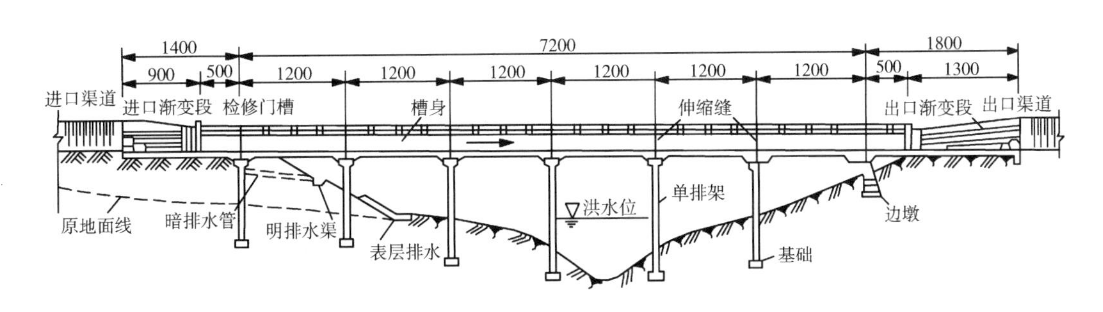

图7.26 梁式渡槽

(2) 拱式渡槽。

拱式渡槽的主要承重结构是拱圈。槽身通过拱上结构将荷载传给拱圈，它的两端支承在槽墩或槽台上（图7.27）。拱圈的受力特点是承受以压力为主的内力，故可应用石料或混凝土建造，并可用于较大的跨度。但拱圈对支座的变形要求严格。跨度较大的拱式渡槽应建筑在比较坚固的岩石地基上。

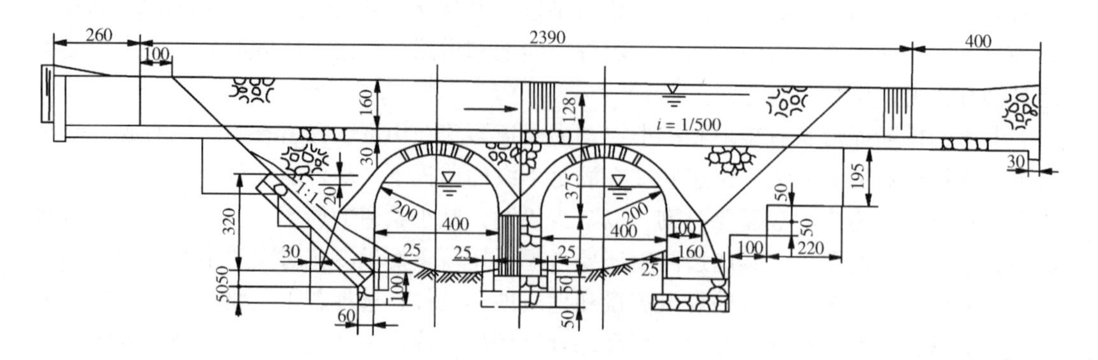

图 7.27 拱式渡槽

3. 倒虹吸管

倒虹吸管是设置在渠道与河流、山沟、谷地、道路等相交处的压力输水建筑物。它与渡槽相比，具有造价低、施工方便的优点；但水头损失较大，运行管理不如渡槽方便。倒虹吸管由进口段、出口段和管身构成（图 7.28）。

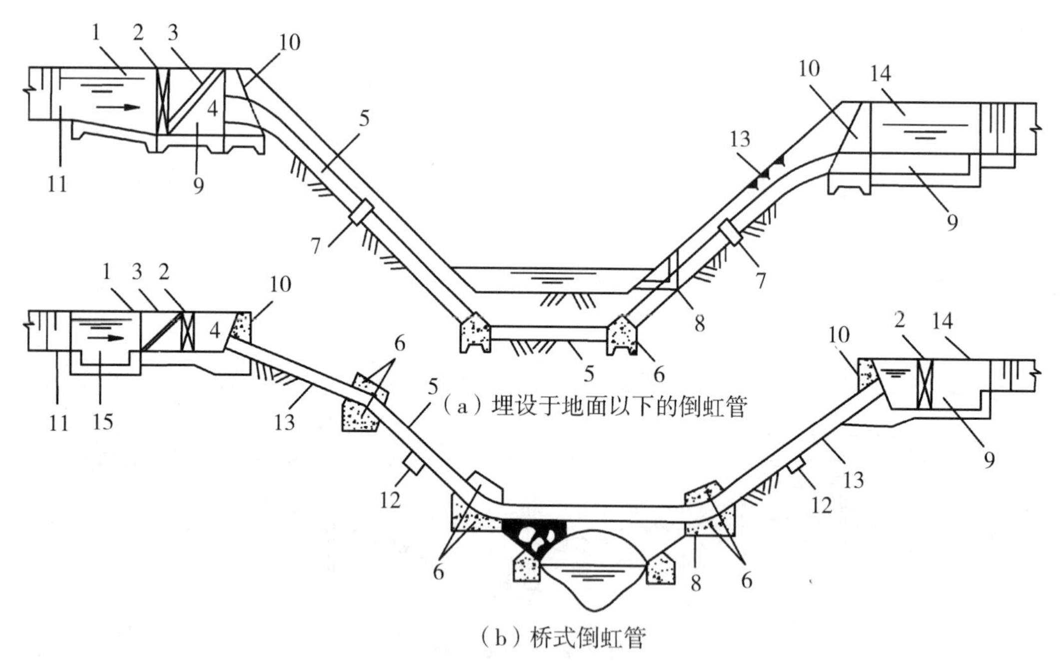

（a）埋设于地面以下的倒虹管

（b）桥式倒虹管

1—进口渐变段；2—闸门；3—拦污栅；4—进水口；5—管身；6—槽墩；7—伸缩接头；8—防水冲沙孔；9—消力池；10—挡水墙；11—进水渠道；12—中间支墩；13—原地面线；14—出口段；15—沉沙池

图 7.28 倒虹吸管

4. 涵洞

涵洞位于公路或者铁路与沟渠相交的地方，是使水从路面下流过的通道，作用与桥相同，但一般孔径较小，形状有管形、箱形及拱形等。此外，涵洞还是一种洞穴式水利设施，有闸门以调节水量。

根据构造形式，涵洞可分为圆管涵、拱涵、盖板涵、箱涵（图7.29）。另外，根据填土情况不同，涵洞可分为明涵和暗涵；根据建筑材料不同，涵洞可分为砖涵、石涵、混凝土涵及钢筋混凝土涵等；根据水力性能分类，涵洞可分为无压力式涵洞、半压力式涵洞和压力式涵洞。

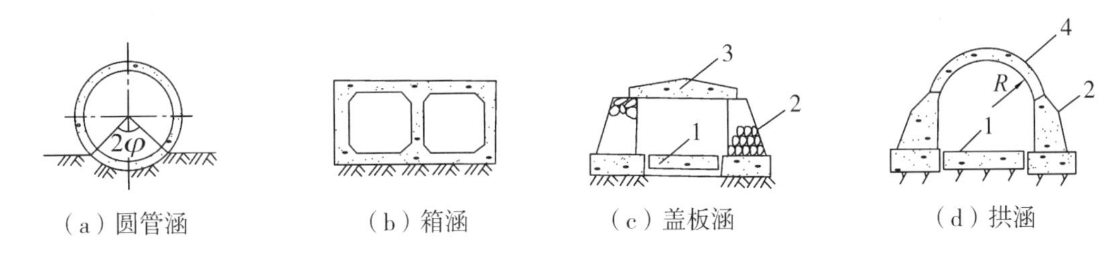

1—底板；2—侧墙；3—盖板；4—拱圈

图7.29　涵洞的断面形状

7.3.4　地下水取水构筑物

从地下含水层集取表层渗透水、潜水、承压水和泉水等地下水的构筑物，称为地下水取水构筑物。在一定程度上，地下水取水构筑物使人类摆脱了对地表自然水资源的完全依赖，在生产生活中能够更好地利用地下水资源。

根据地下水的埋藏分布和含水层岩性结构，人类创造了多种多样的地下水取水构筑物，主要有管井、大口井、辐射井、渗渠和泉室等类型。

1. 管井

管井是垂直安置在地下，用于开采、监测或保护地下水的管状构筑物，是生产生活中常用的一种给排水设施。

根据地下水的类型，管井可分为压力水井（承压水井）和无压水井（潜水井）；根据井是否穿透含水层，可分为完整井和非完整井（图7.30）；根据地下水的开发利用形式，可分为供水井、排水井和回灌井等。

管井的井身结构主要包括井径、井段和井深。井径指井身横断面的直径，其中，位于管井开口处井身上端横断面的直径为开口井径，井身底端横断面的直径为终止井径，安装抽水设备井段的直径为安泵段井径，采取地下水井段的直径为开采段井径。井身结构应根据地层情况、地下水埋深及钻进工艺设计，根据成井要求，确定开采段和安泵段井径；根据地层、钻进方法，确定井段的变径和相应长度；根据井段变径需要，确定井的开口井径。

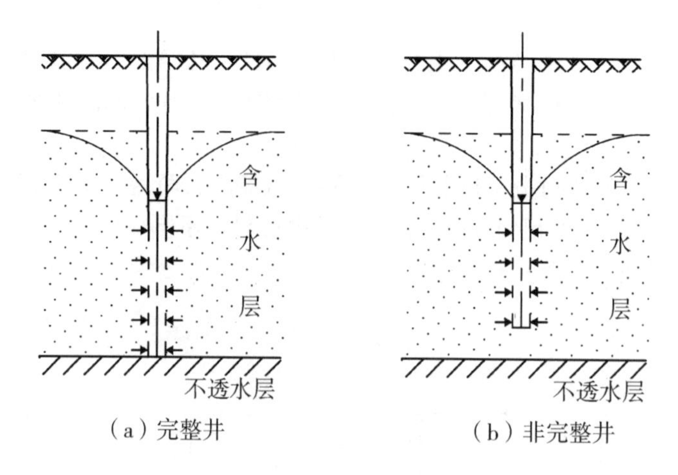

图 7.30　管井

2. 大口井

大口井构造简单，取材容易，施工方便，使用年限长，容积大，能起水量调节作用；但深度较浅，对水位变化适应性差。大口井适用于开采浅层地下水，口径 5 ～ 8 m，井深≤15 m。大口井主要由井筒、井口和进水部分组成（图 7.31）。井口应高出地表 0.5 m 以上，并在井口周边修建宽度为 1.5 m 的排水坡，以避免地表污水从井口或沿井壁侵入，污染地下水。

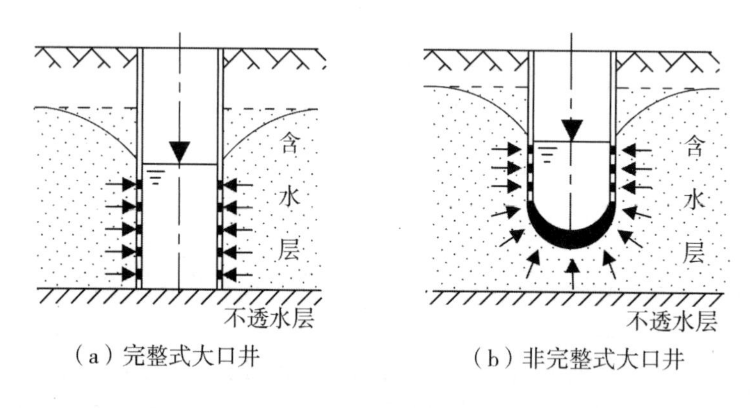

图 7.31　大口井

进水部分包括井壁进水和井底反滤层。井壁进水是在井壁上做成水平或倾斜的直径为 100 ～ 200 mm 的圆形进水孔，或 100 mm × 150 mm ～ 200 mm × 250 mm 的方形进水孔，孔隙率为 15% 左右，孔内装填一定级配的滤料层，孔的两侧设置钢丝网，以防滤料漏失。井壁进水也可利用无砂混凝土制成的透水井壁。无砂混凝土大口井制作方便，结构简单，造价低；但在粉细砂层和含铁地下水中易堵塞。完整式大口井只有井壁进水，适用于颗粒粗、厚度薄（5 ～ 8 m）、埋深浅的含水层。含水层厚度较大（ > 10 m）

时，应做成非完整式大口井。

7.4　堤防和河道整治工程[164]

7.4.1　堤防工程

堤防是一种挡水建筑物，沿河岸、渠岸、湖岸和海岸修筑，或沿行洪区、分洪区和围垦区的边缘修筑。修筑堤防是防御洪水泛滥、保护居民和工农业生产的主要措施。堤防将洪水约束在行洪区内，使同等流量的水深增加，行洪流速增大，有利于泄洪排沙；堤防还可以抵挡风浪及抗御海潮。堤防按修筑的位置可分为河堤、江堤、湖堤、海堤，以及水库与蓄滞洪区低洼地区的围堤等；按功能可分为干堤、支堤、子堤、遥堤、隔堤、行洪堤、防洪堤、围堤（圩垸）和防浪堤等；按建筑材料可分为土堤、石堤、土石混合堤和混凝土防洪墙等。

1. 堤线布置

堤线布置应根据防洪规划、地形与地质条件，以及河流或海岸线变迁情况等，结合现有及拟建建筑物的位置、施工条件、已有工程状况以及征地拆迁、文物保护和行政区划等因素，经过技术、经济综合比较后确定。堤线布置应遵循下列原则：

（1）河堤堤线应与河水流向相适应，并与大洪水的主流线大致平行。一个河段两岸堤防的间距，或一岸高地到对岸堤防之间的距离应大致相等，不宜突然放大或缩小。

（2）堤线应力求平顺，各堤段平缓连接，不得采用折线或急弯。

（3）堤防工程应尽可能利用现有堤防和有利地形，修筑在土质较好、比较稳定的滩岸上，并留有适当宽度的滩地，尽可能避开软弱地基、深水地带、古河道和强透水地基。

（4）堤线应布置在占压耕地和拆迁房屋等建筑物较少的地带，避开文物遗址，利于防汛抢险和工程管理。

（5）湖堤或海堤应尽可能避开强风或风暴潮正面袭击。

（6）海涂围堤或河口堤防及其他重要堤段的堤线布置，应与地区经济社会发展规划相协调，并应分析论证对生态环境和社会经济的影响，必要时应做模型试验。

2. 堤型选择

堤防工程的型式应按照因地制宜、就地取材的原则，根据堤段所在地理位置、重要程度、堤址地质、筑堤材料、水流及风浪特性、施工条件、运用和管理要求、环境景观、工程造价等因素，经过技术经济综合比较来确定。

根据筑堤材料，可选择土堤、石堤、混凝土或钢筋混凝土防洪墙、分区填筑的混合材料堤等；根据堤身断面型式，可选择斜坡式堤、直墙式堤或直斜复合式堤等；根据防渗体设计，可选择均质土堤、斜墙式或心墙式土堤等。

同一堤线的各堤段，可根据具体条件采用不同的堤型。在堤型变换处应做好连接处理，必要时应设过渡段。

3. 堤距和堤顶高程的确定

堤距和堤顶高程密切相关，在相同设计洪水下，若两岸堤距窄，则占地面积小，但洪水位高，堤身高，筑堤工程量大，投资多，汛期防守难度大；若两岸堤距宽，则占地面积大，但洪水位低，堤身矮，筑堤工程量小，投资少，汛期防守难度小。因此，堤距和堤顶高程应根据堤防保护区的经济和环境条件，经不同方案的技术、经济比较来确定。

根据堤防保护区的防洪标准，进行水文计算，求得河道设计洪水（流量）；在设计洪水下，将河道水流简化为明渠非均匀渐变流，堤距和设计洪水位由水力学计算推求河道水面线的方法来确定。

4. 堤身断面设计

堤身多为土石料筑成，断面为两边具有一定坡度的梯形断面（图 7.32）。土堤堤身设计应包括确定堤身断面布置、填筑标准、堤顶高程、堤顶结构、堤坡与戗台、护坡与坡面排水、防渗与排水设施等。

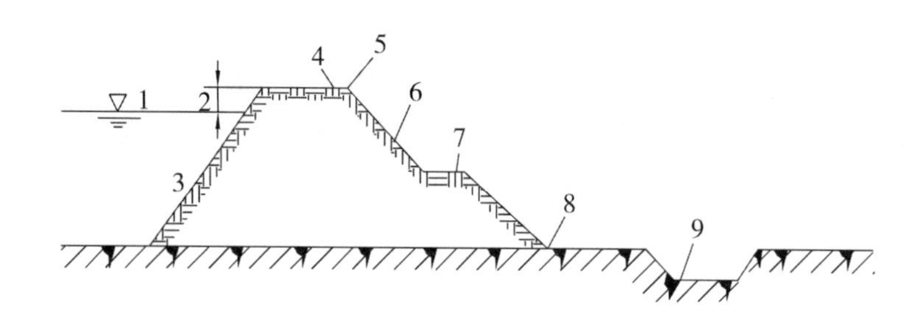

1—设计洪水位；2—堤顶超高；3—迎水坡；4—堤顶；5—堤肩；6—背水坡；7—戗台；8—堤脚；9—取土坑

图 7.32 堤身断面

为了增加堤身边坡的稳定性，有时在堤的一侧或两侧修筑戗台。在风浪较大的地方，土堤易产生冲刷破坏，常用石料或混凝土修建护坡。在交通要道处，为了上下堤方便，需要修建马道。

堤顶宽度的确定应考虑洪水渗径、交通运输及防汛物资堆放的方便。汛期水位较高，若堤身较窄，则渗径短，渗透流速大，渗透水流易从背水坡逸出，造成险情。

边坡设计重点考虑堤身稳定。影响稳定的因素主要有筑堤土质、洪水涨落频度及持续时间、洪水流速和风浪等。

7.4.2　河道整治建筑物

河道整治所修筑的水工建筑物称为河道整治建筑物，亦称河工建筑物，按建筑物型式及作用，分为丁坝、顺坝、锁坝、护岸和护底、导流屏等五类。

1. 丁坝

丁坝从河岸伸向河槽，坝轴线与河道水流方向正交或斜交。丁坝与河岸相接一端称为坝根，伸向河槽一端称为坝头，中间部分称为坝身。丁坝具有束窄河道、调整水流和保护河岸的作用。丁坝坝头的位置以河道整治线为依据，即采用丁坝工程来实现所规划的河槽形态。

丁坝的种类很多，按坝轴线与水流方向的夹角，可以分为上挑丁坝、垂直丁坝和下挑丁坝；按坝身型式，可以分为一般挑水坝、人字坝、月牙坝、雁翅坝和磨盘坝等（图7.33）。

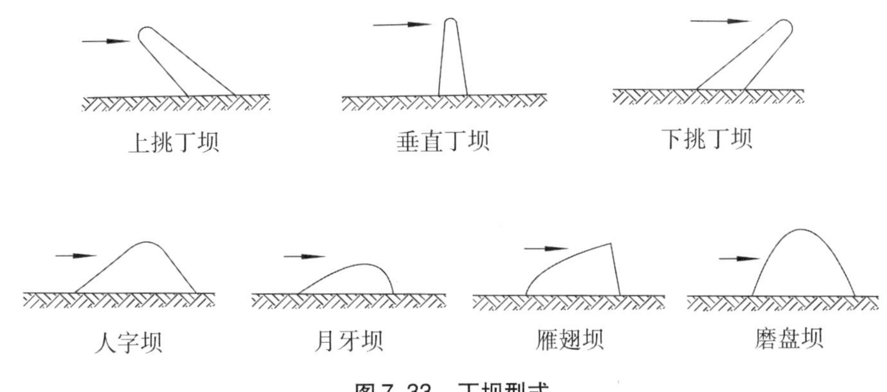

图7.33　丁坝型式

按建筑材料的不同，丁坝可以分为土丁坝、抛石丁坝和柳石丁坝。按照坝顶高程与水位的关系，丁坝可以分为淹没式和非淹没式。用于航道枯水整治的丁坝，经常处于水下，即为淹没式丁坝；用于中水整治的丁坝，一般不被洪水淹没，或淹没历时很短，这类丁坝属于非淹没式丁坝。

2. 顺坝

顺坝具有束窄河槽、导引水流、调整河岸的作用。顺坝与水流方向平行布置，常沿整治线在过渡河段、凹岸末端、河口、洲尾、分汊等水流分散河段布设。顺坝坝根嵌入河岸、滩内，坝头可与河岸相连或留缺口，通常在顺坝与河岸之间修格堤以防冲促淤（图7.34）。

顺坝与丁坝不同，一般都淹没在水中，而且坝身较长；结构则与丁坝基本相同。沉排是指利用树枝、埽料编成柔性排，上压石料，或用混凝土条形构件连成排体，用于护岸、护脚的治河工程。

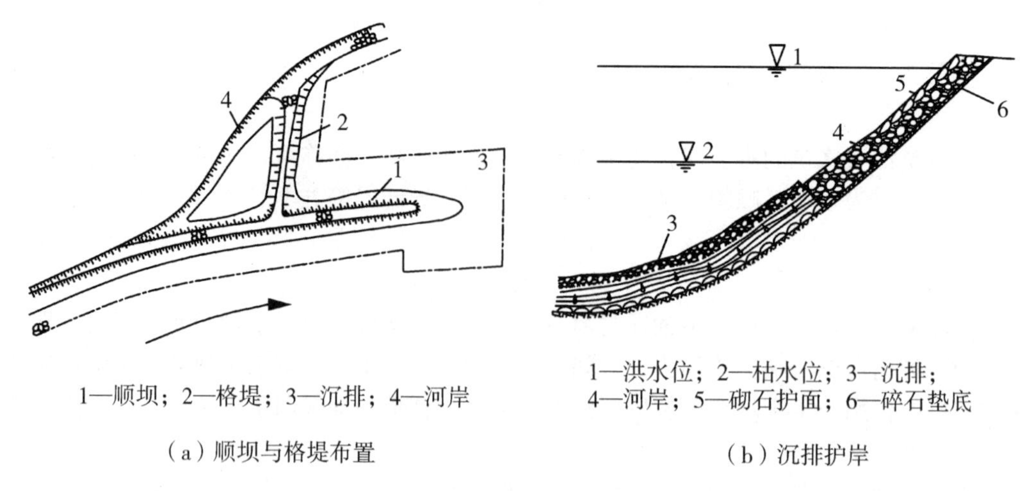

1—顺坝；2—格堤；3—沉排；4—河岸

（a）顺坝与格堤布置

1—洪水位；2—枯水位；3—沉排；
4—河岸；5—砌石护面；6—碎石垫底

（b）沉排护岸

图 7.34　顺坝布置及护岸

3. 锁坝

锁坝是与两岸相接的坝形建筑物，可用于堵塞河道汊道或河流串沟。锁坝堵串（汊）的目的是塞支强干、集中水流、增加水深，以利于航运，防止汊道演变为主流引起大的河势变化。锁坝可布置在汊道进口、中部或尾部，根据地形、地质、水文、泥沙、施工等条件择优确定方案。锁坝构造与丁坝基本相似。

4. 护岸和护底

护岸和护底是用抗冲材料直接铺护在河岸坡面上，可布置为长距离连续式，也可布置在丁坝或矶头之间防止顺流或回流淘刷。

护岸和护底的材料与结构型式多样，一般在水上部分多采用干砌石，水下部分多采用抛石、沉排、柳石枕或石笼等加以防护。图 7.35 为砌石护岸的断面示意。

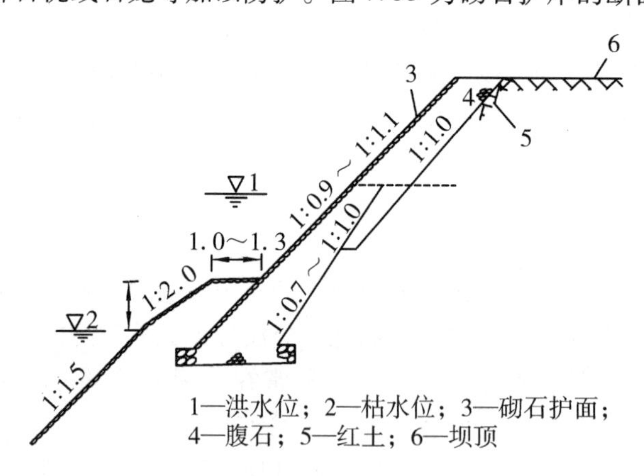

1—洪水位；2—枯水位；3—砌石护面；
4—腹石；5—红土；6—坝顶

图 7.35　砌石护岸

5．导流屏

导流屏是一组漂浮在表层或沉没在底层的导流建筑物，其作用是改变水流形势，形成人工环流，通过控制泥沙的运动方向来控制河床的冲淤变化。

图7.36（a）为一组漂浮在水面的导流屏，导流屏入水深度为水深的1/4～1/3。该导流屏能使表层清水趋向中央，而底层挟沙较多的水流分向两侧，这可以起到疏浚河道、增加航深的作用。图7.36（b）为一组沉没在水底的导流屏，高度为水深的1/3～1/2，其作用是使河底泥沙趋向中央，而表层清水分向两侧，多建在桥墩前，以防止冲刷。导流屏还可以用于防止泥沙进入渠道，疏浚浅滩，防止河岸冲刷，吸引泥沙进入非通航汊道，等等。

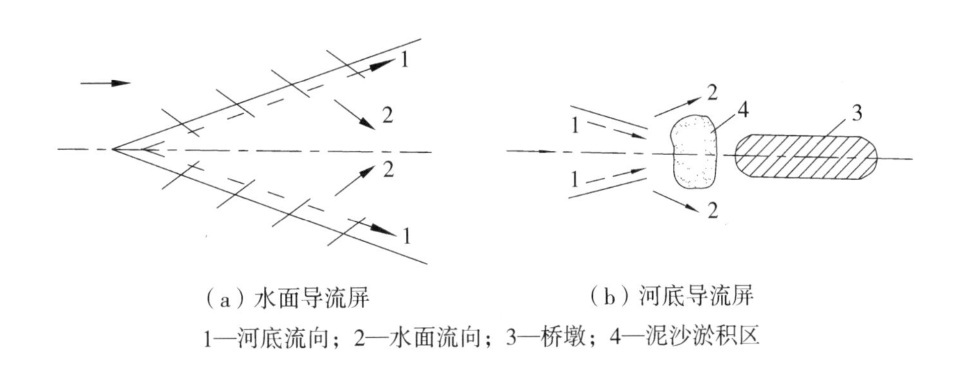

1—河底流向；2—水面流向；3—桥墩；4—泥沙淤积区

图7.36 导流屏平面布置

7.4.3 分洪、蓄洪和滞洪工程

堤防工程只能防御一定标准的洪水，对于较大洪水，即超过堤防防御能力的洪水，则不能完全控制。因此，应因地制宜地将湖泊洼地和历史洪水滞蓄场所辟为蓄滞洪区，有计划地分洪。

蓄滞洪区主要是指河堤外能够临时贮存洪水的低洼地区及湖泊等，其中多数为历史上江河洪水淹没或蓄滞洪水的地区。蓄滞洪区包括行洪区、分洪区、蓄洪区和滞洪区。行洪区是指天然河道或河岸大堤之间，在大洪水时宣泄洪水的区域；分洪区是指利用平原区湖泊、洼地、淀泊修筑围堤，或利用原有低洼圩垸分泄河段超标洪水的区域；蓄洪区是分洪区发挥调洪作用的一种，是指用于暂时蓄存河段分泄的超标洪水，待防洪情况允许时，再向区外排泄的区域；滞洪区也是分洪区发挥调洪作用的一种，其容量只能对河段分泄的洪水起到削减洪峰或短期阻滞洪水的作用。

蓄滞洪区是江河防洪体系中的重要组成部分，是保障重点防洪安全，减轻灾害的有效措施。蓄滞洪区的功能通过相应的水工建筑物相互协调、统一调度来实现。

分洪工程是在河流的适当地点，修建引洪道或分洪闸，分泄部分洪水，将超过河道安全泄量的洪峰流量分泄出去，减少下游河道的洪水负担；蓄洪工程是在河道上游修建水库，利用防洪库容来拦蓄洪；滞洪工程是将洪水暂时存贮于蓄滞洪区，洪峰过后，再将洪水输入原河道的分洪工程（图 7.37）。

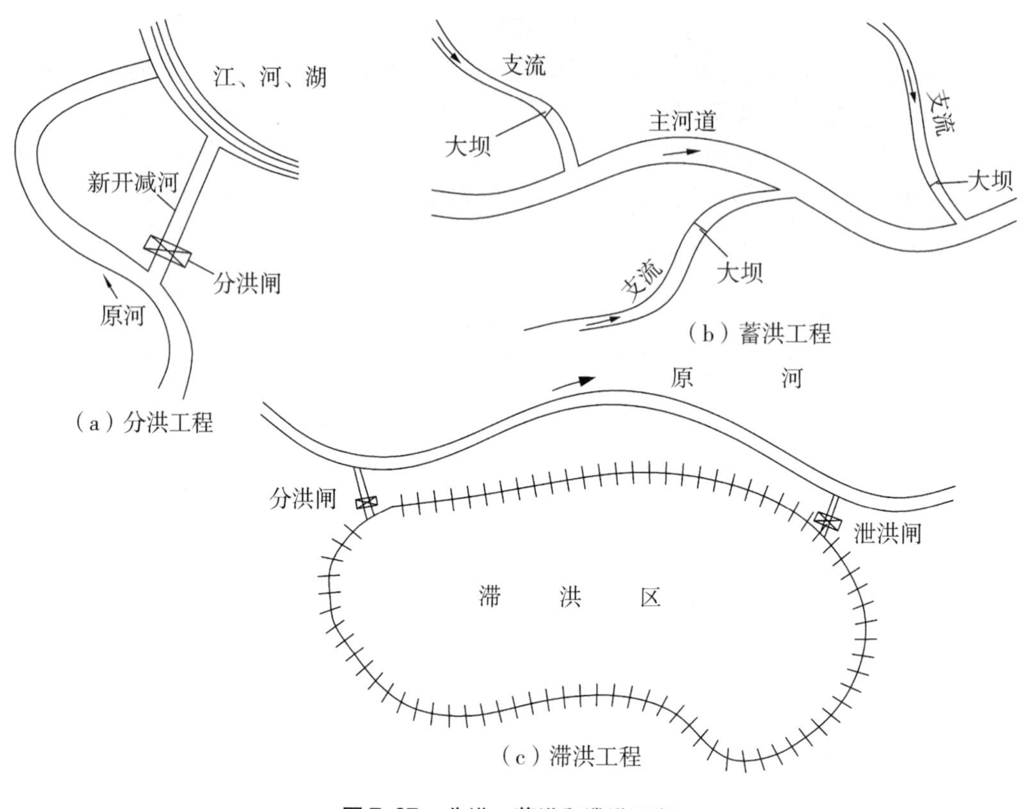

图 7.37 分洪、蓄洪和滞洪工程

为了保证重点地区的防洪安全，将有条件的地区辟为蓄滞洪区，合理且有计划地蓄滞洪水，是流域或区域防洪规划现实与经济合理的需要，也是为保全大局不得不牺牲局部利益的全局考虑。

蓄滞洪区启用应按照既定的流域或区域防御洪水调度方案实施，其启用条件是：当某防洪重点保护区的防洪安全受到威胁时，按照调度权限，根据防御洪水调度方案，由相应的人民政府、防汛指挥部下达启用命令，由蓄滞洪区所在地人民政府负责组织实施。

蓄滞洪区启用前必须做好如下准备工作：做好蓄滞洪区实施的调度程序；做好分洪口门和进洪闸开启准备，无控制的要落实口门爆破方案和口门控制措施；做好区内群众的转移安置工作；等等。

第8章　河口海岸工程

8.1　波　浪

海洋中常会有波浪现象的发生，波浪也被人们认为是影响船只航行和海洋工程施行的一个重要的环境动力因子。从微观的角度看，波浪被定义为一个水质点受到外力的作用，不再处于一个平衡位置，并且做周期性（准周期性）的循环运动。在海洋上，水质点可能受到的外力作用有很多，如风、来自月球的引潮力、大气压力、水层密度差、海底地震等。

8.1.1　波浪要素

如图8.1所示，参照海洋波浪的形状，可以引入一条正弦曲线来描述波浪的简单波动剖面。若正弦曲线呈现先增长后减少的变化趋势，所经历的拐点可称为波峰；同理，若正弦曲线呈现先减少后增加的变化趋势，所经历的拐点可称为波谷。距离最近的两个波峰（波谷）之间的水平距离可称为波长 L。若在正弦曲线上设置一固定点，距离最近的两个波峰（波谷）分别经过此固定点需要花费的时间间隔可称为周期 T。所以，若要描述波形的传播速度，一般可通过波长和周期相除得到，可用公式 $c=L/T$ 来表示。

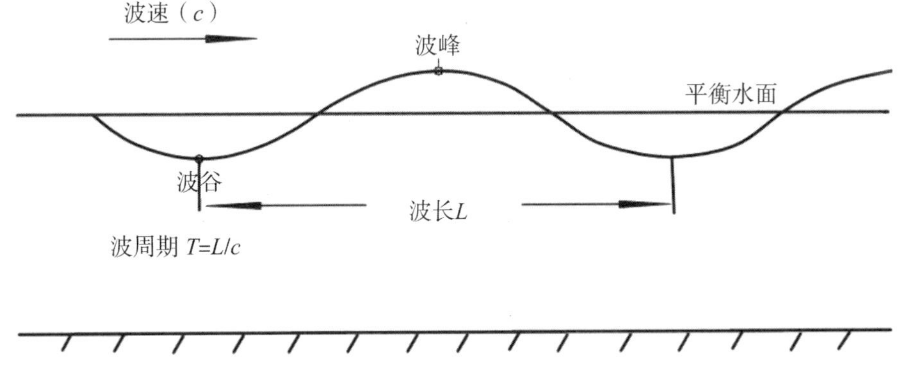

图8.1　波浪要素

8.1.2 风浪和涌浪

风浪和涌浪都属于海面上最明显的波浪运动。风浪，顾名思义，即海面受风力且一直处于风力作用影响下的一种波浪运动。所谓的涌浪运动，虽然也会受到强风的影响，但主要是指受到强风的余力作用影响下在海面上所遗留下来的波浪运动。余力具体是指经过当地或其他沿岸海域快速减少、平息，或者风向发生改变的风力。因为风力的作用程度不一样，导致风浪和涌浪两者的形态有着一定的差异。例如，风浪呈现波峰峰尖、波峰线短、周期短的形态特征，涌浪呈现波峰平坦、波面光滑、波峰线长、周期长的形态特征。风浪的形态特征导致风浪常常随着风的作用力的增加而破碎，并在海面上形成不规则分布的浪花；比风浪的形态特征更有规律的涌浪，它在海面的传播也更有规则。当风的作用力迅速改变（如风力减小、消退、风向改变）时，涌浪不能再从原来的风场中继续获得能量，但也不会马上消失，而会在当地甚至其他海域继续传播，直到历经漫长时间和路途才会消衰。[168]198-201

8.2 潮 汐

8.2.1 潮汐定义及研究简史

潮汐现象是地球上的海水受到天体（太阳和月亮）引潮力的影响而产生的周期性运动。人们习惯将海面垂直方向上的涨落称为潮汐，将海水在水平方向上的流动称为潮流（海流）。在漫漫历史长河中，人类时常感叹宇宙之浩瀚，好奇月亮和潮汐之间的联系。在中国东汉，王充在其论著《论衡》中描述了月亮盈亏与潮汐周期的关系，“涛之起也，随月盛衰，大小满损不齐同”。在唐代，窦叔蒙编撰的《海涛志》就是利用了古代的天文史和历算方法，定量地推算得出半日潮的周期约为 12 小时 25 分 12 秒，该计算结果与现在普遍采用的半日潮周期计算结果相差甚微。

自 15 世纪欧洲文艺复兴后，西方的天文学、地理学和数学得到了促进并蓬勃发展。基于该历史背景，许多天文学家、地理学家和数学家应运而生。其中，作为那个时期最优秀的物理学家，牛顿提出的万有引力理论最早对潮汐详细地做出了科学解释。1740 年，伯努利首次提出了平衡潮概念。1775 年，法国科学家拉普拉斯又基于潮汐静力理论，创立了潮汐动力学理论。

8.2.2 潮汐要素

一般来说，随着涨落潮，自然会伴随高潮和低潮现象的发生。于是高潮时、落潮时、涨潮时、低潮时、平潮等要素便组成了描述潮汐形态的重要要素。如图 8.2 所示，用一条正弦曲线来描述和表现一个潮汐的涨落水历时过程。当正弦曲线达到一定的高度之后短时间内即不增长也不减少，该时刻的潮位可称为平潮。平潮的中间时刻称为高潮时。平潮的历时参考研究区域的具体地理位置，最短持续几分钟，最长可持续几十分钟。平潮后开始落潮。同理，当正弦曲线达到一定的低度之后短时间内即不减少也不增长，该时段的潮位就称为停潮。停潮的中间时刻称为低潮时。涨落潮的过程通常做着从高潮时到低潮时的循环往复的运动。为了方便描述其运动过程，人们将从低潮时到高潮时所经历的时间称为涨潮时，将从高潮时到低潮时所经历的时间称为落潮时。

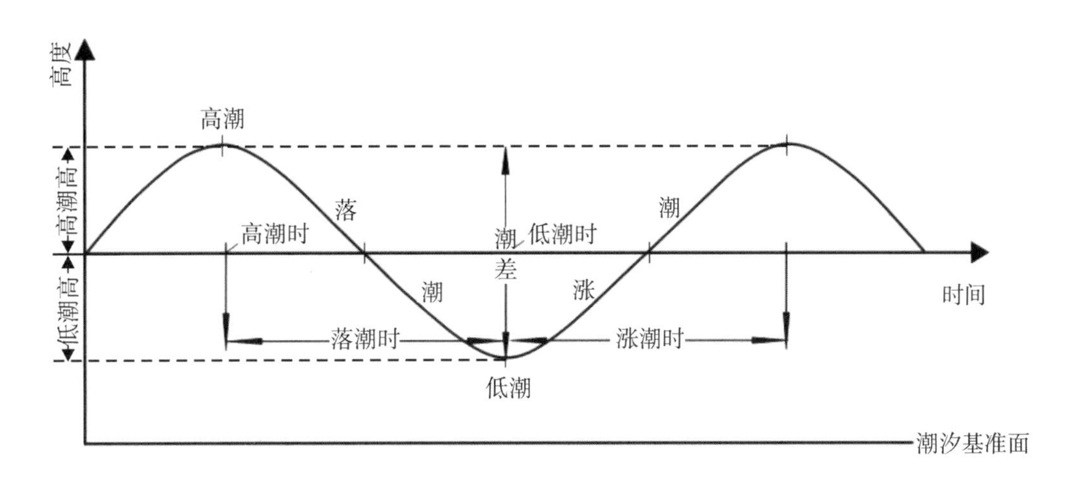

图 8.2　潮汐要素

8.2.3　潮汐类型

人们习惯将 24 时 50 分描述为一个太阴日。从各地潮汐观测曲线可知，潮汐涨落的情况（如涨落次数、涨落潮差）呈现一种周期性的变化。由此可将潮汐大致分为 4 种类型[168]208－210：正规半日潮、不正规半日潮、正规日潮、不正规日潮（表 8.1）。

表 8.1　潮汐类型

潮汐类型	描　述
正规半日潮	一个太阴日内发生 2 次高潮和 2 次低潮，且涨潮和落潮的潮差几乎一致
不正规半日潮	在一个朔望月中的多数日子里，每个太阴日发生 2 次高潮和 2 次低潮；其余少数日子里，当月赤纬较大时，第 2 次高潮非常小，半日潮特征并不明显
正规日潮	在一个太阴日内只发生 1 次高潮和 1 次低潮
不正规日潮	在一个朔望月中的多数日子里，潮汐具有正规日潮特征；其余少数日子里（当月赤纬接近零的时候），潮汐具有半日潮特征

8.2.4 引潮力

对于地球来说，潮汐现象主要是由于受到月球和太阳这两个自然天体共同作用而形成的引潮力所引起的。如图 8.3 所示，月球的引潮力具体表现为月球对于地表各点的引力、地 – 月系统的惯性离心力两个力之间相互作用的合力。对月球对于地表各点的引力，可以直接根据牛顿提出的万有引力定律来进行解释。一个人站在地球的任意不同位置上，他所受到的来自月球的引力方向、大小都有差异。而且，引力的方向都是指向月球的中心，引力的大小则会随着这人离月球中心的距离而发生改变。[168]213 – 214 地球除了进行自转和环绕太阳公转外，还会围绕地 – 月公共质心旋转，由此产生惯性离心力。该离心力刚好与月球对地心的吸引力是一对方向相反、大小相等的作用力，这样就使得两个天体都能够保持一定的距离。在月球对地球的引力和地球绕转产生的离心力所产生的这种合力（即引潮力）的作用下，地球上的海水发生潮汐现象。月球引潮力在地球不同地方各不相同。

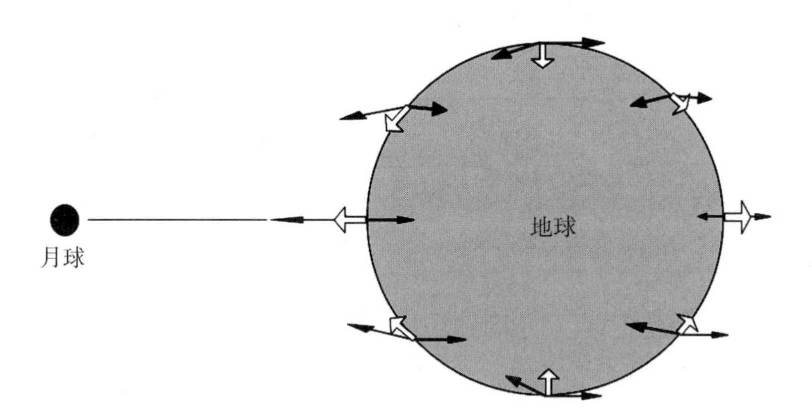

左向单线箭头表示月球对地表各点的引力，右向单线箭头表示地 – 月系统的惯性离心力，双线箭头表示引潮力

图 8.3　公转惯性离心力、月球引力及引潮力矢量

8.2.5 等势面和潮汐静力理论

1. 等势面

如图 8.4 所示，左图显示的是一个理想状态下（不考虑引潮力）的地球等势面，它呈现一个球体的形状；右图显示的是现实状态下（考虑引潮力和重力）的地球等势面，它呈现一个椭球形，其长轴恒指向月球。这里提到的“势”，指的是将地球上一个单位质量的物体从地心移动到某一点的过程中，克服自身重力和引潮力所做的功。“等势面”指的是将所有“势”相等的点相连所得到的面。

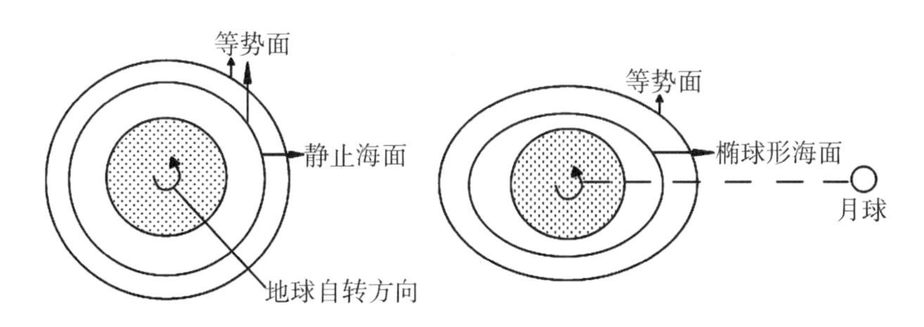

图8.4 等势面示意

2. 潮汐静力理论

在现实情况中，地球的等势面就是一个椭球面。根据这一形态学特征，可以推导得出潮汐静力理论（又称平衡潮理论）。这个理论主要基于以下三种假设：①地球是一个圆球，其表面全部覆盖着水深一致的海水，不考虑陆地的存在；②将海水流体看作一种理想的流体，其本身既没有黏性，也没有运动惯性；③在地球进行自转和环绕日公转，且绕着地－月公共质心运动时，海水不受地球自转偏向力和摩擦力的作用。基于这三个基本假设，海面在月球引潮力和重力的作用下会相应地上升或下降，又不断达成新的平衡，由此海面会变形成椭球形。这样，地球自转引起地球表面相对于椭球形海面的运动，造成地球表面上的固定点发生周期性涨落，进而形成潮汐。这就是平衡潮理论的基本思想。[168]215－221

8.3 护岸与堤防工程

护岸与堤防工程是建立在与海岸（或河岸）近似平行分布的一类防护型建筑物，主要用于防止河流、波浪及海流（如潮汐和沿岸流）等对陆地海岸线的动力或化学作用产生的岸线侵蚀。这类建筑可以有效地保护后方的陆域面积（包括沿河或沿海居住地、港口码头、工农业的生产用地等地域资源）不被侵蚀，因此在河口与海岸防护领域得到广泛应用。

8.3.1 护岸与堤防的结构形式

1. 护岸

护岸是直接贴合于海岸之上，对原有岸坡采取砌筑加固的一种典型河口海岸建筑物。护岸相当于人为创造的海滨陆域与海域之间的边界线，其主要有以下两个作用：一是防止岸滩向陆域方向侵蚀后退，二是间接保障岸滩的后滨部分或填筑陆地的面积。[169]由于不同地区的地质与地貌条件存在明显差异，因此，护岸的形态结构与材料设计需要特别关注与选择。按照形态划分，护岸主要分为以下六种：直立式、斜坡式、阶梯式、阶段式、复合断面式和凹曲线式护岸（图8.5）。

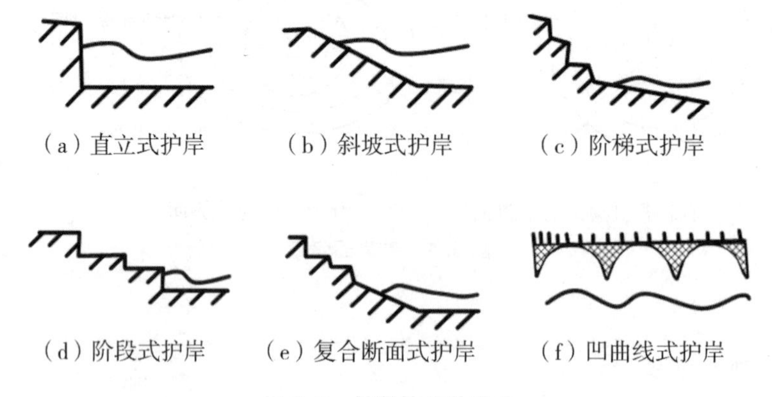

图8.5　护岸的几种形式

（1）直立式护岸（海墙式护岸）。若护岸的临海面为垂直或近似垂直于水面的直立式（近似直立）墙面，则称为直立式护岸（海墙）。这种护岸的优势是建造难度小、经费投入较少，且在无风浪时期还可当作停靠小型船舶的岸壁。但是，由于这种墙面对波浪有较强的反射作用，因而墙前易受到较为严重的冲刷。尤其是遇到波浪斜向入射的情形时，被反射的波浪可以传播到邻近未有该种护岸防护的海岸带，造成该部分海岸受到较强的波浪动力，而出现岸线后退。

（2）斜坡式护岸，是指与海平面有一定倾角的护岸。此种护岸可采用消波作用较显著的结构或材料，如采用抛石结构、四脚锥体混凝土块体等，都能有效地耗散波浪能量，抑制波浪的爬高或冲刷作用。斜坡式护岸的优势在于其前岸滩的冲刷作用较直立式护岸小，缺点在于这种倾斜式的断面占地较多。

（3）凹曲线式护岸，有助于减少越浪量，同时由于其曲线式的建筑结构，不仅外形美观，贴合实际的海岸线，而且节省建筑材料，因此，在海滨旅游区或者护岸后侧铺设道路时，此种形式的护岸常常被纳入主要设计方案。

此外，不同高度的台阶可组成阶梯型和阶段型护岸。阶梯型护岸有助于减弱波浪回落对海岸地区造成的冲刷，适合建造在海滨旅游区等观赏型的海岸带，当海水处于低潮位时，可以通过护岸的台阶沟通后方的陆域与前方的海滩。它们与斜坡式护岸相组合构成复合断面护岸，如图8.5（e）所示。

2. 海堤

海堤是一种沿海岸修建的水工建筑物，其主要功能是防浪挡潮，保护后方陆域免于遭受大型海浪或风暴潮侵蚀或淹没，并在一定程度上抵御咸潮入侵，在海岸防护中具有重要作用且得到广泛应用。按照不同的结构形式，可以将海堤分为三大主要类型：直立式（或陡墙式）海堤、斜坡式海堤和复式海堤，其中斜坡式海堤是最为常用的海堤类型。细心观察可发现，沿海岸修建的海堤基底标高通常在平均低潮位之上。这种设计标准可以保证堤内低洼地为人们所利用。在我国苏浙、闽粤等东部、东南沿海地区，海堤的建造历史十分悠久，其中最早的有关海堤护岸工程的记载，距今约有2000年。不同地区的海堤结构相近，但在称谓上有一定差别。在苏南、浙江一带，海堤通常称为海塘；在苏北一带，当地人则习惯把海堤称为海堰。

海堤通常用填土筑成，并在其内、外坡面及顶部采用混凝土块或块石加以保护（图8.6）。海堤的顶部标高要以能阻止波浪越顶为标准。同时海堤建筑物的基脚都应该采用抛石用于加固，以防止海堤的基础被掏空而导致其使用寿命缩短，其中抛石也可采用异状块体代替。在实际施工过程中，建筑物平面定线时应尽量做到角度过渡，避免出现突然的内折角，否则会造成波能集中式地冲刷海堤壁面。

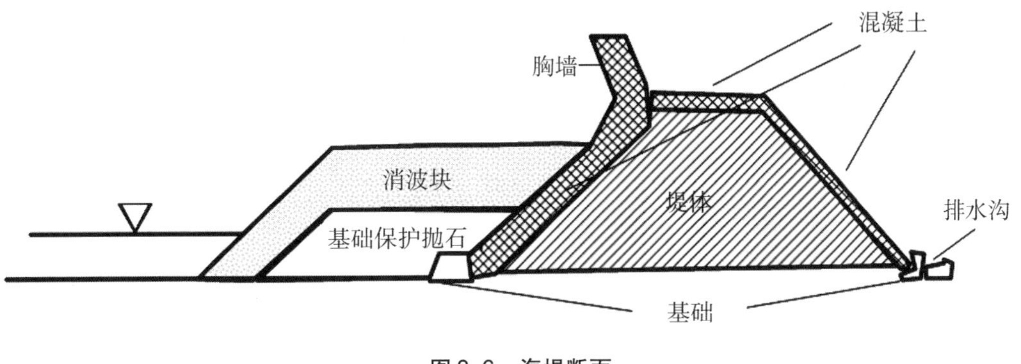

图8.6 海堤断面

海堤只能对海岸起到被动的和短期的保护作用，而在一些特殊的海岸地貌单元甚至会产生消极作用。如在侵蚀性海岸上，海堤这类建筑物不能防止建筑物前面的海滩被继续侵蚀，相反，由于建筑前面的波浪常常会形成反射波，这种波一般会加重海岸的侵蚀。为了达到减小反射波对墙面冲刷的目的，可以在直立墙前设置抛石棱体和人工块体，并使这些棱体或块体的顶面与墙顶面基本齐平，这样便可减少越浪量和减弱墙前的冲刷。

8.3.2 护岸与堤防的设计标准

护岸与堤防工程的设计标准要求是可以有效地防御洪水或咸潮的危害。因此需要通过设计高水位（或潮位）指示洪水或咸潮发生时对建筑物构成威胁的最大水位。通常，在河口海岸地区所采用的设计高水位为高潮累积频率达10%的水位（或潮位），或历时累积频率为1%的水位（或潮位）。[170]

按照国家标准，目前实行的《海堤工程设计规范》（GB/T 51015—2014）要求海岸堤防工程的级别应符合表8.1的规定。此外，堤防工程的功能主要是保障其防护对象的防洪安全，对防洪建筑自身的防护要求并没有特殊的规定。基于上述目的并考虑到国家标准，对护岸与堤防所服务的不同类别防护对象，现执行《防洪标准》（GB 50201—2014），如表8.2所示。

表 8.1　堤防工程的防护级别及对应的防洪标准

防洪标准（重现期）/年	$100 \leqslant y$	$50 \leqslant y < 100$	$30 \leqslant y < 50$	$20 \leqslant y < 30$	$10 \leqslant y < 20$
堤防工程的级别	1 级	2 级	3 级	4 级	5 级

表 8.2　防护对象的类别、判定依据及对应的防洪标准

防护对象的类别		判定依据	1 级	2 级	3 级	4 级
城市		重要性	特别重要	重要	比较重要	一般
		常住人口/万人	≥150	50 ～ 150	20 ～ 50	<20
		防洪标准/年	≥200	100 ～ 200	50 ～ 100	20 ～ 50
乡村		人口/万人	≥150	50 ～ 150	20 ～ 50	<20
		防洪标准/年	50 ～ 100	30 ～ 50	20 ～ 30	10 ～ 20
工矿企业		工矿企业规模	特大型	大型	中型	小型
		防洪标准/年	100 ～ 200	50 ～ 100	20 ～ 50	10 ～ 20
交通运输设施	铁路路基	铁路等级	Ⅰ	Ⅱ	Ⅲ	Ⅳ
		防洪标准/年	100	100	50	50
	公路路基	公路等级	高速、一级	二级	三级	四级
		防洪标准/年	100	50	25	—
电力设施	火电场	规划容量/MW	>2400	400 ～ 2400	<400	—
		防洪标准/年	≥100	≥100	≥50	—
	高压输电线路	电压/kV	1000	750	500	220
		防洪标准/年	100	50	30	10 ～ 20

8.3.3　堤顶高程和宽度的设计

海堤堤顶的设计高程，既要考虑突发洪水的最高水位，还要考虑平日的波浪爬高。其中，波浪爬高定义为波浪沿海堤堤坡爬升的垂直高度。按照目前实行的《海堤工程设计规范》（GB/T 51015—2014）中的设计要求，海堤的堤顶高程为最高洪水位（或设计高水位）、波浪爬高及安全加高值三者之和，如式（8 - 1）所示。另外，按照经验设计，海堤的堤顶高程应适当高出最高洪水位（或设计高水位）1.5 ～ 2.0 m。

$$Z_p = h_p + R_F + A。 \tag{8-1}$$

式中：Z_p——海堤的堤顶高程，m；

h_p——设计高水位，m；

R_F——波浪出现的累积频率为 F 的波浪爬高值（按不允许越浪设计时，取 $F=2\%$；按允许部分越浪设计时，取 $F=13\%$）；

A——安全加高值，m（如表 8.3 中为不同级别海堤工程的安全加高值）。

表 8.3　不同级别海堤工程的堤顶安全加高值

海堤工程级别	一	二	三	四	五
不允许越浪时的 A/m	1.0	0.8	0.7	0.6	0.5
允许越浪时的 A/m	0.5	0.4	0.4	0.3	0.3

堤身断面的设计需要综合考虑诸多因素，如地质地貌、工程设计及环境协调性等，包括波浪入射特征、堤基的地质条件、筑堤材料与堤身结构、生态景观等要素项，同时还要经过稳定性计算和对比不同技术、经济的优劣之后才可确定设计方案。通常，不同类型海堤的堤身断面的设计原则如下。

1. 直立式（或陡墙式）海堤的设计原则

直立式海堤在设计断面时，其临海一侧的断面应当采用重力式或箱式挡墙，同时临海侧的底部基础应进一步加固。一般是采用砌筑抛石或者消波块对基础进行加固和防护，最后还要在海堤的背海一侧回填土料。

2. 斜坡式海堤的设计原则

斜坡式海堤一般占地面积较大，当堤身断面的垂直高度大于 6 m 时，其背海一侧的坡面需配套设置宽度超过 1.5 m 的戗台（也称马道）。实际情况中，由于某些堤段的波浪作用较其他堤段强烈，宜采用复合斜坡式断面，并在临海一侧搭建消浪平台。该平台的设计高程需要接近或略低于设计高水位（或潮位），其设计宽度应根据当地的波浪条件来决定，一般采用设计波高的 1 ～ 2 倍且宽度至少为 3 m。

3. 混合式海堤的设计原则

混合式海堤的稳定性也与断面设计的高宽比有关。当堤身高度大于 5 m 时，临海一侧的平台设计宽度可按照斜坡式海堤所规定的消浪平台宽度来确定。

需要注意的是，若堤顶宽度没有将防浪墙考虑在内，那么在确定设计堤顶宽度时，应该综合考虑海堤的级别、堤身整体的稳定性、防汛要求以及施工与管理的需要。如表 8.4 所示为不同级别的海堤需要满足的堤顶宽度。

表 8.4　堤顶宽度

海堤级别	一	二	三～五
堤顶宽度/m	≥5	≥4	≥3

8.4 挡潮闸工程

挡潮闸是主要用于保护滨海地段、河口三角洲及其附近区域等免受风暴潮灾害造成的严重损失而建造的防护建筑，是一种以防台挡潮、泄洪排涝功能为主（如图 8.7 和图 8.8 所示），挡卤蓄淡、引水灌溉功能为辅的重要航道工程（如图 8.7 至图 8.9 所示）。具体防护过程为：在海水或河流涨潮时，挡潮闸的闸门须及时关闭，一方面可避免潮水通过河口发生倒灌，另一方面还可以拦蓄内河的淡水。这样既可满足内地引水需求，还能保障航运正常运行。[171] 在退潮时，通过开启闸门，实现河道的泄洪排涝和淤积物的冲刷。相比于拦河坝和堤防等护岸工程，挡潮闸能更有效地减少自然灾害，如洪水淹没所造成的损失。据统计，挡潮闸在全球沿海发达地区的安全防护中有着广泛应用，如荷兰鹿特丹、英国伦敦、美国休斯敦加尔维斯顿湾和纽约港、中国钱塘江口和珠江口、日本东京湾等均采用挡潮闸来防洪御咸、保证通航。[172] 挡潮闸在具备以上优势的同时，也带来一些负面影响，其中最严重的是闸下泥沙淤积问题。

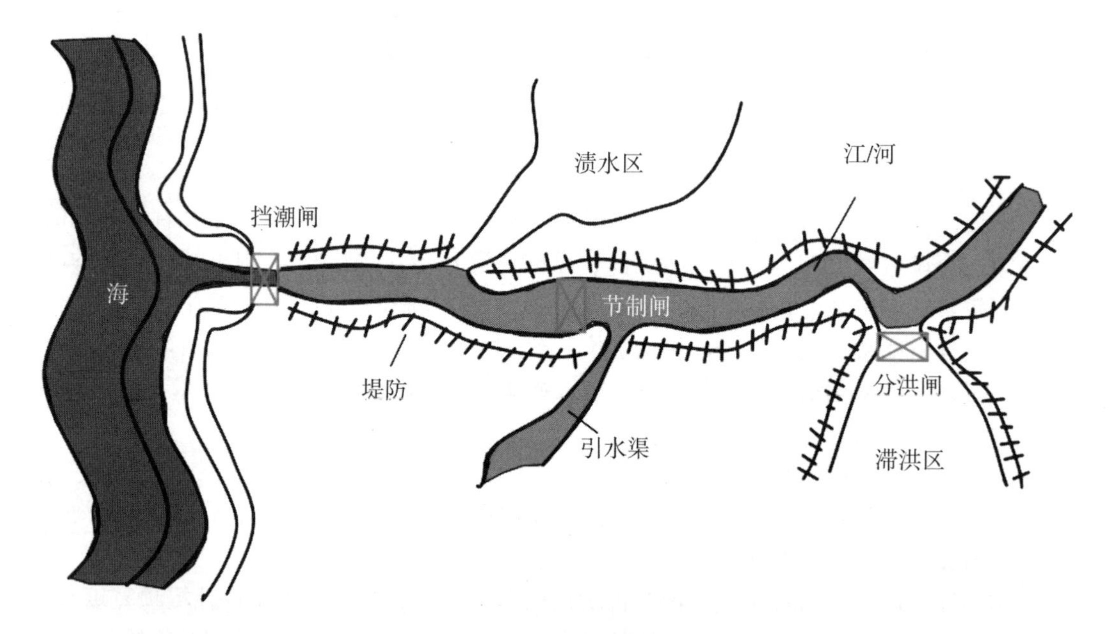

图 8.7 挡潮闸区位

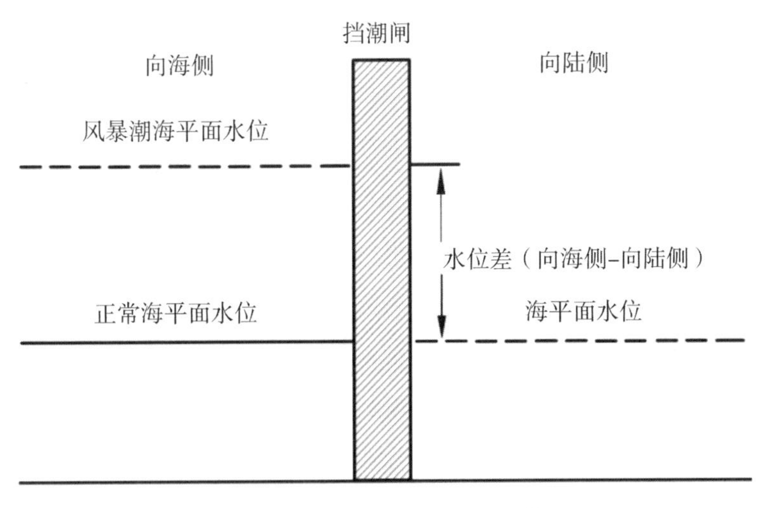

图 8.8　挡潮闸抵御风暴潮示意[173]

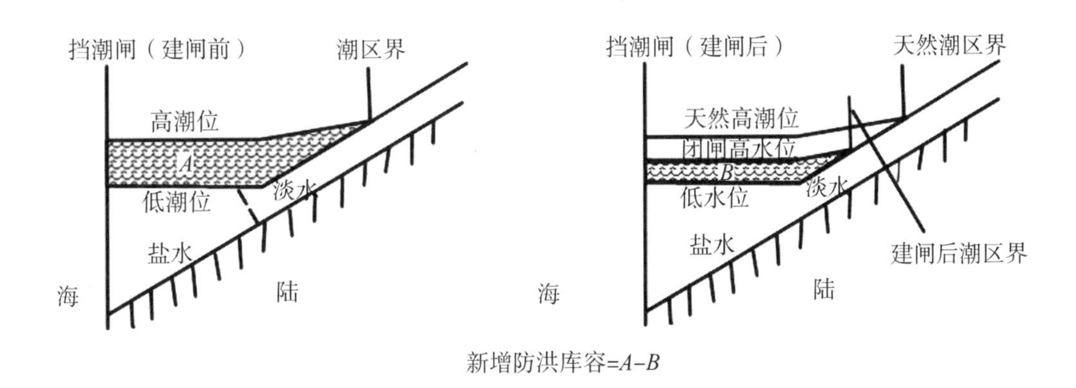

图 8.9　挡潮闸防洪库容示意[174]

8.4.1　挡潮闸类型

挡潮闸的分类标准并不唯一，现介绍如下两种分类标准：一是按闸室结构形式，二是按闸门结构型式。按照闸室结构形式的不同，可将挡潮闸分为胸墙式和开敞式两种类型。绝大多数的挡潮闸会采用胸墙式，这种结构适合闸上的高低水位差（或潮差）较大或是闸孔设计水位低于挡水位的情况；开敞式挡潮闸一般会选择建设在一些兼有泄洪、排泄漂浮物和通航任务的河道。按照闸门结构型式的不同，可将挡潮闸分为平面式双开弧门、竖向直升式闸门、浮体闸门、横拉式平面闸门及翻板闸门等多种形式。其中，前三种闸门一般应用在大跨度的宽浅式水道或河口地区；后两种闸门适用于大跨度的深水航道，且具有一定的防洪作用。[173]

8.4.2 挡潮闸泥沙淤积问题

挡潮闸泥沙淤积造成河道宽深比增大、水库库容减少等问题，不仅会削弱河道的泄洪排涝能力，还会对船舶交通造成严重影响。按照挡潮闸的泥沙淤积位置，可分为闸上游或下游淤积，以及闸口上下游同时淤积。其中，闸上游泥沙产生淤积主要受到河流流域来沙影响，如发生在珠江和韩江的挡潮闸泥沙淤积；而闸下游泥沙产生淤积主要受到海域来沙影响，如发生在射阳河口、新洋港口的挡潮闸泥沙淤积；最后一种情况，即挡潮闸闸口的上、下游同时产生泥沙淤积，这一现象通常出现在海陆双向来沙作用显著的河口地区，如海河口的挡潮闸上、下游，均产生明显的泥沙淤积。

在众多河口中，闸下淤积是清淤过程中最为棘手的难题。[175]已有研究表明，造成闸下游处的河道淤积原因，通常是由于该河道在涨潮时期的涨潮流与落潮时期的落潮流之间的泥沙净输运量为正值，即涨潮流的泥沙输入量超过落潮流的泥沙输出量。其中，径流量减小及潮波变形的综合作用是产生这种淤积现象的根源。在计算闸下游河段泥沙的年淤积量时，由于该河段几乎不受径流影响，因此可采用纳潮回淤理论对其进行估算[176]，具体公式如下：

$$W = \frac{T}{\gamma_B}(QS_{fcp}\varepsilon)。\qquad (8-2)$$

式中：W——河道年淤积量，万 m^3/a；

T——一年中的潮汐数；

γ_B——淤积物的干容重；

Q——口门地区的纳潮量（闸下引河段），m^3；

S_{fcp}——口门地区的涨潮平均含沙量，kg/m^3；

ε——淤积率，定义为：

$$\varepsilon = \frac{\text{进沙量} - \text{出沙量}}{\text{进沙量}} \approx 1 - \frac{1}{\eta}\left[\frac{V_{ecp}}{V_{fcp}}\right]^4。\qquad (8-3)$$

式中：$\eta = \frac{T_f}{T_e}$，T_f 和 T_e——涨、落潮历时；

V_{fcp}和 V_{ecp}——涨、落潮平均流速。

$\eta = \frac{T_f}{T_e}$和$\left[\frac{V_{ecp}}{V_{fcp}}\right]$值可通过潮流河工模型试验或数值模拟计算获得。

对于一个设定河段来说，挡潮闸下游的泥沙淤积量主要取决于河道的含沙量、纳潮量和回淤率，由于潮汐数 T、淤积物干容重 γ_B和口门地区的涨潮平均含沙量 S_{fcp} 基本可视为定值，因此可以将式（8－2），即闸下游的泥沙淤积量的表达式简化为：

$$W = \frac{T}{\gamma_B}(QS_{fcp}\varepsilon) = KQ\varepsilon S_{fcp}。 \quad (8-4)$$

8.4.3　建闸河口防淤减淤措施

针对挡潮闸泥沙淤积问题，国内外沿海地区通常采取防淤、减淤或两者相结合的办法。

1. 防淤

防淤主要有三种办法：一是在河口地区种植固滩植物，如沙质海岸种植互花米草、大米草等，淤泥质海岸种植红树林等，从根源上切断河口因涨潮流挟入的泥沙[177-178]，从而有效阻止海滩不断产沙。二是在河口一侧或两侧修筑导堤，通过采用物理方式强行改变水流动力条件，束水攻沙，屏蔽由风浪掀起的泥沙补给，减少引河泥沙淤积，降低海滩泥沙淤积速率。三是合理布置挡潮闸位置。研究表明，在以潮流为主要动力的区域泥沙淤积较少，而在径流为主要动力的区域泥沙淤积情况较严重。因此，在以径流为主要动力的河口区域，挡潮闸的选址应当控制在距海口 1 ～ 2 km 的合理范围之内，从而有效预防闸下淤积问题。[179]

2. 减淤

以挡潮闸的闸下游淤积问题为例，可以采取三种办法来缓解和控制。其一，在大潮时段上游径流动力较强，可通过放水顶浑，借助河道的自然动力条件冲刷淤积物。在非大潮时段，采用开闸放水冲淤的办法，也可达到相似的效果。其二，利用下游潮流动力冲淤。通过设法延长涨潮潮流的历时，缩短落潮潮流的历时，使河道获得充分的纳潮量，同时设法增强落潮流速。此法可排泄较多的泥沙。其三，通过裁弯取直，提高河道纵比降，从而加快流速。具体措施为：首先分析港口弯道的发展规律，并预测其演变趋势；然后选取弯曲显著的河道，通过裁弯取直来缩短闸下游的河长，充分利用并发挥水流的冲刷力，在提高河流挟沙能力的同时还可改善河道的泄洪功能。[180]

上述三种为主要的减淤办法，在实际过程中，还可通过一些辅助措施来进一步提高闸下游的减淤效果。例如，在闸下游修建一系列的下挑式潜丁坝，这种坝群可在落潮时段提高河流的冲刷能力；也可在开闸泄流的同时，用机动船拖淤减淤；在一些地质条件较好的河段，还可通过差分引爆以掀起底床淤泥，部分掀起的淤泥可被直接抛至边滩，另一部分与水体掺混的淤泥则可利用开闸水流或落潮水流输移至河口外，达到清淤目的。上述减淤的辅助措施适用于大中型河口。在一些小型河口，减淤措施则较为灵活。如在初冬不灌排时可筑临时土坝，抵御口外咸潮，来年需要冲淤时再将土坝扒开。[181,182]

8.5 航道整治工程

8.5.1 航道

航道是指为内陆或沿海的船舶及其他水域交通工具提供通道的河段或海域。不同航道的功能虽然都是提供水域输送，但是航道类型的划分标准并不单一。以成因为划分标准，航道可分为天然航道与人工航道；以使用性质为划分标准，航道可分为专用航道与公用航道；以对应的行政管理等级为划分标准，航道可分为国家航道与地方航道。上述不同航道类型一般配有相应的航行标志，航行标志则规定船舶是否有权利进出港口。因此，航道类型的规划建设常常是港口设计和航道整治的焦点问题。[183]

8.5.2 航道整治工程

航道整治工程是指通过采取专门的手段，维持稳定的航道深度和宽度，保障航道通行安全，即使在枯水期也可正常通航的一些航道治理措施。具体包括：在河床中建造专项整治建筑物或利用航道采砂等其他工程，通过这些措施可改变航道的底床形态或是调控水沙的流动路线，以形成有利于水流动力增强的河势，当水流动力积累到一定程度后可获得良好的冲刷航道效果。综上可得，航道整治工程的任务就是通过修建建筑物，调整航道底床的地貌以及河流（海流）的流速流向等，以期改变局部河床的冲淤演变过程，实现有目的的水流冲刷与泥沙淤积，从而保持航道底床的相对稳定。[184,185]此外，广义的航道整治还包括炸礁和裁弯取直等工程措施。

1. 航道整治的基本思路

航道整治的目的是满足防洪、船舶通行、水能利用、农业灌溉、渔业、工农业用水、水环境治理等各方面要求。具体采取的工程措施主要有以下方面：[186]

（1）稳定河势。

采取裁弯堵汊、拓宽河道缩窄处等工程措施，促使航道即使在不同级别的水位条件下，水流动力轴线也能趋于一致。

（2）分河段治理。

上游采用渠道化的治理措施，下游采用河口修建导堤和航道疏浚等措施。

（3）固定岸线。

在工程险段处、河湾内凹的顶处采用护岸建筑。

（4）束水工程。

束水工程主要针对河道型的航道，即在河道的较宽处或过渡段，通过缩窄河宽来固定航槽和拓展水深。

2. 常用的航道整治建筑物

（1）丁坝。

丁坝是一种由河岸伸入河道中的条块状整治建筑物。由于其与河岸正交或斜交，坝身与堤岸构成“T”字形，因此称作丁坝。丁坝通常由三部分组成，由外到内依次是坝根、坝身和坝头。其外形特点是：坝根和坝身与河岸连接，坝头伸向河心。通常，设计坝身（坝轴线）与水流流向的交角较大，其主要目的是通过固定边滩和束窄河床，加大水流流速，提高冲刷底床的动力，从而保持航道水深的稳定性。在航道的实际整治过程中，丁坝是系列整治建筑物中常见的工程设施之一。

（2）顺坝。

顺坝是一种坝身大致与岸线或主流线平行的堤坝，主要修建于航道凹岸或主导河岸一侧，其主要功能是调整岸线或导引水流，因此顺坝也称为导流坝。由于顺坝在施工后较难更改，因此应慎重选址。

（3）护岸。

护岸是在原有岸坡基础上采取砌筑加固的防护设施，主要用于防止波浪冲击、河流掏刷或地下水的下渗压力，以免发生岸坡崩塌。

（4）锁坝。

锁坝（也称堵坝）是一种用来调整河汊分流比或者封堵沟渠而修建的堤坝。受锁坝功能的约束，在确定坝顶高程时，应当根据汊道分流的需要来设计。还有一种特殊的锁坝称为潜锁，这种坝常常被淹没在水下，用来调控河流的比降以及增加底床的糙率。

考虑到各个航道的用途及其整治方案存在差异，需要结合实际，选用重力式结构或透水式结构的航道整治建筑物。前者多为土、石等材料抛砌而成的实体，保存时间较久，因此重力式结构建筑物又称为永久性建筑物；后者多由桩木、编篱或网等构成，易于拆卸和改造，因此透水式建筑物又称为临时性建筑物。目前，我国航道整治建筑物的材料仍以传统的土石料居多，土工织物也日益得到广泛应用。由于我国航道多采用中低水整治，因此整治建筑物在洪水期基本为淹没状态。

综合上述内容可知，航道整治的任务是改善或维持通航条件，其整治内容主要包括以下几个方面：稳定航槽；刷深浅滩，拓宽航道宽度；增大凹形河道的弯曲半径；降低急流滩的流速，改善险滩流态。

3. 航道水深

航道整治的首要任务就是保证航道水深维持在设计值，主要原因在于淤积导致航道的水深变浅。要确定航道水深，首先要确定富余水深，即船舶航行或停泊不致触底所需要的水深。航道水深的定义为：

$$D = E + Z_0 + Z_1 + Z_2 + Z_3 + Z_4 \text{。} \tag{8-5}$$

式中：D——航道设计水深，m；

E——设计船型满载吃水，m；

Z_0——航行时船体下沉增加的富余水深，m；

Z_1——龙骨下最小富余深度，m；

Z_2——波浪富余深度，m；

Z_3——船舶因配载不均匀而增加的尾吃水，m；

Z_4——备淤深度，m。

确定航道水深时，既要保证船舶具有一定的操作性能，又能发挥航道潜力。因此，航道整治工程的重要任务是维持和适当加深航道水深，以保证航道的正常运作。

4. 航道有效宽度

航道有效宽度是指航槽断面上可通航的最大水深处两端边界线之间的宽度，是航道实际维护的最小宽度。航道的有效宽度决定实际可通航的船舶等级，因此航道整治工程的另一重要任务便是合理设计并适当拓宽航道的有效宽度。与公路分为单行线和双行线一样，航道也可分为单向航道和双向航道。若是单向航道，其有效宽度可表示为单个航迹带宽度和双倍船舶与侧壁之间的间距之和：

$$W = A + 2C。 \tag{8-6}$$

式中：W——航道有效宽度，m；

A——单个航迹带宽度，m；

C——船舶与侧壁之间的富余间距，m。

若是双向航道，其有效宽度为双倍的航迹带宽度、航行方向相反的船舶之间所需的间距、双倍船舶与侧壁之间的间距之和：

$$W = 2A + b + 2C。 \tag{8-7}$$

式中：b——船舶错船富余间距，即航行方向相反的船舶之间错船航行所需的间距，m。

式（8-6）、式（8-7）中，A 所代表的航迹带宽度是指船舶以风流压偏角在导航中线左右摆动前进时所占的水域宽度，表达式如下：

$$A = n(L\sin\gamma + B)。 \tag{8-8}$$

式中：n——船舶漂移倍数；

γ——风流压偏角，度（°）；

L、B——分别为设计船长和设计船宽，m。

一般情况下，航迹带宽度介于 2 ～ 4.5 倍设计船宽的范围内。在双向航道，常遇到船舶相遇，需错船航行的情况。为保证航行安全，避免发生船吸现象，需在双向航道的两航迹带之间设计一个安全距离。安全距离的设计需要考虑不同级别的船舶航速、船舶之间的交会密度及内、外航道等因素的综合影响。具体要求为：船舶错船富余间距（b）的取值应大于或等于设计船宽（B）。由于内航道交会密度小、船速较慢，因此船舶错船富余间距可取为设计船宽；与内航道不同，外航道的船舶交会密度大且船舶航行速度较快。当船速为 8 ～ 12 km时，外航道的船舶错船富余间距采用 2. 1 倍设计船宽；当船速大于 12 km，外航道的船舶错船富余间距采用 2. 5 倍设计船宽。

此外，人工开挖航道的航槽内、外水深差会形成航槽壁，从而造成航道狭窄化。此时，极易造成船舶擦壁或船舷搁浅。为避免这两种现象的发生，必须保证船舶与槽壁之间保持一定距离。因此，在船舶与航道侧壁间设计富余间距十分必要，具体取值标准可参考表 8. 5[183]。

表 8. 5　船舶与侧壁间富余间距（C）

船种类	船速/（$km \cdot h^{-1}$）	C/m
杂货船、集装箱船	≤6	0. 5B
	>6	0. 75B
散货船	≤6	0. 75B
	>6	B
油船或其他危险品船	≤6	B
	>6	1. 5B

8. 5. 3　长江口深水航道整治案例

长江口通常指安徽大通以下河段至入海口的口外水下三角洲前缘，涉及河道长度约 700 km。该区域内的河段为典型的感潮河段，具体表现为径、潮相互作用显著。河口区平面形态呈喇叭形，不同河段的河宽差异较大，在徐六泾河道横截断面宽约 5 km，往下游从启东嘴到南汇嘴的河道横截断面宽度则拓宽到 90 km。在长江口的河道演变过程中，以徐六泾为顶点，其下游河道的河槽发生分汊，并呈现出一定规律。先是以崇明岛为节点形成南支、北支水道；继而南支水道被长兴岛和横沙岛分割为南港、北港水道；此后南港水道又以九段沙为界，分别形成南槽、北槽水道。至此长江口形成“三级分汊、四口入海”的独特河口地貌格局。这种地貌为长江口形成中等强度的潮汐创造了地形条件。一般情况下，口外为正规半日潮，而口内为不正规半日潮。

长江口航道是中国重要的交通航道，有效结合上述地貌演变规律并科学开展航道整治工程，不仅关系到航道的使用寿命，还对长江三角洲地区经济和社会发展及文化交流具有重要作用。研究表明，长江口航道治理工程先后经历三大主要阶段，分别是 1958—1973 年维持自然水深阶段、1973—1990 年航道疏浚维护阶段和 1998 年至今的深水航道建设阶段。其中，于 1998 年开始执行的深水航道治理工程，标志着长江口规模化综合治理工作的正式启动。[187]

（1）维持自然水深阶段（1958—1973 年）。

这一阶段主要开展的是探索性质的工作，为后续两个阶段航道治理工作的开展奠定资料与理论基础。1958—1960 年，当时的上海河道局花费近 3 年时间，以长江口为核心研究区域，先后开展多次水文测验与航道地形勘测工作。1963 年，长江口研究委员会成立，着重开展长江口水文、地形等资料的整理分析和现场勘察工作。由于这一阶段尚未开展实质性的工程建造，因此长江口航道维持自然水深状态。

（2）航道疏浚维护阶段（1973—1990 年）。

这一阶段开展两大主要整治工作。1973 年，周恩来总理提出“三年改变港口面貌”的任务。结合当时上海港的实际情况，交通部拟选取长江口的拦门沙河段为试验区域，开通 7 m 水深航道。后经多个单位的研讨与论证，最终决定采用疏浚方法，在南槽水道开挖和维护 7 m 水深的通海航道，1974 年底实现了这一目标。到 1984 年，通过开展长江口水文、地貌历史演变的系统性研究工作，初步掌握长江口，尤其是拦门沙河段的水流、泥沙运动特征及河床演变规律，为后续长江口深水航道的治理提供技术支撑。该阶段长江口的航道整治工作主要是底床疏浚，保证通航水深维持在 7 ～ 7.5 m。

（3）深水航道建设阶段（1998 年至今）。

1998 年，长江口深水航道建设工作正式开展。该工程以维持南港—北槽水道 12.5 m 水深作为治理目标，采用航道整治与底床疏浚相结合的方式，最终分三期完成治理任务。1998—2004 年，长江口完成前两期航道整治工程，并取得两大主要成就：一是建造南、北两条长约 50 km 的导堤，二是筑成总里程约 30 km 的 19 座丁坝。第三期工程在 2006 年开展并在 2010 年竣工，其间以航道疏浚为主要治理措施，并辅以丁坝和导堤进行减淤。约在 2009 年，长江口进入大规模综合整治阶段。此后，2011 年—2018 年 5 月，针对长江口自南京向下游延伸的 283 km 河段，实施了分三期的 12.5 m 深水航道整治工程。此阶段秉持“固滩稳槽、导流增深、整治与疏浚相结合”的整治原则。最终目标是保证长江口实现南京以下深水航道全线贯通，有效推动长江三角洲区域一体化的发展。

8.6 航道疏浚工程

8.6.1 航道疏浚概况

航道疏浚是以开发航道、维持或增加航道尺度为主要目的，采用挖泥船或疏浚机等施工工具，在航道中通过挖泥、抛泥的方式，清除水下泥沙、岩土等物质的作业。[188] 航道疏浚工程一方面有助于延长航道使用周期；另一方面，如果施工不当，对于航道环境也会造成一定损害。[189] 因此，需要考虑不同航道的地质、地貌及动力特征，采取因地制宜的疏浚方式。常见的疏浚方式主要包括水力式和机械式两大类。除了考虑疏浚方式是否合适之外，还应当根据疏浚地区的土质和当地的施工条件选择最恰当的挖泥船型，既保证疏浚工程的质量，还可节省人力物力，提高疏浚效率。[190]

航道疏浚工程的主要任务包括以下几个方面[191]：①对港口与运输航道进行基建，增加港口数量；②通过疏浚提高航道水深较浅区段的整体通航能力及泄洪通量；③清除航道底部较为松软的土质，并铺设岩石，为日后的疏浚施工做好铺垫；④将处理过的淤泥填埋夯实至港口后方地势低洼的区域，最大程度上恢复港口原貌；⑤在航道中开挖沟槽，为铺设跨越水体的电缆创造条件；⑥清理港口下部杂物，提升航道水环境质量。

航道疏浚工程的工程量大，施工周期长，程序复杂且工程管理监理难度大。同时，航道疏浚工程易受到水域水位、暴雨的影响，特别是河口地区，还会受到突发台风和风暴潮等海洋气象灾害的影响。因此，为了尽可能控制航道疏浚的施工进度，最好选择在枯水和洪水期完成主体工程。

8.6.2 航道疏浚环境影响评价

1. 通航及船舶安全

在疏浚工程实施过程中，为了确保施工水域的船舶能正常、安全通航，需要预先评估施工可能存在的安全风险，并采取相应的防范措施。对于负责疏浚施工一方，需要与相关河道、海事主管部门保持密切联系，及时汇报船舶通航状况，尤其需要关注疏浚区和抛泥区等高危区域之间的船舶往返航线的通航安全，这两个区域需要经过相关部门审核并认真落实安全管理规范。对于通航船舶而言，应当提前查询航道信息，及时与施工团队进行沟通，保证船舶、施工设备等能够安全避让。此外，除了考虑人为可控的安全措施，还应当对水深、风速、水流流速等进行及时监测，根据天气、周边环境等因素选取船舶，制定有效的船舶航行计划和实施方案；提前明确出行路线、出行时间并认真监测船舶等设备运行状况；对船舶进行定期维护，确保施工船舶能够安全运行。[192]

2. 对水体环境的影响

（1）对河道地形的影响。

航道疏浚涉及沉排、抛石和抛投透水框架等作业内容，导致施工区域水下地形发生局部改变并构成水下障碍体，从而增加河床粗糙度，长此以往还可能形成人工鱼礁。[193]

（2）对河道生物的影响。

航道疏浚作业有可能打破局部水域原有的生态平衡。由于施工使河道中水体悬浮物质增多，浮游生物误食悬浮的黏性淤泥物质致死，生物数量减少；同时，水域悬浮物含量增加会使水体的透光率大大降低，使浮游植物的光合作用受到限制，从而降低浮游植物及以其为食物的鱼类等生物量；除了扬起悬浮物质之外，施工掩埋底栖生物也会导致其数量及种群减少。上述对水中生物的影响将导致某一生物链受到破坏，从而破坏水生生态系统的平衡。[193]

（3）对河道水质的影响。

航道疏浚过程中，如果作业扰动河床泥土表面的污染物及重金属等有害物质，随后扩散，会导致水质及周围环境受到污染。[191]当污染物过多，水体无法自我净化时，将出现富营养化现象，从而导致生物死亡，水质发生恶化。此外，在疏浚作业时，水中悬浮物含量与挖泥船的位置有密切关系，通常越靠近挖泥船的水域透光率越低，也更容易对附近水生生态系统造成不良影响。此外，河岸衬砌硬化使水体和土体产生隔离，将隔断水域与陆域生物的直接接触，降低河道自净能力等。

（4）噪声污染和船舶污染。

航道疏浚过程中，施工设备发出的巨大噪声将影响周围生态环境和陆域环境。此外，若施工船舶的船舱底部出现污水或机油泄漏情况，必然会造成周边水质的污染，甚至恶化水生生态环境。[194]

8.6.3　以广州港出海航道为例分析疏浚工程对河道的影响

以广州港出海深水航道（黄埔至桂山岛、榕树头锚地）疏浚工程的实施方案为例，探究航道疏浚工程可能对河道动力与水位等造成的影响。该方案采用大范围数值模型模拟工程前后的水位变化情况，经过分析得出，广州港出海深水航道的疏浚作业会导致伶仃洋上游（如虎门等）的高高潮位轻微抬高 0.01 m 以内，低低潮位下降 0.01 ～ 0.04 m。随着深水航道开挖量的增大，疏浚工程对高高潮位及低低潮位的影响值还会增大。这种高、低潮位的变化将导致上游潮差增大，潮汐动力增强。此外，伶仃洋涨、落潮量的增值也会随深水航道开挖量的增大而增大，这是因为开挖会导致航道过水面积增大，从而使纳潮量增加。不仅如此，伶仃洋深水航道工程的拓宽疏浚还会改变工程附近局部的水下地形及水域局部流场，引起潮流上溯动力加强。研究表明，目前疏浚工程对伶仃洋的整体流场不会产生大的影响，但对南沙一期港池出港航道的影响大于其他航道，存在盐水入侵及航道泥沙回淤等问题。[195]

8.7　海涂围垦工程

8.7.1　海涂围垦概况

沿海滩涂作为一种重要的海岸带综合型资源，存在巨大的经济效益，并具有维持生态稳定、保护环境、保障沿海地区的水文与地质安全等潜在价值。[196,197] 其中，滩涂围海造地就是一种非常重要的，用于缓解人地矛盾的开发方式之一。[198] 河流入海带来的泥沙在沿海地区沉积，形成的广阔海涂区域将是未来进行海洋开发和港口建设的重要基地。[199]

围海造地也称围涂，是指在海滩或浅海海域建造围堤，阻隔海水进入并排干围区内积水，将围区改造为陆地的海岸带开发项目。这项工程多出现在人地资源紧张的国家和地区。在西欧，英国、德国与荷兰等国的潮滩围垦已有几百至近千年的历史。[200] 如荷兰的围海造地已有近 800 年的历史，累计围海造地面积约为 9000 km^2，约占该国国土总面积的 1/4。[201,202] 此外，在东亚的一些国家和地区，如韩国、日本、新加坡、阿联酋等也进行了大量的海洋围垦。[203-205] 我国沿海围垦工程历史悠久，据史料分析，中国潮滩圈围及开发利用已有上千年的发展历史，其中最具代表性的成果是浙东大沽塘和苏北范公堤工程。[206] 近代以来，特别是改革开放以后，海涂围垦工作越来越受到地方政府和相关行业的重视，包括长江三角洲的浙江省杭州湾[207]、上海市崇明岛和临港新城[208-209]，环渤海地区的天津市曹妃甸[210-211]，珠江三角洲的珠海[212]和深圳[213]等地，都进行了大量的围垦。沿海围垦可为各项事业的发展提供宝贵的土地资源。

8.7.2　海涂围垦工程施工流程

通常，海涂围垦工程的规模巨大，可从原大堤往外围滩涂延展圈围，一次性圈围的面积可达几百万甚至几千万 m^2。由于滩涂围垦所覆盖海域面积广、涉及领域多，为了保证围垦土地的稳固、降低对周围环境的破坏，需要采用合适的施工工艺。

滩涂围垦工程一般包含促淤、围垦两个施工任务，且二者具有明确的先后顺序。首先是促淤工程，之后才是围垦工程。具体过程为：在确定待围垦区域后，需要等待滩涂在涨退潮过程中逐渐淤积或人为促进滩涂淤积速率，当滩涂达到一定淤积规模之后再进行围垦。这一淤积过程通常需要经历2～5年。在滩涂圈围的过程中，通常采取建造围堤（简称筑堤）的办法来隔离海域与围垦区域。各地区筑堤的施工材料和施工工艺各不相同，其中最主要的两种筑堤方法是炸山石料筑堤和充泥管袋筑堤。前者主要出现在我国东南部沿海地区，如闽、粤和琼等地；后者主要出现在中国东北部和东部沿海地区，如辽、津及苏、沪等地。由于炸山获取石料的施工方式较为粗暴，不仅对周边生物及生态环境状况构成威胁，还具有造价高和安全系数低的劣势，因此，在实施过程中，这种方式很大程度上会受到政策限制而难以按照计划开展。与炸山相比，充泥管袋的施工方式不仅温和，还具有材料丰富且获取便捷、堤身形成较快、淤积成陆所用的时间少和节约成本等优势，在近年来得到政策的有效支持和大规模的推广应用。海涂围垦施工通常都具有如下流程。

1. 施工放样

施工放样阶段的关键步骤是确定施工中线、边线并控制围填高程。在放样时，设立样桩之间一般采用20 m的间隔。

2. 填筑工程

填筑工程阶段可采取两种办法：一种是充填管袋筑坝，另一种是抛填吹砂。采用充填管袋筑坝时，首先要对水下两侧的土工管袋进行充填并逐渐形成两侧的围堰，待围堰高程达到施工水位（潮位）之上，便可在两侧围堰中间吹填砂质土，最终形成挡水的堤坝。这种方法施工工艺简单，流程简便且速度较快，对软基有较好的适应能力，且施工基本不受潮位高低和天气的影响。采用抛填吹砂（也称吹砂填海）时，顾名思义，需要在填海点的周围用吹砂的方式实现堆沙造地的目标。其具体过程为：先使用挖砂船的泵将圈外海底的海水和泥砂强行吹入目标圈内；再用打桩船打桩，达到固边效果；最后使用强夯机来压实松土，进一步加固土地。土方开挖时，开挖的基坑面积需要大于建筑实际的占地面积，此时分为室内回填和室外回填两种表现形式。

3. 堤坝合龙

堤坝合龙也称为龙口合龙，是促淤围垦工程中的关键步骤，关系到围堤施工的成败。在河口地区修筑堤坝或围堰时，工程区内的水道会受到潮汐等驱动，导致水位产生涨落变化。为了保证工程建筑免受强烈的径－潮动力冲击和施工工作的顺利进行，通常需要在围堤上预留缺口，使河流、潮流能够通过缺口进出，分担堤坝受到的水压力，这种缺口被称为龙口。在围堤施工的最后阶段，需要对堤坝封口截流，这便是龙口合龙。

不同区域的围堤在设计龙口时需要考虑各自所保护的底高程因素，据此，一般把龙口分为三种类型，分别是高滩龙口、中滩龙口和低滩（含天然深槽部位）龙口。国内对高、中、低滩划分有多种理解，一般采用的解释为：在高潮位时淹没，低潮位时露出的滩涂为高滩，一直淹没在水下的为中低滩。在长江口地区是以高程为标准划分高、中、低滩的。高程在 0 m 以上为高滩，0 m 以下至 －5 m 为中滩，－5 m 以下为低滩。

抛石坝也称抛石棱体，是一种外观近似 U 形，填筑于龙口或冲槽外海一侧，并与堤坝连接的斜坡防护堤。这相当于给围堤建立起一个人工保护屏障，一方面可以消浪隔水，保障充泥管袋的安全；另一方面还可提高围堤的封堵速度和成功率。当遇到流经龙口的水流最大流速超过 5 m/s，几乎无法对龙口进行直接封堵时，可在龙口两侧修筑抛石坝用于限制径流、潮流和波浪流速，直至流速小于 3.5 m/s，从而保障龙口合龙或冲槽封堵工作的顺利进行。

4. 河堤边坡修整

河堤合龙后，需要对河堤的边坡进行修整。首先采用挖掘机修整边坡，并留有 20 ～30 cm 余量，之后再人工或使用挖掘机做进一步修整。

8.7.3 海涂围垦工程的影响

海涂围垦工程是为了缓解人地资源紧张，促进沿海地区经济社会发展的一项十分重要的工程措施。然而，海涂围垦在解决上述人地矛盾和推动经济发展的同时，也给周边环境造成不同程度的消极影响。

1. 对水沙变化的影响

滩涂围垦工程中的围堤可以改造局部海岸的地形地貌形态，从而改变附近海域的波浪、潮汐和海流的流速流向、辐聚或辐散程度等，继而改变泥沙输移过程与输运方向，最终使垦区及其附近海域形成新的冲淤变化趋势。上述海岸地形地貌和水动力等条件的变化，一方面会改变垦区附近的港口航道泥沙淤积与冲刷强度，以及河口海岸的侵蚀与淤积的发展趋势；另一方面还会影响垦区附近海湾的纳潮量、台风与风暴潮增水等的变化。

2. 对海岸带物质循环的影响

海涂围垦工程对垦区周围的河口与海岸带物质循环的影响，不仅集中在堤外滩地的潮滩底质，就连近海水域的生态环境及水质也会受到严重影响。对潮滩底质的影响体现在，海涂围垦后，垦区的土壤成土过程及肥力特征发生演替，逐渐由水陆混合生态系统演化为陆生生态系统。在新生成的陆生生态系统的基础上，采用不当的土地利用方式则会造成土壤污染。[214]尤其是以建设城镇和港口、发展能源与化工工业等为主要开发目标的区域所排放的工业废水等污染源，其中含有大量的重金属。这些重金属通过吸附在悬浮颗粒物中造成水体污染，或借助水体发生絮凝、沉降等，进而形成含有重金属的水下沉积物或渗入湿地土壤，之后再通过生物循环作用间接被植物根系吸收或转移到植物地上部分。对于近海水域的生态环境与水质的影响主要体现在，围垦之后，入海排放通量和排放物质经过长期累积效应，改变近海水域浮游生物的栖息环境，如重金属污染、水体富营养化等，从而导致水生生物数量的减少和水质的恶化。

3. 对河口地区盐水入侵的影响

海涂围垦一定程度上可缓解盐水入侵对淡水资源的影响。通过筑堤，可以阻隔咸潮进入并促进沿海区域的灌排水网建设，间接地降低地下水的矿化度，这在一定程度上减轻盐水入侵，使垦区水体有明显的淡化趋势。[215]然而，垦区仍然存在一些水资源与环境方面的突出问题，如淡水资源缺乏、地表与地下水体污染和水质恶化等。[216,217]由于新围垦区农业土壤脱盐与农田灌溉、工业和居民生活用水等，都需大量引用淡水资源。垦区的淡水常常因供不应求，而采取过量抽取地下水的办法，尽管暂时缓解了淡水供应紧张的问题，但长此以往，会造成地下水位下降与地面沉降，加剧盐水入侵及土壤盐渍化等问题，从而进一步加剧淡水资源的紧张。[218]

上述研究表明，海岸带围堤建设对潮滩的隔断作用及垦区土地利用方式是海涂围垦工程影响海岸带水沙变化、物质循环过程和盐水入侵的直接驱动力。但是，现有研究就围堤工程对上述三个方面的影响过程和机制分析还不够深入，而不同土地利用方式对垦区物质循环的影响评价体系也不够成熟。因此，如何在围垦滩涂之后，还能形成合理的土地利用方式，尽可能减少围垦工程对海岸带水域、陆域生态环境的负面影响，是河口海岸工程领域亟待解决的重要问题。

第9章　数字化与智能化应用

9.1　计算机辅助设计

计算机辅助设计（computer aided design，CAD）与计算机辅助制造（computer aided manufacturing，CAM）、计算机辅助教学（computer aided instruction，CAI）和计算机辅助测试（computer aided testing，CAT）、计算机辅助分析（computer aided engineering，CAE）等技术是计算机辅助技术的重要内容。随着计算机技术的飞速发展，计算机辅助设计在各个行业的生产过程中占据了不可或缺的地位。计算机辅助设计是指在不同领域利用计算机或图形设备帮助设计人员进行设计工作的技术，其中心内涵是采用计算机技术解决设计中可能存在的各种问题，已广泛地应用于机械、电子、建筑及轻工业领域。

根据设计任务的不同阶段，计算机辅助设计包含很多内容，狭义的定义如几何造型、方案优化和工程绘图等，广义的计算机辅助设计还包含计算分析、数值仿真、优化设计等（图9.1）。

图9.1　计算机辅助设计内容

计算机辅助设计（CAD）的发展与计算机图形学的发展密切相关，并伴随着计算机及其外围设备的发展而发展。计算机图形学中有关图形处理的理论和方法构成了计算机辅助设计技术的重要基础。计算机辅助设计技术主要经历了以下发展阶段（图9.2）。

（1）20世纪50年代，计算机主要用于科学计算，图形设备仅具有输出功能。1952年美国麻省理工学院（MIT）成功试制出了首台数控机床，通过改变数控程序对不同零件进行加工制造。随后MIT研制开发了自动编程语言（APT），通过描述走刀轨迹的方法来实现计算机辅助编程，标志着CAM技术的开端。

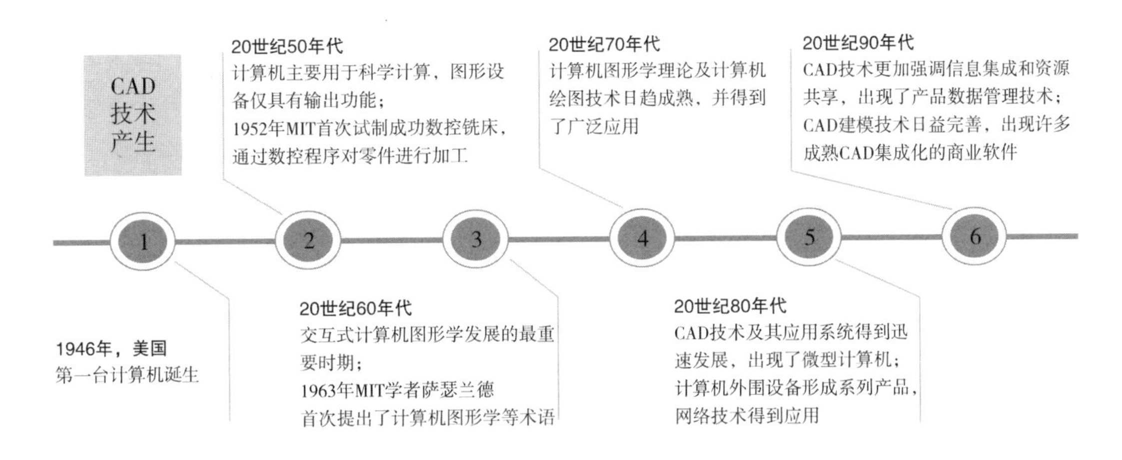

图 9.2　计算机辅助设计发展历程

（2）20 世纪 60 年代是交互式计算机图形学发展的最重要时期。1963 年 MIT 学者萨瑟兰德（I. E. Sutherland）在其博士学位论文中首次提出了计算机图形学等术语。由他研制成功的二维 Sketchpad 系统，允许设计者操作光笔和键盘，在图形显示器上进行图形的选择、定位等人机交互作业，这项研究为交互式计算机图形学及 CAD 技术奠定了基础，也标志着 CAD 技术的诞生。此后，出现了交互式图形显示器、鼠标器和磁盘等硬件设备及文件系统和高级语言等软件，并陆续出现了许多商品化的 CAD 系统和设备。

（3）20 世纪 70 年代，CAD/CAM 技术日趋成熟，并在各个制造领域得到了广泛应用。在此期间，计算机硬件的性能价格比不断提高，以小型、超小型计算机为主机的 CAD/CAM 系统进入市场并形成主流。同时，在计算机辅助设计领域内，三维几何建模软件也相继发展起来，出现了一些面向中小企业的 CAD/CAM 商品化系统，法国达索公司率先研发推出三维曲面建模系统软件 CATIA。在这一时期，虽然多种计算机辅助设计的功能模块已基本形成，但各模块之间数据格式不一致，集成性差，应用主要集中在二维绘图、三维线框建模及有限元分析等方面。

（4）20 世纪 80 年代，CAD/CAM 技术在各领域内的应用得到迅速发展。微型计算机和 32 位字长工作站出现，与此同时，计算机硬件成本大幅下降，彩色高分辨率图形显示器、自动绘图机、大型数字化仪等计算机外围设备逐渐形成系列产品，网络技术也得到应用。另外，为满足数据交换要求，相继推出了有关标准。

（5）20 世纪 90 年代以来，CAD/CAM/CAE 技术更加强调信息集成和资源共享，出现了产品数据管理技术，CAD 建模技术日益完善，出现了许多成熟的 CAD/CAM/CAE 集成化的商业软件。随着世界市场竞争的日益激烈，网络技术的迅速发展，各种先进设计理论和先进制造模式的迅速发展，高档微机、操作系统和编程软件的加速研发，CAD/CAM/CAE 技术正在经历着前所未有的发展机遇与挑战，正在向集成化、网络化、智能化和标准化方向发展。

在建筑领域的计算机辅助设计中，设计人员借助计算机对不同建筑设计方案进行计算、分析和比较，决定最优设计方案。常见的计算机辅助设计软件包括：

· AutoCAD，由 Autodesk 公司于 1982 年开发，是国际上著名的二维和三维 CAD 设计软件，目前在建筑设计领域主要用于二维绘图、平面设计和基本三维设计等，是建筑行业主流的设计绘图工具。

· CATIA，是法国达索公司的旗舰产品。CATIA 模块化的设计提供产品的风格和外观设计、机械设计、设备与系统工程、管理数字样机、机械加工、分析和模拟等。CATIA 的大部分客户集中在汽车、航空航天、船舶制造、厂房设计、电力与电子等领域。

· SolidWorks，同样属于法国达索公司，是世界上第一款基于 Windows 系统开发的三维 CAD 软件。

· UG（Unigraphics NX），西门子 PLM Software 公司出品。

除以上应用软件外，在工程设计的不同阶段，3D 设计方面常用的软件还包括 Cinema 4D、Houdini、Zbrush、Blender、Maya、Rhino 等。

9.2 建筑信息模型

建筑信息模型（building information modeling，BIM）是在项目生命周期内生产和管理建筑数据的过程，是建筑物的多维数据库。建筑信息模型的概念由 Autodesk 公司于 2002 年率先提出，已经在业内得到广泛认可。它可以帮助实现建筑信息的集成，从建筑设计、施工、运行直至建筑全寿命周期的终结，各种信息始终整合于一个三维信息模型数据库中，各个团队间都可以基于 BIM 进行协同工作，以提高效率、节省资源、降低成本，实现可持续发展。

美国国家 BIM 标准（NBIMS）将 BIM 描述为一个建设项目物理和功能特性的数字表达。BIM 是一个共享的知识资源，分享有关信息，在全生命周期中提供可靠依据的过程；在项目的不同阶段，不同利益相关方通过在 BIM 中插入、提取、更新和修改信息，以支持和反映其各自职责的协同作业（图 9.3）。

9.2.1 BIM 技术的兴起与发展

建筑业从手工时代，经历了电子时代，而今迈向了信息时代。CAD 技术的应用在建筑领域实现了第一次技术革命，结束了手工绘图时代，设计师开始甩掉图板，通过计算机绘图软件完成设计任务；第二次技术革命则是以信息化技术为特征。伴随着 BIM 技术的出现，建筑领域的第二次技术革命拉开了序幕，以更先进的理念和模式，推动建筑领域由二维图纸表达时代进入了三维信息化模型时代，建筑业生产效率大幅提升（图 9.4）。BIM 技术强调可视化、三维动态、整体性、协同性，是 CAD 发展到一定阶段后的必然趋势。

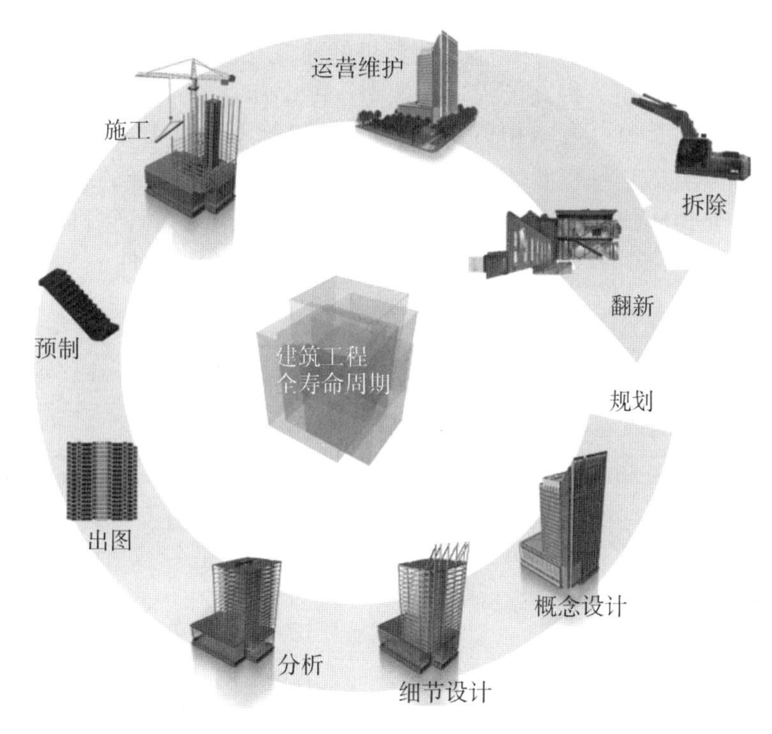

图 9.3　BIM 全寿命周期协同作业

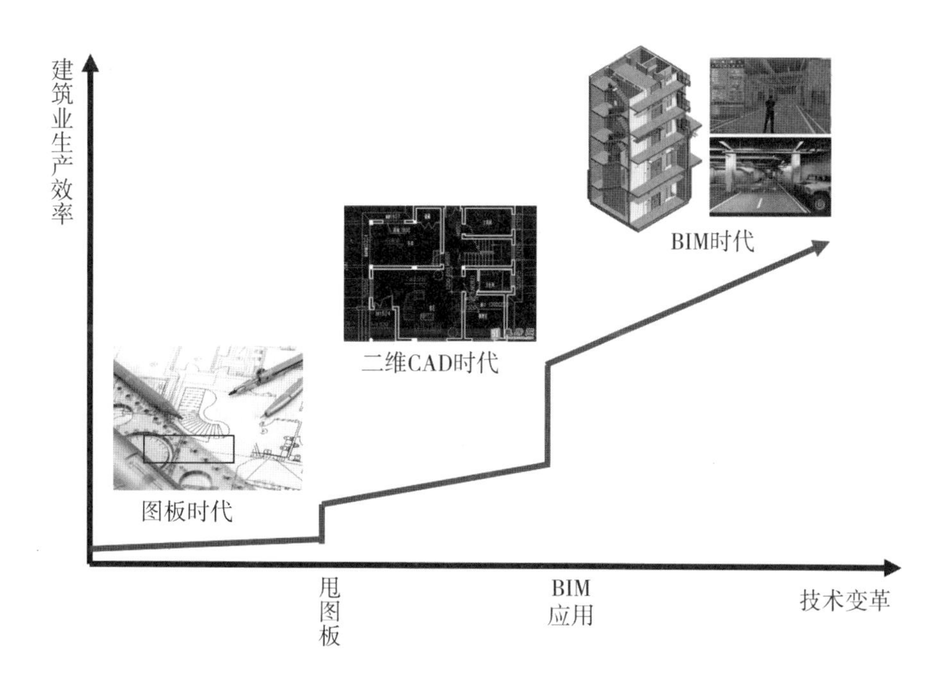

图 9.4　建筑业重要科技变革

BIM 技术的开发自 1975 年开始，到如今，BIM 研究和应用得到突破性进展，其发展历程如图 9.5 所示。1975 年，“BIM 之父”伊斯曼（C. Eastman）教授在其研究的课题“建筑描述系统”中提出“一个基于计算机的建筑物描述”概念，以便于实现建筑工程的可视化和量化分析，提高工程建设效率。1982 年，Graphisoft 公司提出虚拟建筑模型（Virtual Building Model，VBM）理念，首次提到了建筑模型的概念。2002 年由 Autodesk 公司提出建筑信息模型（BIM）概念，这是建筑设计领域的一项重大创新。进入 21 世纪，关于 BIM 技术的研究和应用得到突破性进展；随着计算机软硬件和软件水平的迅速发展，全球各建筑软件开发商相继推出了自己的 BIM 软件。

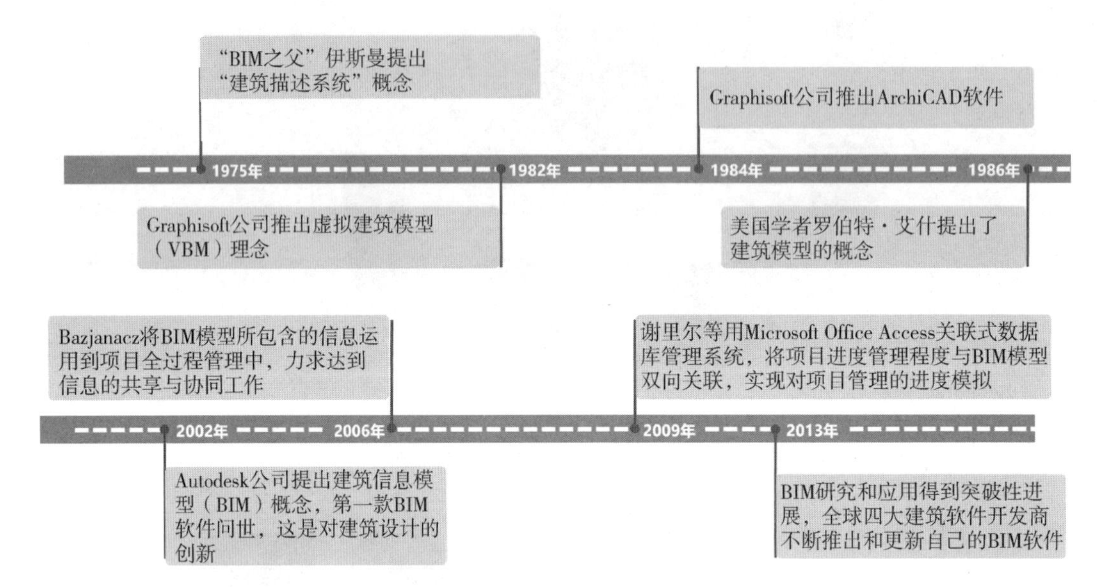

图 9.5　BIM 技术发展历程

美国在 2003 年便推出了 3D－4D－BIM 计划，并大力扶持采用 BIM 技术的项目。英国 BIM 技术起步稍晚，但英国政府强制要求使用 BIM 技术，英国建筑业 BIM 标准委员会于 2009 年发布了英国建筑业 BIM 标准。日本是亚洲较早接触 BIM 技术的国家之一，日本大量的设计单位和施工企业在 2009 年已开始应用 BIM 技术。

我国 BIM 技术的推广和应用起步较晚，2012 年以前，仅有部分规模较大的设计公司或者咨询公司有应用 BIM 的项目经验。在国家《2011—2015 年建筑业信息化发展纲要》中，住建部把 BIM 作为支撑行业产业升级的核心技术重点发展。2012 年国家 BIM 标准体系建设启动，包括统一标准、基础标准、执行标准在内的 6 本标准开始编制。2015 年后，BIM 技术如雨后春笋般遍布在国内各个工程项目上，如人们熟知的北京“中国尊”、上海国家发展中心、上海迪士尼乐园、广州东塔、首都新机场等。除了体积巨大、结构复杂的标志性工程广泛应用 BIM 技术外，越来越多的房屋建筑和基础设施工程也普遍应用 BIM 技术，BIM 技术从项目的稀缺品变为必需品。

9.2.2　BIM 技术优点

1. 可视化：所见即所得，方便沟通

在 BIM 中，整个过程都是可视化的，不仅可以用来展示效果图，更重要的是，在项目设计、建造、运营过程中的沟通、讨论、决策都在三维可视化的状态下进行，项目细节直观可见，提高沟通效率，减少沟通偏差（图 9.6）。

（a）建筑鸟瞰图

（b）室内装修图

图 9.6　可视化效果

2. 协调性："碰撞"检查，减少返工

BIM 可在建筑物建造前期对各专业的"碰撞"问题进行协调。BIM 技术可贯穿建筑全生命周期，实现不同角色人员——建筑师、结构工程师、设备工程师、施工方等工作协同，各专业协同设计，避免了不必要的反复工作（图 9.7）。

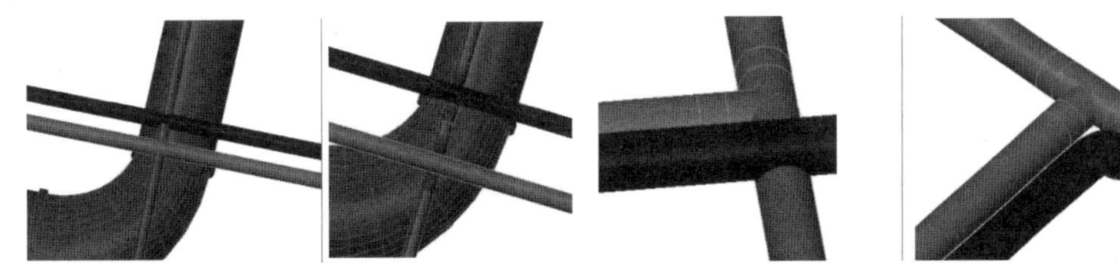

（a）建筑平面布置图　　（b）卫生间大样图

图 9.7　管道碰撞检查

3. 优化性：优化项目，减少造价

BIM 模型中可同时进行管线优化排布，合理布置管线，进行净空分析，从而做到最优方案，减少层高、管线、设备机房面积等位置不必要的浪费，减少造价。

4. 模拟性：合理施工，减少工期，控制成本

进行4D施工模拟，将时间节点加入模拟当中，可以合理安排施工流程，合理安排物料进入时间，缩短工期；进行5D模拟，可以实现成本控制；后期运营阶段可以进行日常紧急情况的处理方式的模拟，如地震人员逃生模拟及消防人员疏散模拟等。

5. 可出图性

通过BIM对建筑物进行可视化展示、协调、模拟、优化以后，可以输出经过碰撞检查和设计修改，消除了相应错误以后的建筑设计图、结构设计图、综合管线等设计图纸（图9.8）。

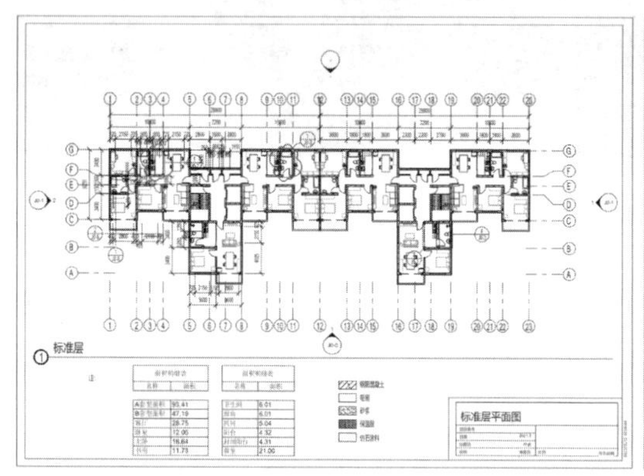

（a）建筑平面布置图

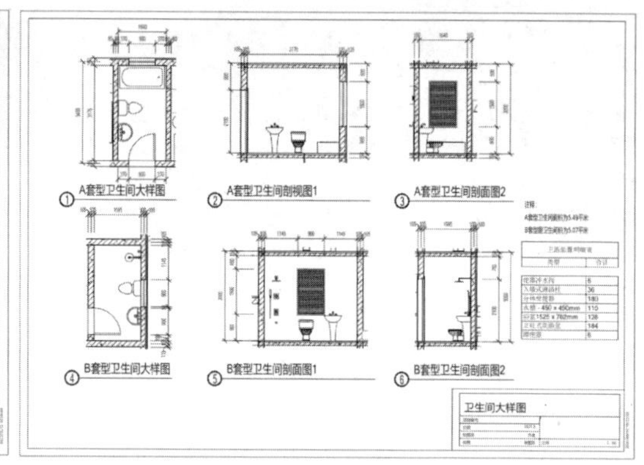

（b）卫生间大样图

图9.8　BIM输出图纸

9.2.3　BIM技术软件

BIM的核心是数字化、信息化，是提供信息化的平台，是信息的共享。BIM不是一个软件的事，也不是一类软件的事，每一类软件的选择也不止是一个产品，要充分发挥BIM价值，为项目创造效益，涉及常用的BIM软件常有十几个到几十个之多。

在项目开展过程中，会涉及发布和审核软件、方案设计软件、运营管理软件、BIM核心建模软件、机电分析软件、结构分析软件、深化设计软件、可视化软件、可持续分析软件等，如图9.9所示。

各个阶段对应的软件公司和功能如表9.1所示。

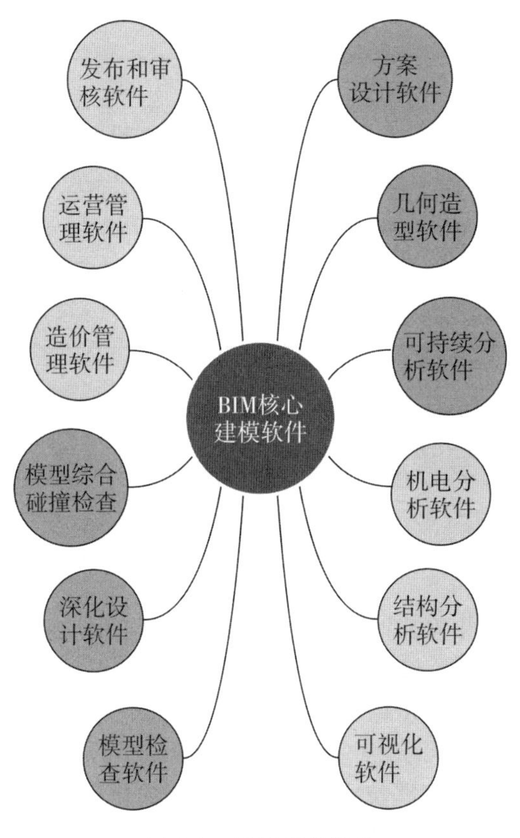

图9.9　BIM相关软件

表9.1　各阶段对应软件及其功能

公　司	软　件	功　能	使用阶段
Graphisoft	ArchiCAD	建模、能源分析	设计阶段、施工阶段
Bentley	Bentley Achitecture	设计建模	设计阶段
	Bentley RAM Structural System	结构分析	设计阶段
	Bentley Construction	项目管理、施工计划	施工阶段
	Bentley Map	场地分析	施工阶段
Autodesk	BIM360 Field	施工管理	施工阶段
	Navisworks 系列	模型审阅、施工模拟	设计阶段、施工阶段
	Revit 系列	建筑、结构、设备设计	设计阶段
Tekla	Tekla	结构深化设计	设计阶段
中国建筑科学研究院	PKPM-BIM 系列	建筑、结构、设备及节能设计	设计阶段

续上表

公　司	软　件	功　能	使用阶段
鸿业科技	鸿业 BIM 系列	建筑、结构、节能设计以及工程量统计	设计阶段、施工阶段
斯维尔科技有限公司	斯维尔系列软件	建筑、结构、节能设计及工程量统计	设计阶段、施工阶段
鲁班软件	鲁班算量系列	自动统计工作量	设计阶段、施工阶段

9.3　智慧建造与智慧运维

9.3.1　智慧建造

随着互联网及物联网相关技术的成熟，建筑数字化、信息化越来越受到重视。建筑施工是一个复杂的专业领域，施工安全、环境污染问题、操作规范化等都会导致施工进度和质量的相关问题。因此，借助现代数字化、信息化手段进行智能管控就显得尤为重要。

智慧建造的核心是基于 BIM 技术的可视化、参数化、集成化、模拟化、可优化和可出图性等技术特性，开展 BIM 技术在建筑施工领域应用的研究，形成一系列技术方法、数据标准、技术规范。同时，结合物联网技术、3D 打印、机器人、云计算、移动互联网技术、大数据等先进技术手段，建设一个可多方（规划、设计、监理等）协同的现场建造管理系统，支持建造过程可展示、可预计、可科学决策等环节，由此提高施工现场的生产效率、经济效益、管理水平和决策能力，实现数字化、精细化、绿色化、智慧化生产和精益化管理。

从项目规划阶段开始，引入专业的设计、建模、分析、计算、项目进度及成本管理等相关专业软件，然后将信息模型与业务信息进行关联，过程中收集施工业务信息，实现项目现场技术、时间、成本、质量、安全等多维度的管控，同时也可以将项目数据进行汇总，形成企业多项目管理数据，为企业决策提供数据分析和支撑。

9.3.2　智慧建造管理平台方案

智慧建造管理平台覆盖内容包括但不限于 BIM 生产管理、BIM 技术管理、BIM 质量管理、BIM 安全管理、BIM 成本管理、BIM 劳务管理、BIM 物料管控等系统。

1. BIM 生产管理

基于 BIM 模型进行施工进度模拟，直观展现当前工程进度状况，对应资源、场地数据，通过分析提出后续进度调整计划，快速提出进度优化方案。

2. BIM 技术管理

进度计划、清单预算和施工场地规划均与 BIM 模型相关联，通过时间、空间的虚拟建造优化施工组织方案；为项目的资金投入、材料设备进出场提供计划支撑；合理安排材料堆放；根据不同设备或机械施工现场要求设置路径动画，合理布置现场机械。

3. BIM 质量管理

基于 BIM 技术的质量管理软件，实现现场巡检管理。质量问题在系统中统一发起并跟踪，实现质量流程的在线化、协同化处理。

4. BIM 安全管理

基于 BIM 安全管理软件实现 BIM + 安全管理、危险源管理、定点巡查、安全日志、BIM + 安全交底等场景，业务功能主要包含安全问题、危险源管理、任务巡查、统计分析等。

5. BIM 成本管理

根据现场记录反馈情况，将现场实际消耗、现场实际成本过程上传到 BIM 模型中，项目可根据模型查看当前项目进度、产值情况，了解项目过程中的实际消耗和成本情况。

9.3.3　智慧运维

智慧运维指将互联网、物联网、BIM 模型等新技术进行集成，依托 PC 及手机端 App 软件应用，结合实际项目运营的管理特点，通过标准化的管理流程和对相关数据的整理分析，实现管理流程的优化，提高管理系统，同时降低运营成本。相关模块包括资产数字化（竣工移交）模块、三维浏览模块、运营管理模块、设备管理模块、消防管理模块、安防管理模块、能耗管理模块等。

9.4　智慧水利与智慧水务

9.4.1　智慧水利

智慧水利是在以智慧城市为代表的智慧型社会建设中产生的相关先进理念和高新技术在水利行业的创新应用，是云计算、大数据、物联网、传感器等技术的综合应用。智慧水利运维基本框架如图 9.10 所示。

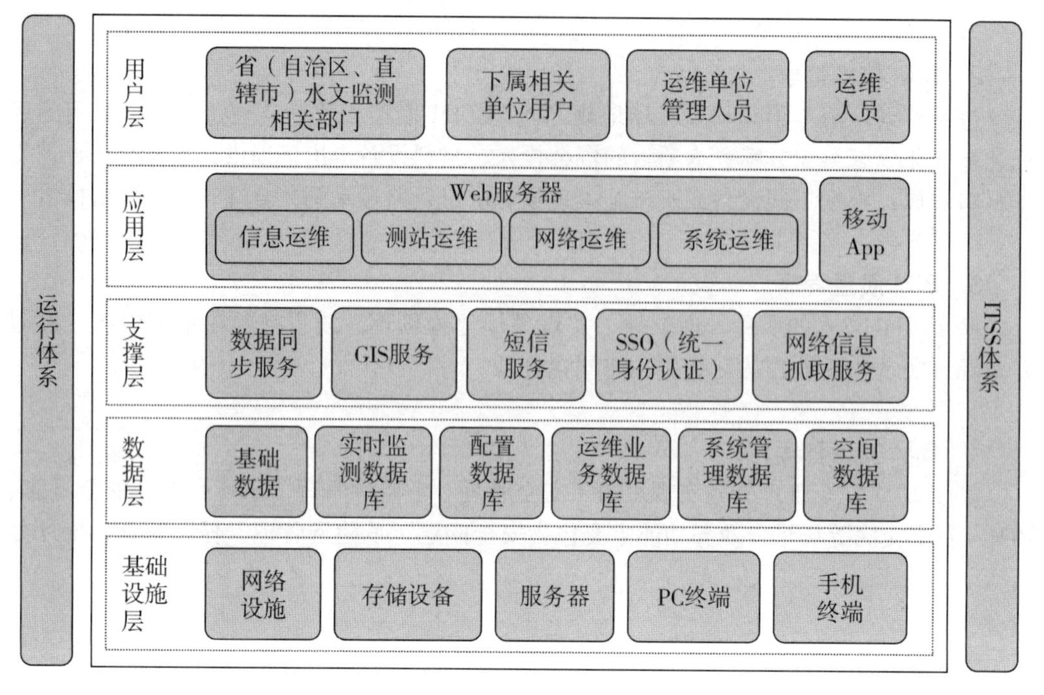

图 9.10　智慧水利运维基本框架

9.4.2　智慧水务

智慧水务是通过数采仪、无线网络、水质水压表等在线监测设备实时感知城市供排水系统的运行状态，采用可视化的方式有机整合水务管理部门与供排水设施，形成的“城市水务物联网”。智慧水务是以智能水表为基础，逐步实现水务管理的智慧化。智慧水务可将海量水务信息进行及时分析与处理，并做出相应的处理结果，辅助决策，以更加精细和动态的方式管理水务系统的整个生产、管理和服务流程，从而达到“智慧”的状态。

智慧水务包括三个层次，即设备层（表计、传感器等）、数据传输层（数据的网络接入）和平台层（云、大数据、数据挖掘等）。在智能水表数字化实现一定规模后，构建以智慧水务平台为核心的智慧化运营体系将成为智慧水务基础设施企业业务转型的重心，即实现数字化向智慧化的过渡。

第10章 展　　望

人类社会现在面对的一大问题是，我们安居乐业的美丽家园——地球所提供的资源是有限的，以及人类对大自然的探索和改造等活动给这个地球家园带来一系列的问题和挑战。土木、水利与海洋工程发展的主要目的是帮助人类持续改善居住环境，高效利用目前有限的资源，最终建成与自然环境和谐共生的人居空间和环境。因此，土木、水利与海洋工程有着广阔的发展空间和前景。围绕这一目标，土木、水利与海洋工程未来可在以下几个方面得到长足发展。

（1）重大基础设施的安全运维。

重大基础设施的安全运维主要围绕交通、能源、市政、水利、海洋等行业的重大基础设施，开展水－岩（土）－地基－结构耦合作用机制、智能化监测与健康诊断、长期服役性能的评价及安全评估、灾害演化机理、灾害防控及预警等基础理论与关键技术方面的研究，基于大数据分析，提出重大基础设施智能化安全维护的策略与方法，实现不间断安全运营的目标。

（2）城市地下空间的开发与利用。

城市地下空间的开发与利用是我国新型城镇化、粤港澳大湾区建设、解决土地受限和城市内涝等城市病的必然选择，是“一带一路”倡议与海洋强国战略重大工程建设的迫切需求。围绕水－岩（土）－地基－结构耦合作用、结构耐久性、地下工程防水保温隔震、韧性结构理论等关键科学问题，攻克地下超前预报与精细探测、绿色建造、修复加固与应急抢险、韧性结构材料与柔性防水等核心技术难题，为地下空间可持续发展提供理论与技术支撑，实现绿色、安全、耐久的目标。

（3）海洋土木工程。

根据国家海洋强国、粤港澳大湾区建设等重大战略以及区域经济社会发展和人才培养的需求，海洋土木工程主要发展海洋土木工程材料、海洋工程力学、海洋结构工程、海洋岩土工程、河口海岸与岛礁工程、海洋工程防灾减灾、海洋工程可靠性与风险评估、海洋工程先进实验技术等。围绕海上风电建造与维护、海岸与近海及岛礁工程建造与防护、滨海城市与岛礁地下空间开发等，开展相关基础理论和建造技术研究。

（4）城市水务与海绵城市。

城市水安全是人类社会可持续发展的基础，在全球气候变化和快速城市化的背景下，国家大力推进海绵城市与智慧水务建设，为城市水务研究提供了良好发展机遇。城市水务主要围绕城市水文规律、城市防洪与减灾、低影响开发、城市水资源利用与保护、城市水务规划与管理、城市水环境保护与修复、大数据与智慧城市水务、城市给排水管网运行管理、城市内涝防控建造维护材料与构造、水污染控制工程等，进行基础理论与关键技术研发，为智慧水务、海绵城市等提供技术支撑。

（5）水资源与水生态。

水资源是国家三大战略资源之一，水资源安全已经成为经济社会发展的重要保障。围绕变化环境下水资源安全问题，水资源水生态重点开展热带亚热带区域水汽循环、水文过程、河湖水体与物质迁移、水资源脆弱性评价、水生态环境演变与健康评价、水资源多目标协同分配、水资源与水生态环境智能化调度调控、水系连通工程、水资源保障工程、水生态环境保护与修复工程等方向的基础理论研究和技术研发，提出解决关系国家和人民重大生命财产安全的水资源、水生态、水环境优化调控策略。

（6）河海动力过程。

河海动力过程主要发展海陆交互作用及其水动力学、泥沙运动力学、河床及河口演变机理，河流－河网－河口－近海水、沙、盐与水环境生态模拟预测，复杂河网区闸泵集群水流、水沙、水质调度，海洋海岛水文环境及其立体监测，海洋海岛水工结构工程，河港海岸工程，河湖与流域治理工程等的研究。

参考文献

[1] 李毅，王林．土木工程概论［M］．武汉：华中科技大学出版社，200．8
[2] 张志国，邹皓，贾正甫，等．土木工程概论［M］．武汉：武汉大学出版社，2014.
[3] 王宪军，王亚波，徐永利．土木工程与环境保护［M］．北京：九州出版社，2018.
[4] 朱彦鹏，王秀丽．土木工程概论［M］．北京：化学工业出版社，2017.
[5] 湖南大学，天津大学，同济大学，等．土木工程材料［M］．2 版．北京：中国建筑工业出版社，2011.
[6] 杨中正，刘焕强，赵玉青．土木工程材料［M］．北京：中国建材工业出版社，2017.
[7] 苏达根．土木工程材料［M］．4 版．北京：高等教育出版社，2019.
[8] 吴科如，张雄．土木工程材料［M］．2 版．上海：同济大学出版社，2008.
[9] 余丽武．土木工程材料［M］．南京：东南大学出版社，2014.
[10] 潘谷西．中国建筑史［M］．2 版．北京：中国建筑工业出版社，2009.
[11] 白宪臣．土木工程材料［M］．北京：中国建筑工业出版社，2011.
[12] 殷和平，倪修全，陈德鹏．土木工程材料［M］．2 版．武汉：武汉大学出版社，2019.
[13] 蔡丽朋，赵磊．土木工程材料［M］．北京：化学工业出版社，2011.
[14] 黄政宇．土木工程材料［M］．北京：中国建筑工业出版社，2011.
[15] 钱晓倩．建筑材料［M］．杭州：浙江大学出版社，2013.
[16] 杨静．建筑材料［M］．北京：中国水利水电出版社，2004.
[17] 张君，阎培渝，覃维祖．建筑材料［M］．北京：清华大学出版社，2008.
[18] 吕智英，徐英，宋晓辉．建筑材料［M］．武汉：武汉理工大学出版社，2011.
[19] 上官子昌．钢筋连接操作细节［M］．北京：机械工业出版社，2011.
[20] 陈忠购，付传清．土木工程材料［M］．北京：中国水利水电出版社，2013.
[21] 贾致荣，贺东青．土木工程材料［M］．北京：中国电力出版社，2016.
[22] 迟培云．建筑结构材料［M］．哈尔滨：哈尔滨工业大学出版社，2007.
[23] 孙茂存，李荣华．土木工程概论［M］．长沙：国防科技大学出版社，2014.
[24] 郭艳芹．土木工程材料［M］．郑州：郑州大学出版社，2017.
[25] 逄鲁峰．土木工程材料［M］．北京：中国电力出版社，2012.
[26] 刘宗仁．土木工程概论［M］．北京：机械工业出版社，2008.
[27] 李凯玲．建筑工程概论［M］．北京：冶金工业出版社，2015.
[28] 刘军．土木工程材料［M］．北京：中国建筑工业出版社，2009.
[29] 刘伯权，吴涛，黄华．土木工程概论［M］．武汉：武汉大学出版社，2014.
[30] 俞英娜，刘传辉，杨明宇．土木工程概论［M］．上海：上海交通大学出版社，2017.
[31] 刘磊．土木工程概论［M］．成都：电子科技大学出版社，2016.
[32] 王建平．土木工程概论［M］．北京：中国建材工业出版社，2013.
[33] 崔德芹，周旭丹，金世佳．土木工程概论［M］．北京：冶金工业出版社，2014.
[34] 武桂芝，张守平，刘进宝．建筑材料［M］．郑州：黄河水利出版社，2009.
[35] 林建好，刘陈平．土木工程材料［M］．哈尔滨：哈尔滨工程大学出版社，2013.

[36] 黄伟典. 建筑材料 [M]. 北京：中国电力出版社，2007.
[37] 乔宏霞. 土木工程材料 [M]. 北京：中国电力出版社，2014.
[38] 丁春静. 建筑材料与构造 [M]. 北京：中国建筑工业出版社，2007.
[39] 冯浩，朱清江. 混凝土外加剂工程应用手册 [M]. 北京：中国建筑工业出版社，1999.
[40] 魏鸿汉. 建筑材料 [M]. 5 版. 北京：中国建筑工业出版社，2017.
[41] 宋少民，孙凌. 土木工程材料 [M]. 武汉：武汉理工大学出版社，2010.
[42] 张国强. 土木工程材料 [M]. 北京：科学技术出版社，2004.
[43] 施惠生，郭晓潞. 土木工程材料 [M]. 重庆：重庆大学出版社，2011.
[44] 王林. 土木工程概论 [M]. 3 版. 武汉：华中科技大学出版社，2016.
[45] 郑德明，钱红萍. 土木工程材料 [M]. 北京：机械工业出版社，2005.
[46] 侯建国，马延安，张立新. 土木工程概论 [M]. 上海：同济大学出版社，2008.
[47] 姜丽荣，毛怀东. 凝固的艺术 [M]. 济南：山东科学技术出版社，2013.
[48] 刘正武. 土木工程材料 [M]. 上海：同济大学出版社，2005.
[49] 王璐，王邵臻. 土木工程材料 [M]. 杭州：浙江大学出版社，2013.
[50] 万小梅，全洪珠. 建筑功能材料 [M]. 北京：化学工业出版社，2017.
[51] 吕丽华. 土木工程材料 [M]. 北京：化学工业出版社，2013.
[52] 王峥，项端祈，陈金京，等. 建筑声学材料与结构 [M]. 北京：机械工业出版社，2006.
[53] 刘永锋. 基于《绿色建筑评价标准》的建筑材料优化选择研究 [D]. 西安：西安建筑科技大学，2013.
[54] 易成，沈世钊. 土木工程概论 [M]. 3 版. 北京：中国建筑工业出版社，2017.
[55] 丁盟. 让绿色建筑成为中国未来建筑的主导 [J]. 价值工程，2014 (18)：135 - 136.
[56] 王博. 绿色环保建筑材料的研究探讨 [J]. 绿色环保建材，2018，135 (5)：30.
[57] 刘华林. 绿色水泥：为消减大气温室效应助力 [J]. 世界科学，2013 (4)：50 - 52.
[58] 赵平. 2008 年北京奥运体育场馆建设选材概述及特点 [J]. 中国建材科技，2008 (6)：58 - 60.
[59] 李林，陈建国，蒋涛，等. 低碱再生骨料植生混凝土力学性能及 pH 值研究 [J]. 新型建筑材料，2020，47 (4)：13 - 17.
[60] 徐康伦. 超高层建筑新材料的选择及其在节能设计中的应用 [J]. 住宅与房地产，2018 (11)：142.
[61] 封鑫. 超高层建筑大体积混凝土施工技术研究 [J]. 建材与装饰，2017 (15)：42 - 43.
[62] 孙林柱，路鹏飞，杨芳，等. 超短超细钢纤维混凝土弯曲性能研究 [J]. 武汉：武汉理工大学学报，2016，38 (7)：63 - 68.
[63] 李传豹. 高强混凝土在高层建筑中的优化应用 [D]. 深圳：深圳大学，2018.
[64] 邢君，张郁芳. 建筑钢结构膨胀型耐火涂料的性能研究 [J]. 消防科学与技术，2020，39 (1)：98 - 100，103.
[65] 聂光临. 基于相对法技术评价工程材料高温与超高温弹性模量 [D]. 北京：中国建筑材料科学研究总院，2018.
[66] 首都"第一高楼"，高达 528 m，拥有强悍的建筑质量，是北京地标 [EB/OL]. (2021 - 08 - 12). http:// http://k.sina.com.cn/article_ 7506231069_ 1bf67ff1d001010sfi.html.
[67] 828 m 世界最高建筑：迪拜哈利法塔/SOM [EB/OL]. (2018 - 11 - 10). https://new.qq.com/omn/20201110/20201110A052W500.html.
[68] 李奕阳. 城市深层地下空间民用关键问题及基本对策 [D]. 重庆：重庆大学，2018.

[69] 贾建伟，彭芳乐．日本大深度地下空间利用状况及对我国的启示［J］．地下空间与工程学报，2012，8（S1）：1339－1343.
[70] 张鹏飞．地下空间及隧道混凝土结构抗裂抗渗新材料研究［J］．中国市政工程，2014（6）：79－81.
[71] 马士伟，梅志荣，杜俊．隧道及地下工程新设备新材料应用进展［J］．现代隧道技术，2016，53（S2）：33－39.
[72] 吴弘宇，董梅，韩同春，等．城市地下空间开发新型材料的现状与发展趋势［J］．中国工程科学，2017，19（6）：116－123.
[73] 今年杭州计划新增地下空间 500 万平方米　西站枢纽、武林广场等 33 个重点区域要建“地下城”［EB/OL］．（2020－04－22）．https://hznews.hangzhou.com.cn/chengshi/content/2020－04/22/content_ 7719316.htm.
[74] 张志刚．海洋强国战略中建筑材料的应用探讨［J］．中国建材科技，2017（2）：17－19.
[75] 周方明，郭俊武，张庆亚．船用新材料的研究现状与发展［J］．中外船舶科技，2016（4）：7－11.
[76] 中华人民共和国水利部．中国水利统计年鉴：2019［M］．北京：中国水利水电出版社，2019.
[77] 杨华全，李文伟．水工混凝土研究与应用［M］．北京：中国水利水电出版社，2005.
[78] 袁前胜．骨料级配对大坝混凝土性能的影响试验研究［J］．云南农业大学学报（自然科学），2014，29（4）：572－577.
[79] 杨华全．混凝土碱骨料反应［M］．北京：中国水利水电出版社，2010.
[80] 莫祥银，许仲梓，唐明述．国内外混凝土碱集料反应研究综述［J］．材料科学与工程，2002（1）：128－132.
[81] 温海峰，张海波．碱骨料反应及辅助胶凝材料对其抑制机理的研究综述［J］．硅酸盐通报，2019，38（6）：1782－1787.
[82] 王国栋．海洋工程钢铁材料［M］．北京：化学工业出版社，2017.
[83] 龚晓南．海洋土木工程概论［M］．北京：中国建筑工业出版社，2018.
[84] 王胜年．环境和荷载共同作用下的海工混凝土结构耐久性［M］．北京：科学出版社，2017.
[85] 沈晓冬，李宗津．海洋工程水泥与混凝土材料［M］．北京：化学工业出版社，2016.
[86] 贝尔托利尼，等．混凝土中钢筋的锈蚀：预防、诊断及修复［M］．李伟华，等译．北京：科学出版社，2019.
[87] 周廉．中国海洋工程材料发展战略咨询报告［M］．北京：化学工业出版社，2014.
[88] 余茂林，邓安仲，罗盛，等．混凝土表面防护涂层材料的研究进展［J］．混凝土与水泥制品，2021（8）：1－6.
[89] 王强．电化学保护简明手册［M］．北京：化学工业出版社，2012.
[90] 霍达．土木工程概论［M］．北京：科学出版社，2007.
[91] 李西亚，王育军．路基路面工程［M］．北京：科学出版社，2004.
[92] 刘建坤，曾巧玲，侯永峰．路基工程［M］．2 版．北京：中国建筑工业出版社，2014.
[93] 程培峰．路基路面工程［M］．北京：科学出版社，2009.
[94] 钟阳．路基路面工程［M］．北京：科学出版社，2007.
[95] 中华人民共和国交通运输部．公路工程名词术语：JTJ 002—87［S］．北京：人民交通出版社，1988.
[96] 刘伯权，王社良．土木工程概论［M］．北京：科学出版社，2009.
[97] 蒲浩．铁路数字选线设计理论与方法［M］．北京：科学出版社，2016.

[98] 詹振炎. 铁路选线设计的现代理论和方法 [M]. 北京：中国铁道出版社，2001.
[99] 高杰. 桥梁工程 [M]. 北京：科学出版社，2004.
[100] 刘夏平. 桥梁工程 [M]. 北京：科学出版社，2005.
[101] 荀勇. 土木工程概论 [M]. 北京：国防工业出版社，2013.
[102] 唐鹏，张志. 隧道工程技术 [M]. 北京：中国水利水电出版社，2013.
[103] 贺少辉. 地下工程（修订本）[M]. 北京：清华大学出版社，2006.
[104] 冯艳. 隧道及“新奥法”的认识 [J]. 交通世界，2014（11）：146 – 147.
[105] 于海峰. 全国注册岩土工程师专业考试培训教材 [M]. 5 版. 武汉：华中科技大学出版社，2011.
[106] 李向国. 高速铁路施工新技术 [M]. 北京：机械工业出版社，2010.
[107] 李德武. 隧道 [M]. 北京：中国铁道出版社，2004.
[108] 于海峰，2012 全国注岩土工程师专业考试培训教材 [M]. 6 版. 武汉：华中科技大学出版社，2012.
[109] 赵延喜，戚承志，周宪伟. 地下结构设计 [M]. 北京：人民交通出版社，2017.
[110] 朱永全，宋玉香. 地下铁道 [M]. 北京：中国铁道出版社，2006.
[111] 关宝树. 地下工程 [M]. 北京：高等教育出版社，2007.
[112] 刘建国. 高速铁路线路 [M]. 北京：中国铁道出版社，2014.
[113] 任建喜，郑选荣. 地下工程施工技术 [M]. 西安：西北工业大学出版社，2012.
[114] 米祥友，徐前. 注册岩土工程师专业考试辅导指南 [M]. 北京：地震出版社，2003.
[115] 交通运输部道路运输司. 城市轨道交通管理概论 [M]. 北京：人民交通出版社，2012.
[116] 闫富有. 地下工程施工 [M]. 郑州：黄河水利出版社，2012.
[117] 闫富有. 地下工程施工 [M]. 2 版. 郑州：黄河水利出版社，2018.
[118] 吕斌. 新中国 20 大瞩目工程 [J]. 法人，2019（10）：74 – 81.
[119] 杨新安，丁春林，徐前卫. 城市隧道工程 [M]. 上海：同济大学出版社，2015.
[120] 李忠富. 现代土木工程施工新技术 [M]. 北京：中国建筑工业出版社，2014.
[121] 杜朝伟，王秀英. 水下隧道沉管法设计与施工关键技术 [J]. 中国工程科学，2009（7）：78 – 82.
[122] 李斌，刘香. 土木工程概论 [M]. 北京：机械工业出版社，2012.
[123] 童趣出版有限公司. 激发孩子创造力的 101 个故事 [M]. 北京：人民邮电出版社，2013.
[124] 吴命利，温伟刚，李青春. 城市轨道交通概论 [M]. 北京：北京交通大学出版社，2013.
[125] 郭晓阳，王占生. 地铁车站空间环境设计 [M]. 北京：中国水利水电出版社，2014.
[126] 左忠义，韩萍，曹弋. 城市轨道运营管理概论 [M]. 北京：北京交通大学出版社，2015.
[127] 李凯伦. 城市轨道交通线路敷设方式比较 [J]. 中国公路，2015（3）：132 – 133.
[128] 毛保华. 城市轨道交通规划与设计 [M]. 北京：人民交通出版社，2006.
[129] 谭卓英. 地下空间规划与设计 [M]. 3 版. 北京：机械工业出版社，2016.
[130] 刘红梅，周清. 土木工程概论 [M]. 武汉：武汉大学出版社，2012.
[131] 王玉龙，梁军民，张晓鹏，等. 利用地下仓优势实现绿色环保储粮 [J]. 粮油仓储科技通讯，2008（6）：11 – 13.
[132] 叶志明. 土木工程概论 [M]. 北京：高等教育出版社，2009.
[133] 邓友生. 土木工程概论 [M]. 北京：北京大学出版社，2012.
[134] 刘伟. 土木与工程管理概论 [M]. 郑州：黄河水利出版社，2018.
[135] 李围. 土木工程概论 [M]. 北京：中国水利水电出版社，2012.

[136] 江见鲸，叶志明. 土木工程概论 [M]. 北京：高等教育出版社，2001.
[137] 颜纯文，蒋国盛，叶建良. 非开挖铺设地下管线工程技术 [M]. 上海：上海科学技术出版社，2005.
[138] 马保松. 非开挖管道修复更新技术 [M]. 北京：人民交通出版社，2014.
[139] 赖新元. 城市地下管线施工新技术与质量检验评定标准实施手册 [M]. 北京：地震出版社，2002.
[140] 郭志飚，胡江春，杨军，等. 地下工程稳定性控制及工程实例 [M]. 北京：冶金工业出版社，2015.
[141] 颜纯文. 我国非开挖行业现状与展望 [J]. 探矿工程（岩土钻掘工程），2010 (10)：56-60.
[142] 安关峰.《城镇排水管道检测与评估技术规程》CJJ 181—2012 实施指南 [M]. 北京：中国建筑工业出版社，2013.
[143] 朱文鉴，王复明，马孝春. 非开挖技术术语 [M]. 北京：中国建筑工业出版社，2016.
[144] 赖晓峰. 在电力建设中不可缺少的非开挖技术 [J]. 广东科技，2008 (14)：86-88.
[145] 钱海峰，郑广宁，糜思慧. 近年国内常用非开挖施工技术施工方法综合概述 [J]. 城市道桥与防洪，2012 (3)：110-113.
[146] 李婷. 市政工程非开挖施工技术研究 [J]. 科技致富向导，2015 (15)：146.
[147] 李淑娟. 非开挖技术在排水工程中的应用 [J]. 中国高新技术企业，2010 (1)：141-142.
[148] 俞明伟. 小议城市市政建设中的非开挖管道施工 [J]. 科技创新与应用，2012 (4)：112.
[149] 赵鑫. 小议市政工程建设中的管道施工技术要点 [J]. 中国科技博览，2011 (5)：198-198.
[150] 韩明. 市政给水管道非开挖施工方法 [J]. 中国高新技术企业，2010 (22)：174-175.
[151] RANDOLPH M, GOURVENEC S. Offshore geotechnical engineering [M]. Abingdon: CRC Press, 2017.
[152] KEPRATE A. Appraisal of riser concepts for FPSO in Deepwater [M]. Stavanger: University of Stavanger, Norway, 2014.
[153] KHALIFEH M, SAASEN A. Introduction to permanent plug and abandonment of wells [M]. Cham: Springer Nature, 2020.
[154] JAGDALE S. Integrated nonlinear modelling of floating wind turbine [M]. London: University of London, 2019.
[155] 王瑞和. 石油天然气工业概论 [M]. 东营：中国石油大学出版社，2008
[156] JONKMAN J, SCLAVOUNOS P. Development of fully coupled aeroelastic and hydrodynamic models for offshore wind turbines [C]. 44th AIAA Aerospace Sciences Meeting and Exhibit, 2006: 995.
[157] 侯建国，马延安，张立新. 土木工程概论 [M]. 银川：宁夏人民出版社，2013.
[158] 段树金，向中富. 土木工程概论 [M]. 重庆：重庆大学出版社，2012.
[159] 郑晓燕，胡白香. 新编土木工程概论 [M]. 北京：中国建材工业出版社，2007.
[160] 王晓初，杨春峰. 土木工程概论 [M]. 沈阳：辽宁科学技术出版社，2008.
[161] HOWE K, HAND D W, CRITTENDEN J C, et al. Principles of water treatment [M]. Hoboken: Wiley, 2012.
[162] 中华人民共和国住房和城乡建设部. 海绵城市建设技术指南 [M]. 北京：中国建筑工业出版社，2014.
[163] 田士豪，周伟. 水利水电工程概论 [M]. 3 版. 北京：中国电力出版社，2006.
[164] 李鸿雁. 水利水电工程概论 [M]. 北京：中国水利水电出版社，2012.
[165] 吴伟民. 水利工程概论 [M]. 北京：中国水利水电出版社，2017.

[166] 麦家煊. 水工建筑物 [M]. 北京：清华大学出版社，2005.
[167] 王长运，刘进宝，刘惠娟. 水利水电工程概论 [M]. 2 版. 郑州：黄河水利出版社，2009.
[168] 冯士筰，李凤岐，李少菁，海洋科学导论 [M]. 北京：高等教育出版社，1999.
[169] 邹志利. 海岸动力学 [M]. 4 版. 北京：人民交通出版社，2009.
[170] 匡翠萍，等. 河口治理工程 [M]. 上海：同济大学出版社，2017.
[171] 金元欢，沈焕庭. 我国建闸河口冲淤特性 [J]. 泥沙研究，1991 (4)：59 - 68.
[172] 陈美发. 黄浦江河口建闸工程规划研究 [J]. 水利水电科技进展，2001，21 (5)：12 - 13.
[173] 王正中，徐超. 国内外大跨度挡潮闸应用评述 [J]. 长江科学院院报，2018，35 (12)：1 - 11.
[174] 林步东. 长江口挡潮闸 [C] //《首届长江论坛论文集》编委会. 首届长江论坛论文集. 武汉：长江出版社，2005：268 - 275.
[175] 高祥宇，窦希萍，曲红玲. 河口闸下河道泥沙淤积特性及水动力变化分析 [C] //中国海洋工程学会. 第十四届中国海洋（岸）工程学术讨论会论文集. 北京：海洋出版社，2009：1008 - 1093.
[176] 黄建维，张金善. 我国河口挡潮闸闸下淤积综合治理技术 [J]. 泥沙研究，2004 (3)：46 - 53.
[177] 施世宽. 东台沿海挡潮闸淤积成因及减淤防淤措施 [J]. 中国农村水利水电，1999 (1)：20 - 22.
[178] 张文渊. 苏北沿海挡潮闸下淤积的原因及其对策 [J]. 泥沙研究，2000 (1)：73 - 76.
[179] 刘冬林，施世宽，邹志国. 沿海挡潮闸减淤防淤措施的探讨 [J]. 水利管理技术，1998，18 (4)：36 - 39.
[180] 朱国贤，项明. 沿海挡潮闸闸下淤积分析与疏浚技术 [J]. 海洋工程，2005，23 (3)：115 - 118.
[181] 谢鉴衡. 河床演变及整治 [M]. 北京：水利水电出版社，1997.
[182] 付桂，李九发，朱钢，等. 河口闸下淤积和清淤措施研究综述 [J]. 海洋湖沼通报，2007 (C1)：223 - 231.
[183] 郭子坚. 港口规划与布置 [M]. 3 版. 北京：人民交通出版社，2011
[184] 王学文. 工程导论 [M]. 北京：电子工业出版社，2012.
[185] 吴礼强. 航道整治护岸工程施工工艺及质量控制 [J]. 中国高新区，2018 (17)：213.
[186] 胡旭跃. 航道整治 [M]. 2 版. 北京：人民交通出版社，2017.
[187] 韩玉芳，窦希萍. 长江口综合治理历程及思考 [J]. 海洋工程，2020，38 (4)：11 - 18.
[188] 蔡冰，章天. 小议航道疏浚工程技术措施控制 [J]. 城市建设理论研究：电子版，2014 (6)：1 - 4.
[189] 王健，付媛媛. 航道疏浚实时测量系统的研究 [J]. 中国科技博览，2014 (3)：271 - 271.
[190] 韩刚，董言文，李兆坤，等. 航道疏浚对环境的影响与对策 [J]. 工程经济，2014 (8)：46 - 49.
[191] 赵文戬. 航道疏浚工程常见问题及治理措施 [J]. 中国水运，2016 (12)：35 - 36.
[192] 树文斌，闵建信. 航道疏浚工程对通航安全的影响因素及应对措施 [J]. 中国水运，2019 (12)：34 - 35.
[193] 康启兵，徐晓峰. 航道疏浚工程水域环境影响评价与对策 [J]. 环境与发展，2017，29 (5)：41 - 42.
[194] 杨陆阳，刘静宁. 环保理念下的港口航道疏浚工程 [J]. 中国水运，2014 (5)：165 - 166.

[195] 刘俊勇，徐峰俊. 广州港出海航道疏浚工程对珠江口水动力及河势稳定影响研究 [J]. 人民珠江，2006 (4)：11 – 14.
[196] WANG Y. The mudflat coast of China [J]. Canadian journal of fisheries and aquatic sciences, 1983, 40 (1)：160 – 171.
[197] 任美锷. 中国滩涂开发利用的现状与对策 [J]. 中国科学院院刊，1996 (6)：440 – 443.
[198] 张长宽，陈君，林康，等. 江苏沿海滩涂围垦空间布局研究 [J]. 河海大学学报（自然科学版），2011，39 (2)：206 – 212.
[199] 王颖. 黄海陆架辐射沙脊群 [M]. 北京：中国环境科学出版社，2002.
[200] PETHICK J. Estuarine and tidal wetland restoration in the United Kingdom：Policy versus practice [J]. Restoration ecology, 2002, 10 (3)：431 – 437
[201] 黄日富. 荷兰围海拦海工程考察的启示 [J]. 南方国土资源，2006 (6)：18 – 21.
[202] 李荣军. 荷兰围海造地的启示 [J]. 海洋开发与管理，2006 (3)：31 – 34.
[203] 刘洪滨，张树枫. 国内外海湾城市发展研究 [M]. 青岛：青岛出版社，2009.
[204] 罗艳，谢健，王平，等. 国内外围填海工程对广东省的启示 [J]. 海洋开发与管理，2010，27 (3)：23 – 26.
[205] 陈军冰，王乘，郑垂勇，等. 沿海滩涂大规模围垦及保护关键技术研究概述 [J]. 水利经济，2012，30 (3)：1 – 6.
[206] 陈吉余. 中国围海工程 [M]. 北京：中国水利水电出版社，2000.
[207] 金周益，唐建军，陈欣，等. 滩涂围垦的生态评价：以浙江省上虞市沥海滩涂围垦为例 [J]. 科技通报，2008，24 (6)：806 – 809.
[208] 高宇，赵斌. 人类围垦活动对上海崇明东滩滩涂发育的影响 [J]. 中国农学通报，2006，22 (8)：475 – 479.
[209] 董慧勤，田军. 对临港新城滴水湖及滩涂围垦工程档案管理的思考和建议 [J]. 上海建设科技，2006 (3)：57 – 58.
[210] 王颖，邹欣庆，汪亚平. 唐山港曹妃甸港区开发海岸动力地貌研究 [D]. 南京：南京大学，2006.
[211] 王文，丁贤荣，王卫平，等. 辐射沙脊群匡围工程布局优化研究 [J]. 水利经济，2012，30 (3)：20 – 26.
[212] 中国海岸带和海涂资源综合调查成果编委会. 中国海岸带和海涂资源综合调查报告 [M]. 北京：海洋出版社，1991.
[213] 郭伟，朱大奎. 深圳围海造地对海洋环境影响的分析 [J]. 南京大学学报（自然科学版），2005，41 (3)：286 – 296.
[214] 林中. 莆田后海围垦水域污染现状与防治对策 [J]. 莆田学院学报，2003，10 (3)：91 – 94.
[215] 姚国权. 江苏省海涂围垦与海岸防护概况 [J]. 海洋开发与管理，1995，12 (2)：36 – 39.
[216] 任荣富，梁河. 钱塘江南岸萧山围垦地区水资源与水环境问题初探 [J]. 浙江地质，2000，16 (2)：42 – 48.
[217] JIAO J J, WANG X S, NANDY S. Preliminary assessment of the impacts of deep foundations and land reclamation on groundwater flow in a coastal area in Hong Kong, China [J]. Hydrogeology journal, 2005, 14 (1/2)：100 – 114.
[218] 冯利华，鲍毅新. 滩涂围垦的负面影响与可持续发展战略 [J]. 海洋科学，2004，28 (4)：76 – 77.